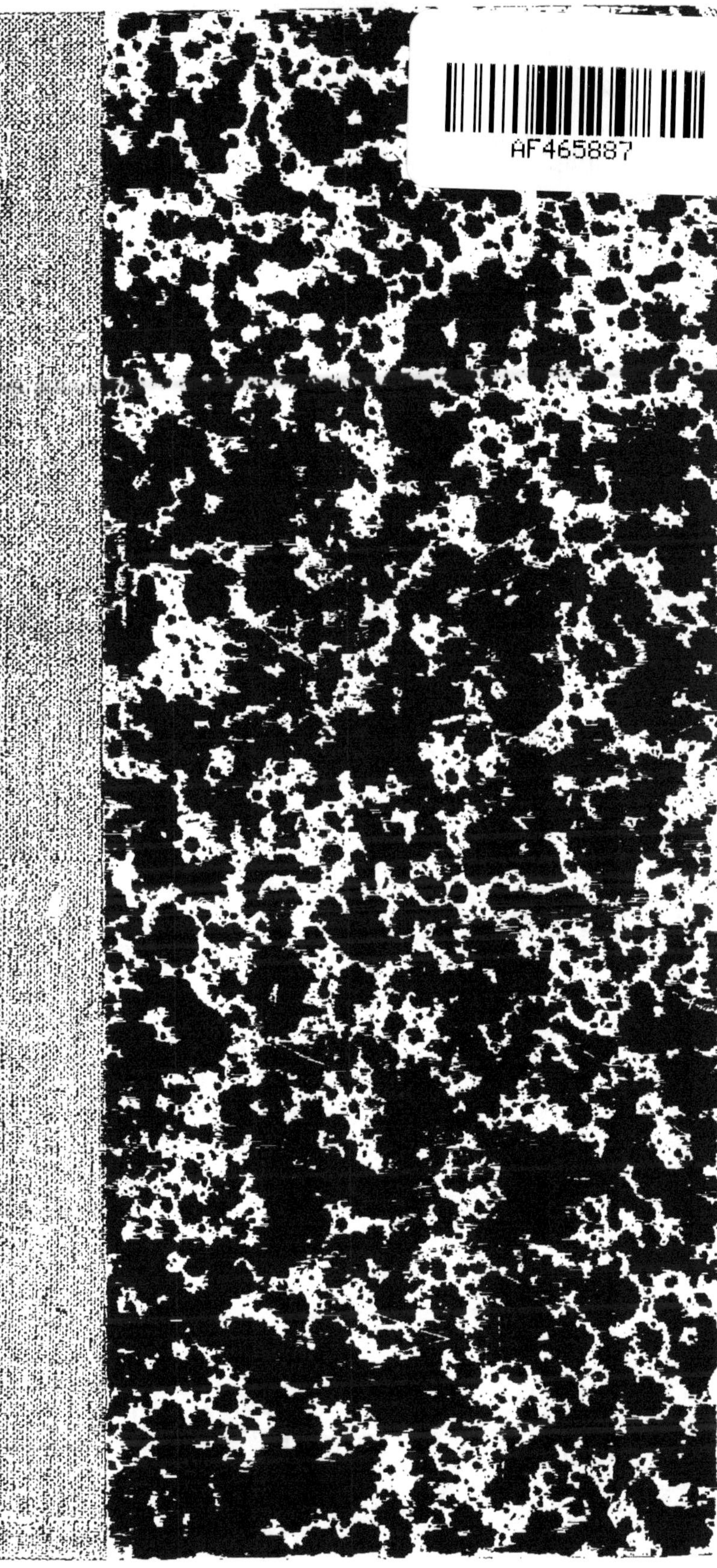

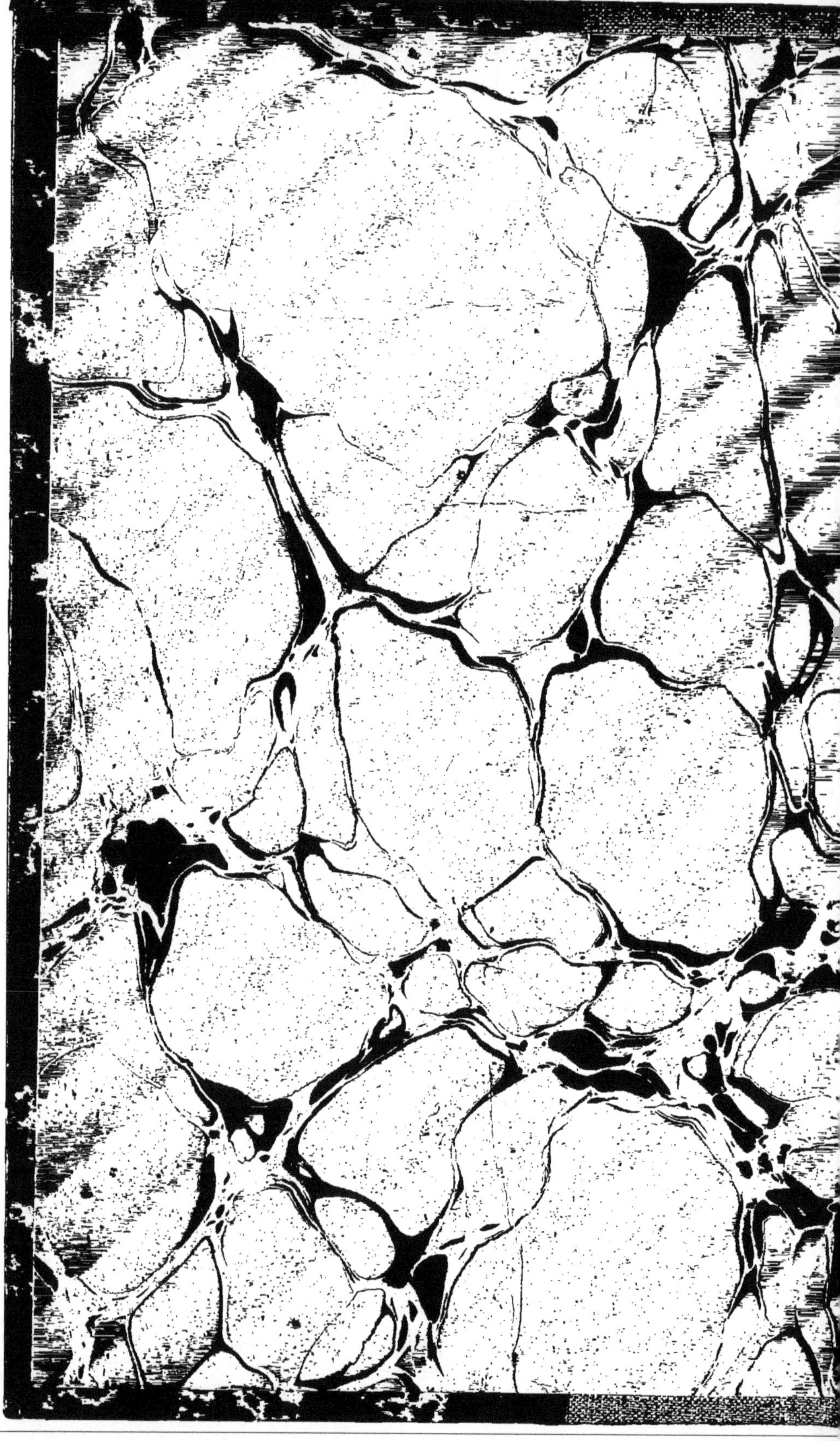

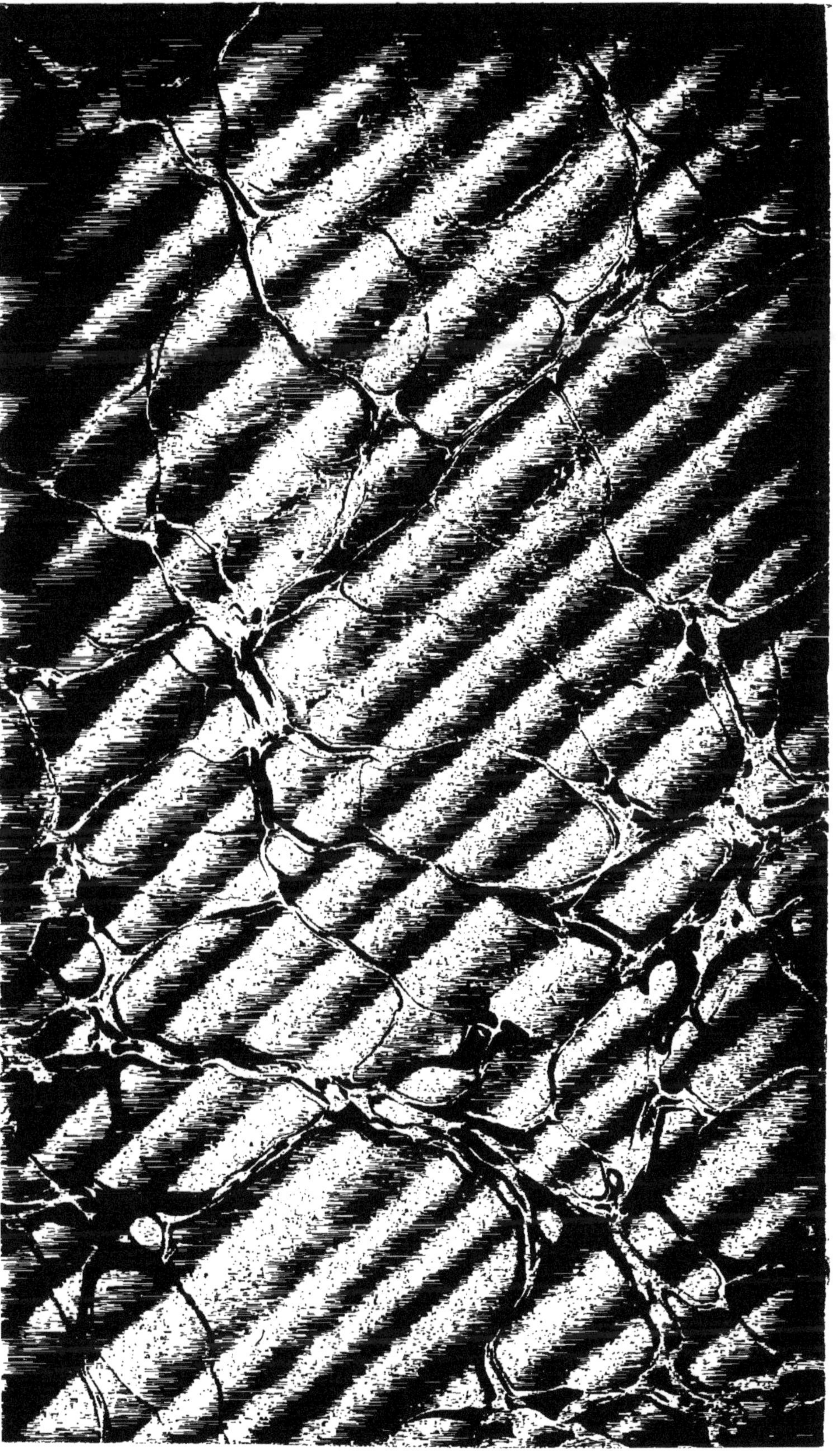

LA VIE ET LA PENSÉE

ESSAI

DE

CONCEPTION EXPÉRIMENTALE

PAR

LE Dr JULIEN PIOGER

PARIS
ANCIENNE LIBRAIRIE GERMER BAILLIÈRE ET Cie
FÉLIX ALCAN, ÉDITEUR
108, BOULEVARD SAINT-GERMAIN, 108

1893

LA VIE ET LA PENSÉE

ESSAI

DE

CONCEPTION EXPÉRIMENTALE

LA

VIE ET LA PENSÉE

ESSAI

DE

CONCEPTION EXPÉRIMENTALE

PAR

Le Dr Julien PIOGER

PARIS

ANCIENNE LIBRAIRIE GERMER BAILLIÈRE ET Cie

FÉLIX ALCAN, ÉDITEUR

108, BOULEVARD SAINT-GERMAIN, 108

1893

INTRODUCTION

A en juger par quelques objections qui nous ont été faites à propos de notre *Conception expérimentale du Monde physique* (1), nous croyons utile de bien établir ce que nous entendons par une conception expérimentale.

Tout le monde est d'accord pour admettre que concevoir n'est pas connaitre. La conception est une idéation d'ordre abstrait, toute mentale ; la connaissance est une idéation objective, concrète, positive. La conception est la systématisation, la généralisation dans l'esprit des données de la connaissance, et n'a d'autres limites que celles du possible ; la connaissance, au contraire, est nécessairement limitée, conditionnée par nos moyens de connaître, c'est-à-dire que la connaissance actuelle se limite à ce qui est perçu, et la connaissance possible à ce qui peut être perçu : le connaissable s'arrête au perceptible, le concevable au possible.

Il y a deux espèces de conceptions : la conception *a priori*, source du Philosophisme, et la conception *a posteriori*, que nous avons donnée comme la base de la Philosophie expérimentale (2).

La conception est le complément de la connaissance en ce sens qu'elle en est la synthèse ; la conception expérimentale est le couronnement de la Science expérimentale : elle rapproche, compare, assimile les diverses données de nos connaissances pour en faire un Tout dans notre esprit, une représentation

(1) Le *Monde Physique*, Essai de conception expérimentale, 1 vol. in-18, F. Alcan, Paris, 1892.

(2) *Voir* Bases et règles de la Philosophie expérimentale, *in Monde physique*, ch. IX.

d'ensemble, une idée générale ; c'est elle qui nous donne la mesure, la relativité de toutes nos connaissances, en même temps qu'elle nous montre comment tout se détermine dans notre esprit par nos moyens et conditions de percevoir, connaître et concevoir. En un mot, la conception expérimentale ainsi comprise nous donne la solution du problème de la connaissance qui, mal posé, ou plutôt posé avant l'étude préalable, nécessaire de nos moyens de connaître, a tant occupé et divisé les philosophes et engendré les querelles interminables du Nominalisme, du Réalisme, de l'Idéalisme et du Conceptualisme, sans oublier le Moi et le Non-Moi, l'Etre et le Non-Être, etc.

D'autre part, la conception expérimentale, en rapprochant, en comparant, en assimilant les données abstraites de nos diverses branches de nos connaissances, élargit nos aperçus et enlève à nos sciences spéciales ce qu'elles ont encore trop souvent d'étroitesse et d'absolu dans leurs vues. Un des meilleurs exemples que nous puissions en donner est la conception toute moderne de l'unité et de la corrélation des Forces physiques.

Quand nous avons bourré la tête d'un écolier de quelques mots techniques et de quelques faits d'expérience, nous ne pouvons vraiment pas nous figurer lui avoir donné la conception du Monde physique. De même, il ne suffit pas d'avoir étudié, d'avoir appris l'astronomie, la physique, la chimie, la biologie, la psychologie et la sociologie pour avoir la conception expérimentale du monde physique, organique ou social et de l'Univers en général. Chaque science, en effet, aboutit à des données spéciales qui ne sont que l'expression de la division du travail scientifique. Toute science commence par l'observation des phénomènes qui se différencient d'abord dans notre entendement d'après les conditions et modes différents suivant lesquels nous les percevons ; puis vient l'analyse de ces phénomènes dans leurs rapports entre eux et dans leurs relations avec nous, qui nous montre d'une part certains ordres, certaines proportions de rapports des phénomènes entre eux toujours les mêmes (nombre, mesure de temps et d'espace, etc.) et, d'autre part, certains modes de perception ou de réaction de nous-mêmes envers les phénomènes, également par ordres ou séries toujours les mêmes ou toujours analogues, d'où nous sommes amenés à envisager les choses les plus diverses sous leur aspect le plus simple, le plus réduit comme le plus extensif, qui nous les montre alors sous leur véritable jour comme se réduisant à de simples questions de transformations des unes aux autres, par suite d'une véritable conception expérimentale de l'unité et de la corrélation, non plus seulement des forces physiques, mais de toutes les forces, de tous les mouvements, c'est-à-dire de tout ce qui *Est*.

Nous verrons dans ce volume que la condition fondamentale, nécessaire de toute sensibilité consciente est une différenciation, et que tous les phénomènes de la vie se ramènent, en dernière analyse, à une question de transformation de mouvement ou de changements moléculaires de la matière vivante. Or, le mouvement, aboutissant extrême commun à tout ce que nous connaissons, à tout ce que nous concevons, à tout ce qui existe, implique la différence la plus simple, la plus réduite que nous puissions concevoir, attendu que nous ne pouvons concevoir aucune chose simple, « en soi » et que les deux choses les plus simples que nous puissions concevoir, par exemple deux points mécaniques, ne peuvent être conçus autrement qu'en mouvement par rapport l'un à l'autre, puisque le repos absolu est inconcevable. Nous arrivons ainsi à voir que le concept le plus simple, le plus réduit, le plus général, le plus extensif, le Mouvement, nous apparaît comme le terme ultime de notre conception des choses, en même temps que comme le principe, la source, la condition nécessaire de toute possibilité de connaissance et de conception. C'est là, il faut bien le reconnaître, une merveilleuse corrélation de toutes les données des sciences modernes et la preuve la plus frappante, la plus irréfutable de la légitimité et de la solidité de la Science expérimentale.

Il résulte de là, qu'à moins de vouloir renier la science toute entière, nous ne devons plus chercher notre conception des choses, aussi bien dans le monde moral que dans le monde organique et physique, qu'en nous basant sur tout ce que nous enseignent les sciences expérimentales. Ce n'est plus à des esprits étrangers aux sciences expérimentales, inhabiles aux règles rigoureuses de la méthode scientifique, que nous devons demander la conception expérimentale de la Vie et de la Pensée, de la Conscience et de la Morale, pas plus que nous ne pouvons demander à un poète rêveur de nous donner la démonstration de l'unité et de la corrélation des forces physiques.

Les sciences biologiques sont assez avancées maintenant pour que nous puissions aborder leur étude synthétique et essayer d'en donner une conception vraiment expérimentale en montrant comment nous pouvons logiquement interpréter les faits et les lois biologiques, par rapport aux faits et aux lois du restant de l'Univers, en nous rappelant que nos idées et connaissances ne sont elles-mêmes que la résultante de nos conditions et moyens de percevoir les phénomènes, ce qui implique que notre conception ne peut jamais être que l'expression de ce que nous concevons, absolument comme notre connaissance n'est que l'expression de ce que nous percevons, et non l'expression de ce que peuvent être les choses « en elles-mêmes », comme continuent à vouloir le demander les scolastiques de nos jours.

Nous ne pouvons, en effet, arriver à nous faire une conception vraiment expérimentale de la *Vie* qu'à la condition de saisir ses rapports avec le reste des autres Phénomènes de l'Univers. Au lieu d'enfermer les manifestations de la Vie dans une *catégorie*, dans un cercle exclusif, de façon à faire de la *Vie* une chose à part dans l'Univers, nous devons, au contraire, chercher les analogies, les points de contact et d'attache des phénomènes vitaux ou organiques avec les phénomènes physiques ou inorganiques. Pour cela, nous aurons à analyser le phénomène organique du *fait biologique*, de préférence dans ses manifestations les plus simples, les plus réduites, les *moins organiques*, pour les rapprocher des phénomènes Physiques les plus complexes, les plus élevés, les moins inorganiques; de cette façon nous saisirons la transition insensible des uns aux autres et nous retrouverons l'unité de la Science devant l'unité de l'Univers.

Nous délaisserons les hautes sphères des spéculations transcendantes sur l'*Essence* des choses; nous ne ferons point non plus une revue de biologie comparée, mais nous nous contenterons de rassembler les données générales de la science de la vie pour en chercher la liaison avec le reste de notre connaissance de l'Univers.

Le crédit que nous accordons à telle ou telle croyance, à tel ou tel fait d'expérience, à telle ou telle loi scientifique, la facilité que nous avons de saisir tel ou tel rapport d'analogie, à accepter tel ou tel rapprochement, dépend beaucoup moins de la vérité, de la justesse ou même d'une affinité réelle ou ressemblante que de notre mentalité, que de nos habitudes intellectuelles, que d'une tendance, d'une orientation individuelle de notre façon de voir, de comprendre les choses. Notre personnalité psychique, héréditaire ou acquise par l'éducation et l'expérience constitue, en réalité, un point de repère auquel nous rapportons tout, un courant qui entraine avec lui toute notre activité psychique, un centre de gravitation qui englobe et maintient dans son orbite notre personne morale tout entière.

Voilà pourquoi nous avons tant de peine à nous pénétrer d'une Science nouvelle, à « prendre le vent »; voilà pourquoi, à notre époque, malgré une quantité énorme de lectures, nous voyons tant de bons esprits demeurer complètement étrangers aux idées nouvelles parce qu'ils ne les comprennent pas ou plutôt parce qu'ils ne peuvent pas les comprendre.

De même que dans la conversation et la discussion nous constatons, tous les jours, que les interlocuteurs ne font, ordinairement, que suivre leur idée sans chercher à comprendre réellement ce que dit l'adversaire, de même nous voyons à chaque instant les lecteurs lire avec leurs idées toutes faites et ne chercher dans l'auteur que prétextes à critiques, à objections, sans se donner trop souvent la peine de se demander s'ils ont compris ce qu'ils prétendent réfuter. Sans doute, il est indispensable de soumettre nos idées nouvelles à un contrôle sérieux, pour ne pas laisser « germer » l'erreur dans notre esprit, car ce « germe » deviendrait rapidement une plante vivace, robuste, que nous ne pourrions plus déraciner qu'avec la plus grande peine et souvent même au prix d'une véritable désorganisation. Mais aussi il faut savoir reconnaître l'erreur quand elle nous est démontrée et ne pas vouloir condamner la pensée humaine à la stagnation de nos idées reçues, alors que nous sommes obligés de reconnaître, en somme, que les idées auxquelles nous tenons le plus et dont nous sommes le plus fiers, ne nous ont été léguées par nos aînés que grâce précisément, à une réadaptation incessante de la mentalité humaine aux connaissancee nouvelles, sans cesse acquises par l'expérience à travers le cours des âges C'est le cas de rappeler ce que disait Pascal dans sa *Préface sur le Traité du Vide :*

« Bornons ce respect que nous avons pour les anciens. Comme la raison le fait naître, elle doit aussi le mesurer; et considérons que, s'ils fussent demeurés dans cette retenue de n'oser rien ajouter aux connaissances qu'ils avaient reçues, ou que ceux de leur temps eussent fait la même difficulté de recevoir les nouveautés qu'ils leur offraient, ils se seraient privés eux-mêmes, et la postérité, du fruit de leurs inventions.

« Comme ils ne se sont servis de celles qui leur avaient été laissées que comme de moyens pour en avoir de nouvelles, et que cette heureuse hardiesse leur avait ouvert le chemin aux grandes choses, nous devons prendre celles qu'ils ont acquises de la même sorte, et, à leur exemple, en faire les moyens, et non pas la fin de notre étude, et ainsi, tâcher de les surpasser en les imitant.

« Car, qu'y a-t-il de plus injuste que de traiter les anciens avec plus de retenue qu'ils n'ont fait pour ceux qui les ont précédés, et d'avoir pour eux ce respect inviolable qu'ils n'ont mérité de nous que parce qu'ils n'en ont pas eu un pareil pour ceux qui ont eu sur eux le même avantage?

« Les secrets de la nature sont cachés; quoiqu'elle agisse toujours, on ne découvre pas toujours ses effets; le temps les revèle d âge en âge et quoique toujours égale en elle-même, elle n'est pas toujours également connue.

« *Les expériences qui nous en donnent l'intelligence multiplient continuellement, et, comme elles sont les seuls principes de la physique, les conséquences multiplient à proportion.*

« C'est de cette façon que l'on peut aujourd'hui prendre d'autres sentiments et de nouvelles opinions sans mépriser les anciens et sans ingratitude, puisque les premières connaissances qu'ils nous ont données ont servi de degrés aux nôtres, et que, dans ces avantages, nous leur sommes redevables de l'ascendant que nous avons sur eux; parce que, s'étant élevés jusqu'à un certain degré, où ils nous ont portés, le moindre effort nous fait monter plus haut, et, avec moins de peine et moins de gloire, nous nous trouvons au dessus d'eux. C'est de là que nous pouvons découvrir des choses qu'il leur était impossible d'apercevoir. Notre vue a plus d'étendue, et quoiqu'ils connussent aussi bien que nous ce qu'ils pouvaient remarquer de la nature, ils n'en connaissaient pas tant néanmoins, et nous voyons plus qu'eux.

« Cependant, il est étrange de quelle sorte on révère leurs sentiments. On fait un crime de les contredire et un attentat d'y ajouter, comme s'ils n'avaient pas de vérités à connaître.[1] »

LA VIE ET LA PENSÉE

PREMIÈRE PARTIE

CHAPITRE I

CONSIDÉRATIONS GÉNÉRALES SUR LE MONDE ORGANIQUE

On comprend généralement sous le nom de monde organique (1) l'ensemble des êtres vivants. C'est dire qu'il embrasse toutes les manifestations de la vie, depuis les plus rudimentaires des proto-organismes végétaux et animaux, jusqu'aux plus complexes et aux plus élevées de la personnalité humaine. Mais, malgré la netteté apparente de cette division, il faut bien reconnaître que la limite, entre ce qui vit et ce qui ne vit pas, est loin d'être facile à établir : cela tient beaucoup aux découvertes de la science moderne qui nous révèle souvent la vie là où nos prédécesseurs ne pouvaient même pas la soupçonner. Les propriétés, les manifestations de la vie demeurent bien toujours les mêmes, indépendamment de nos théories qui se modifient avec les progrès de nos connaissances, mais il est incontestable que nous découvrons à chaque instant de nouveaux caractères de la vitalité et de nouveaux moyens de les constater.

Autrefois, les anciens avaient fini par attribuer la vie à tous les objets en particulier et à l'univers tout entier considéré dans son ensemble. Cette conception, d'origine mystique, engendra l'Allégorie et poétisa la Nature, de même que la spéculation métaphysique donna naissance à tout un monde d'entités abstraites qui furent acceptées comme autant de réalités substantielles et auxquelles on prêta ensuite un rôle prépondérant ;

(1) *Empire organique* de Blainville.

d'où la création d'un monde imaginaire absolu qui devint le prototype τὸ ὄν, l'Être d'Aristote, l'idée, (l'archétype de Platon), l'Etre « en soi » des scolastiques, l'Esprit des spiritualistes, le Dieu des déistes (panthéistes, mono et polythéistes).

La question, ainsi prise à rebours, subsiste encore de nos jours, et rien n'est difficile comme d'en démontrer l'erreur et d'en faire saisir le vice d'origine. Habitués dès l'enfance à l'idée toute faite, sucée avec le lait, que les choses ont une raison d'être supérieure à nos moyens d'investigation, nous passons notre vie à ne rien voir autrement que comme on nous a enseigné à voir; aussi, nous sentons-nous sans cesse arrêtés par des contradictions et des inexplicabilités quand nous essayons de voir de nos propres yeux les choses et les événements tels qu'ils se montrent à nous. De là le découragement, le scepticisme ou l'indifférence pour les uns, ou la révolte contre les idées reçues pour ceux qui ont le courage et la force de secouer le joug de la routine et de la tradition, de rejeter l'autorité des maîtres pour n'accepter que les affirmations et les interprétations toujours si prudentes et si satisfaisantes de la science expérimentale.

Nous vivons, en effet, à une époque où les esprits, enchaînés par les idées du passé, sollicités par les idées nouvelles, sont partagés entre la conception mystique ou métaphysique, que nous tenons de notre hérédité et de notre éducation, et la conception scientifique, expérimentale de l'Univers, qui nous arrive de tous côtés par la science moderne, nous envahit peu à peu dans notre mentalité, bouleversant toutes nos vieilles idées avec ses torrents de lumière qui pénètrent successivement tous les recoins obscurs de la Nature.

Il fut un temps où il semblait tout simple de demander à un principe surnaturel la cause et l'explication des phénomènes qui nous environnent. Longtemps cette conception toute mystique des choses fut un obstacle insurmontable à la recherche de la vérité expérimentale. Mais il arriva un moment où la curiosité naturelle à l'homme l'emporta sur les fameux principes et les anatomistes commencèrent l'étude des organes de la vie. L'observation attentive, patiente, les recherches mutipliées de génération en génération, aboutirent à reconnaître à la vie des caractères déterminés, spécifiques, qui permirent dès lors de diviser l'univers en deux règnes distincts, le règne inorganique et le règne organique. Du coup, le domaine de la vie se trouva tout d'abord singulièrement réduit, car, avec la pénurie de l'observation primitive et l'absence de nos moyens actuels d'investigation, la constatation de la vie ne pouvait se faire alors que dans un nombre d'êtres relativement restreint.

Ainsi limitée, la vie, il est vrai, apparaissait d'autant plus comme une chose « à part » dans l'univers et il semblait d'autant plus nécessaire de lui supposer un principe, une nature, une essence propre. De là un redoublement d'efforts de la part des spiritualistes, des animistes, des vitalistes, pour établir une limite absolue, infranchissable à la vie, et surtout pour trouver à la vie de l'homme des caractères essentiellement différents de la vie des animaux, et, à plus forte raison, de la vie des végétaux, de façon à pouvoir lui conserver son titre et son rang de Roi de la Création.

Mais, tandis que la métaphysique, en possession d'emblée de tous ses moyens et arguments, avait pu paraître triompher du bagage encore insuffisant de la science, celle-ci continuait ses investigations, accumulait ses découvertes, sans se laisser déconcerter par les brillants tournois et les triomphes anticipés des dialecticiens. D'un côté, les observations convergentes de tous les pays et de toutes les époques venaient peu à peu combler les lacunes immenses qui avaient paru tout d'abord séparer le règne organique de l'inorganique, ainsi que les diverses zones ou branches du règne végétal et animal et enfin les espèces et variétés des unes aux autres.

D'autre part, l'analyse des organismes eux-mêmes, depuis les plus grands appareils propres à chacune des grandes fonctions de la vie d'un animal ou d'un végétal, jusqu'aux éléments anatomiques et aux infiniment petits tels que nous les a révélés le microscope, en un mot, toutes les sciences biologiques, convergeant vers le même résultat, nous ont montré la vie, non pas comme constituant une entité « en soi », mais bien comme l'ensemble, comme la résultante des diverses fonctions d'un organisme, ou, en dernière analyse, comme la simple résultante du jeu d'action et de réaction des forces physico-chimiques intramoléculaires des éléments anatomiques, cellule, noyau ou blastème.

Ainsi revenue à l'interprétation des faits, la Science a de nouveau rendu à la vie toute l'importance de son domaine et semble avoir définitivement chassé le fantôme des entités métaphysiques. Mais plus nous avançons dans l'étude de la vie, plus nous reconnaissons l'impossibilité de marquer ses limites, plus nous sommes portés à rejeter toute différence essentielle entre le monde physique et le règne organique pour admettre une simple transition insensible de l'un à l'autre.

Nous ne pouvons plus, en effet, en rester au sujet de la vie, à un état d'esprit analogue à celui des Anciens qui ne connaissaient du Monde physique que les apparences, les formes et la pesanteur des corps. Ceux d'entre nous qui ont pénétré les arcanes de la chimie biologique, en sont arrivés, à propos de la vie, au niveau de ceux qui ont joint à l'étude purement descriptive du Monde physique, l'analyse de ses propriétés chimiques. Mais la chimie elle-même demeure purement descriptive et analytique pour qui ne sait pas se pénétrer de son travail incessant, continu, de molécule à molécule, d'atome à atome, dans l'intimité du plus petit corps que nous puissions constater, dans l'épaisseur entière de notre globe terrestre, dans notre soleil et ses planètes, dans les étoiles et les nébuleuses. Dès qu'on réfléchit à ce travail gigantesque, incessant, de notre univers physique, l'aspect des choses change singulièrement : tout nous y apparaît dans un état continuel de mouvement moléculaire, de changement perpétuel : l'Univers s'anime, pour ainsi dire, de cette vie physico-chimique toute mécanique que nous appelons l'Evolution du Monde physique, et qu'il ne faut pas confondre avec la doctrine de l'hylozoïsme, laquelle n'a rien de commun avec notre conception expérimentale de l'Evolution universelle basée sur notre loi universelle d'Equilibration et de Solidarisation (1).

De même, si nous quittons la sphère étroite de l'Anatomie, de la Chimie biologique et même de la Physiologie analytique et descriptive, pour embrasser d'un coup d'œil synthétique le

(1) Voir notre *Monde physique*.

même travail chimico-mécanique dans l'ensemble du Monde organique, qui constitue l'empire de la Vie, nous sommes frappés de la continuité et de l'universalité de ce travail, qui se perpétue de génération en génération, s'unifiant dans chaque espèce, se diversifiant avec les espèces, constituant dans son ensemble, non pas, à proprement parler, un second univers vivant dans l'Univers physique, mais formant en quelque sorte le cœur, le foyer central, la source où se concentre, où s'entretient, d'où semble découler toute cette activité universelle qui nous englobe et nous emporte dans son éternel mouvement d'Evolution. Tel nous voyons, dans certains organismes vivants, des parties qui ne semblent plus rien avoir de vivant, et qui, cependant, font partie d'un ensemble vivant, comme chez les polypiers, les coralliaires, par exemple ; tel encore nous voyons un vieil arbre se dessécher, mourir, pour ainsi dire, dans ses parties ligneuses, tandis que quelques rameaux ou de rares bourgeons témoignent encore de la vitalité de son ensemble. Tel notre univers nous apparaît dans sa totalité brut, inanimé sur beaucoup de points, très vivant sur beaucoup d'autres, toujours en travail d'élaboration dans son perpétuel enfantement des Phénomènes, qui ne sont que les résultantes infinies des actions et réactions incessantes des forces ou mouvements que nous retrouvons en tout et partout.

CHAPITRE II

IDÉE GÉNÉRALE DE LA VIE

Le problème de la vie a été la question par excellence du philosophisme : chaque doctrine sur la vie a été la clef de voûte d'une école philosophique. La vie est le pivot autour duquel ont tourné les intelligences de tous les temps à la recherche obsédante de l'insaisissable mystère. Partout et en tout nous retrouvons dans le passé, nous reconnaissons dans le présent, nous entrevoyons dans l'avenir, cette même obsession du problème primordial de la *Loi de la Vie.* C'est que, en réalité, nous sentons implicitement, instinctivement, que tout ce qui intéresse notre pauvre humanité se rattache intimement et nécessairement à la loi même de la vie. N'est-ce pas ce qui explique et ce qu'implique l'anthropomorphisme des premiers âges, d'où sont nées toutes les religions, et les religions n'empruntent-elles pas leur raison d'être et leur succès à la préoccupation par excellence de la vie, au problème de l'origine et de la destinée des êtres, absolument comme la médecine est née et a vécu du souci de la conservation de la vie ? La philosophie ne se résume-t elle pas en somme à la double conception spiritualiste et matérialiste de la vie ? La civilisation n'est-elle pas le résultat de la recherche et de la conquête des moyens et des conditions de la vie ? Nos rêves et nos aspirations, nos craintes et nos désirs, chantés par les poètes de tous les temps, sont-ils donc autre chose que l'expression de notre amour de tout ce qui tient à la vie ? Le but suprême de l'art n'est-il pas de reproduire, de fixer, de perpétuer la sensation, l'illusion de la vie ? La science, la recherche infatigable de l'inconnu, n'ont-elles donc pas toujours le même et unique but, la vie, soit pour en pénétrer les secrets, soit pour en faciliter les manifestations ? La question sociale actuelle ne puise t-elle pas sa force irrésistible aux sources mêmes de notre instinct de conservation ?

Qu'est-ce donc que la vie ? Et, si cette question capitale est restée jusqu'ici sans réponse satisfaisante, est-ce donc parce que le problème est insoluble, ou ne serait-ce point simplement parce qu'il a été mal posé ?

Sans entrer ici dans l'examen inutile de toutes les définitions qui ont été données de la vie, nous n'avons qu'à remarquer qu'une définition ne peut être qu'une tautologie, *idem per idem*, comme disaient les scolastiques, grands faiseurs de définitions, ou impliquer une théorie de la vie, et, par conséquent, n'avoir d'autre valeur que l'hypothèse qu'elle se trouve impliquer nécessairement.

Ce qui frappe le plus quand nous essayons de savoir ce que nous pensons de la vie, quand nous cherchons dans leurs écrits ce qu'en disent les philosophes et les savants, c'est le vague et la confusion de l'idée que tous se font de la vie, c'est l'impossibilité de saisir, de discerner ce qui caractérise exactement la vie et la différencie de ce qu'elle n'est pas. Il est bien incontestable que c'est là un effet de l'extension de notre connaissance des manifestations de la vie, car nous ne saurions établir une limite nette, fixe, entre ce que nous considérons aujourd'hui et ce que nous pourrons être amenés à considérer demain comme l'extrême limite de la vie. C'est que, plus nous allons, plus la science étend le domaine de la vie, en même temps qu'elle en précise davantage les caractères et les propriétés et en atténue de plus en plus les différences dites *essentielles :* La *matière vivante* ne nous apparait plus comme essentiellement différente de la matière brute. On a beau invoquer des différences capitales, nous commençons à ne plus pouvoir méconnaitre que la mécanique animale nous dévoile les plus grandes analogies entre les mouvements physiologiques et les mouvements de toutes sortes que nous étudions dans le monde physique ; la physique et la chimie biologiques ne nous permettent guère de conserver l'idée de différences essentielles entre les propriétés physico-chimiques des corps vivants et celles des corps physiques.

Toutefois, si nous n'en sommes plus à l'idée du *principe vital*, ce serait cependant une erreur de croire que nous sommes arrivés à une conception expérimentale de la vie. Nous soupçonnons même très peu en général à quel point nous restons réfractaires aux données les plus simples, les plus banales, que nous révèlent constamment les faits d'observation, d'expérience et d'expérimentation. Nous les acceptons couramment comme article de *foi scientifique*, mais nous en méconnaissons complètement la signification dans notre mentalité pour ce qui concerne notre conception vraie, expérimentale de tout ce qui a trait à la vie. Partout la science nous montre la vie comme la simple résultante des propriétés de la matière vivante ; partout la science nous montre que les proprietés de la matière vivante sont de simples résultantes du jeu d'actions et réactions des propriétés de la matière organique ; partout la science nous montre les propriétés de la matière organique comme de simples résultantes de la matière physique ; partout enfin les propriétés de la matière physique se réduisent à de simples expressions de rapports qui se conditionnent dans notre connaissance par les conditions mêmes de notre *perceptivité* et *cognoscibilité ;* toujours nous persistons à supposer un substratum, une substance aux propriétés que nous constatons, comme si l'idée de *substance* « en soi » n'était pas *contradictoire à toute connaissance* et parfaitement inconcevable (1). On n'a pas idée du petit nombre de ceux, même parmi les savants, qui ont réussi à s'affranchir de cette conception ontologique et à se laisser pénétrer franchement par l'esprit scientifique et la conception vraiment expérimentale des choses (2). De là cette contradiction, étrange chez des savants distingués, entre leurs idées professionnelles scientifiques et leurs idées spéculatives ou philosophiques, Cela tient beaucoup à la spécialisation à outrance dans le domaine scientifique nécessitée par la multiplicité incessante des branches scientifiques et les conditions et obligations de la vie qui nous cantonnent chacun dans notre sphère professionnelle : il en résulte, d'une part, une concentration excessive de l'attention générale sur le détail et l'analyse, et, d'autre part, un oubli, une méconnaissance générale du caractère fondamental de la

(1) Voir *Conception expérimentale du Monde physique.*

(2) *De l'Esprit nouveau et de la Méthode expérimentale, Rev. socialiste,* 15 juillet et 15 août 1891.

connaissance qui est la comparaison, la synthèse. C'est en effet une erreur de croire qu'une science peut se constituer intrinsèquement, sans avoir besoin de recourir à l'aide des autres sciences ; c'est à peu près comme si on voulait soutenir que l'œil peut suffire à lui tout seul pour nous donner la connaissance du monde objectif sans que nous ayons besoin de recourir à nos autres sens pour compléter, contrôler ou confirmer ses données. Chaque science, chaque moyen ou procédé nouveau d'investigation scientifique constitue une sorte de sens auxiliaire et nous ne devons jamais négliger de comparer, de compléter, de contrôler les données de ces sens auxiliaires les uns avec les autres, c'est-à-dire que nous devons rapprocher, comparer les diverses branches de nos connaissances si nous voulons acquérir toute la connaissance dont nous sommes susceptibles. C'est là un point très important qui répond d'avance à la prétention de ceux qui affirment que la conception de la vie doit être demandée exclusivement à l'étude de la vie, à la biologie, et à l'objection qu'on pourrait vouloir nous opposer en raison du caractère abstrait de généralisation que nous sommes obligés de chercher à notre conception expérimentale de la vie.

Mais cela tient aussi beaucoup à notre habitude de considérer nos abstractions comme des entités, comme des réalités substantielles ; nous confondons ainsi le signe avec la chose ; nous oublions que la seule réalité que nous connaissons et pouvons connaitre c'est le fait de la détermination des choses en nous-mêmes, c'est-à-dire leur *objectivité*, non leur *substantialité*. Ainsi la vie ne peut nous être connue ni connaissable qu'autant qu'elle peut se déterminer dans notre connaissance et elle ne peut le faire que par ce qui nous la rend perceptible, différenciable de ce qui n'est pas elle, c'est-à-dire par ce que nous appelons ses propriétés caractéristiques. De là l'impossibilité de définir, de caractériser, de connaitre, de concevoir la vie autrement que par les diverses façons dont elle est perceptible, cognoscible. Ce qui, du reste, est tout à fait conforme à ce fait d'observation que nos idées sur la vie se modifient parallèlement à la connaissance que nous en acquérons, d'où il suit que notre conception de la vie ne peut être que la généralisation la plus adéquate possible de l'ensemble de nos connaissances de tout ce qui a trait à la vie, au lieu de s'égarer dans l'inconcevabilité de ce que peut être la vie « en soi ».

Bien que l'inanité en soit amplement démontrée, cette sorte de spéculation ontologique est encore tellement ancrée au fond de nos habitudes de penser qu'il faut nous garder de la négliger : car, c'est toujours elle qui se redresse, souvent à notre insu, devant les conquêtes de la science, pour nous en obnubiler la compréhension complète. C'est une illusion de croire que la démonstration scientifique suffit pour entraîner la conviction et redresser nos idées toutes faites. Quand nous croyons avoir chassé le fantôme métaphysique, nous le retrouvons au fond sous une forme ou sous une autre, le plus généralement sous la forme de l'idée vague, confuse mais indéracinable qu'une chose ne peut exister sans avoir une base, un substratum, une substance. Nous confondons ainsi l'*objectivité* avec la *substantialité* des choses. L'objectivité suppose et implique l'existence du monde objectif indépendamment du fait de notre perception, contrairement à l'erreur de Berkeley, mais l'objectivité est essentiellement expérimentale et se distingue profondément de la substantialité. L'objectivité, en effet, ne peut consister qu'en un rapport, et non en une entité, en une substance, puisqu'elle suppose et implique la perception, et que celle-ci ne peut se concevoir en dehors d'une différenciation ; d'où il résulte qu'il y aurait contradiction à supposer que nous pouvons percevoir une chose absolument simple, une chose « en soi ». Or tout ce que nous savons du mode objectif se réduit précisément, par l'analyse, à de simples notions de rapports, à de simples différences : Nulle part la science n'aboutit à la notion de la chose absolument simple, ayant une existence « en soi et par soi ». Toute connaissance suppose bien un objet connu et un sujet qui connaît ; mais l'objet connu ne peut être connu qu'autant qu'il est différenciable, c'est-à-dire qu'il ne peut être connu « en lui-même », indépendamment de tout rapport, de toute relation, de toute différence avec un autre. De là l'impossibilité de percevoir autre chose que les rapports et les différences des choses entre elles : l'existence de l'objet est réelle, mais son existence se réduit à une notion de rapports, non de substance dans le sens scolastique.

Si nous essayons de soumettre à l'analyse l'idée d'entité, de substantialité de la vie, nous voyons de suite l'impossibilité de concevoir, de définir cette substance, ce principe vital. Tout ce qu'on pourrait dire et tout ce qu'on a pu dire, en effet, c'est de définir ce principe vital comme étant ce qui donne la vie à tout ce qui vit. Mais ce principe vital ne peut être conçu lui-même autrement que comme une chose *vivante*, c'est-à-dire ayant les attributs ou propriétés de la vie, ce qui n'est que changer la question ou reculer la difficulté, à moins de prétendre que le principe vital, âme ou esprit, puisse exister en dehors du phénomène qui constitue la vie, c'est-à-dire en dehors des conditions qui nous la rendent connaissable : ce qui est alors tomber dans l'inconnaissable, l'inconcevable.

En somme, nous ne pouvons pas faire que l'idée de vie n'implique nécessairement tout ce que nous considérons comme caractérisant ce qui vit pour le différencier de ce qui ne vit pas. Aussi, pouvons-nous justement remarquer que notre idée de substantialité de la vie sous la forme de principe vital, d'âme ou d'esprit, nous est beaucoup moins venue du besoin réel de supposer un substratum à la propriété de vivre, ce qui logiquement devrait être la matière vivante, que de la façon toute anthropomorphe dont s'est développée l'idée même de vie. Il en a été de la vie comme de la matière : ce fut d'abord une simple expression employée pour distinguer ce qui vit de ce qui ne vit pas Les hommes n'ont point eu d'emblée l'idée générale de la vie : ils ont d'abord remarqué des analogies plus ou moins superficielles, plus ou moins exactes, entre les êtres qui possédaient la faculté de se mouvoir. N'est-ce pas encore notre propre tendance d'attribuer la vie à tout ce qui remue ! N'est-ce pas ce que nous constatons encore chez les animaux qui manifestent tous les signes de la crainte et de l'anxiété, devant un objet familier, habituellement inerte, auquel on imprime tout à coup une série de mouvements par un stratagème quelconque, invisible pour eux ? Laissez un chien jouer avec un os, puis, au moyen d'une ficelle faites que cet os remue tout à coup : vous verrez presque infailliblement la pauvre bête avoir peur, s'enfuir, se cacher ; faites, au contraire, le même simulacre avec un petit objet devant un jeune chat ; celui-ci se mettra aussitôt à lui faire la chasse comme à une souris. La peur qu'ont les enfants, les simples, devant les ombres fantasmagoriques du crépuscule et des nuits sombres, leur effarement devant toute chose inconnue qui remue, sont autant de faits qui témoignent de notre tendance primitive à attribuer la vie à l'automatisme, au mouvement spontané. C'est la motilité qui a fait grouper ensemble les êtres animés de mouvements, mais la première interprétation de la vie semble bien avoir été fournie par le souffle de la respiration. C'est à force de constater que ce souffle (anima) disparaissait, s'envolait du corps toutes les fois que le corps cessait de pouvoir se remuer que les hommes ont été amenés à voir dans ce souffle la cause de la vie elle-même, et, du même coup, à faire de ce principe de la vie, une chose légère, subtile, qui ne laisse pas de traces, qui paraît s'élever au ciel, l'âme (animus).

Cette interprétation superficielle, aussi erronée qu'insuffisante, offrait précisément une simplicité mystérieuse qui devait très bien concorder avec les mêmes faits de la vie, qui apparaissaient d'autant plus mystérieux, plus compliqués et plus inexplicables qu'on les considérait davantage. D'où l'habitude que prirent les anciens d'attribuer la vie à tous les grands phénomènes de l'univers et la tendance qu'ont toujours eue les hommes à voir dans la vie une cause active, animant tout ce qui vit. De là les créations de l'animisme sous ses formes multiples, depuis l'animisme simpliste et grossièrement antropomorphe des poétiques mythologies et des premières religions, jusqu'aux conceptions les plus subtiles, les plus abstraites des religions modernes et de la philosophie métaphysique.

Parmi les fervents qui croient encore de nos jours à l'essentialité de la vie, il en est bien peu qui se rendent compte de l'origine modeste de la conception dont ils se font gloire et qui soient susceptibles d'arriver à comprendre que, en dernière analyse, l'idée qu'ils se font de l'âme comme principe de la vie, ne diffère pas sensiblement de l'idée que se fait l'enfant de la présence d'un diable ou d'une « bête » animant les formes bizarres des ombres produites par un jeu de lumière quelconque.

Pour arriver à comprendre l'illusion, l'erreur de pareilles conceptions de la vie, il fallait les résultats des sciences biologiques sans lesquelles il était impossible de comprendre le mécanisme de la production de la vie. Seulement l'idée de la substantialité de la vie nous a été si profondément inculquée que nous avons beaucoup de peine à en comprendre encore aujourd'hui toute la contradiction et l'inconcevabilité. Cela tient aussi à ce que l'idée de vie est intimement liée à tout un monde de vieilles idées qui constitue une sorte d'arche sainte à laquelle nous ne pouvons toucher sans réveiller tout un fond d'atavisme psychique dont l'inconscience a besoin d'être éclairée pour en calmer la révolte.

Il en est vraiment de même pour ce qui concerne les *propriétés vitales :* il nous semble parfaitement inutile d'en faire l'histoire et de rapporter toutes les dissertations et divagations dont elles ont été l'objet et qui ont joué un si grand rôle dans le philosophisme. A quoi bon, en effet, rappeler ce que pouvaient penser Aristote, Platon et autres, sur la nutrition, la sensibilité et la pensée. Ce qu'il nous faut, c'est demander aux sciences naturelles, aux sciences *biologiques* ce que sont les *manifestations,* les *propriétés* de la vie, c'est soumettre ces fameuses propriétés vitales à l'analyse si nous voulons arriver à nous en faire une idée en rapport avec notre connaissance expérimentale en général et avec notre connaissance de la vie en particulier.

En résumé, la vie ne nous est connue ni connaissable qu'abstractivement comme l'expression de la propriété commune à tout ce qui *vit* dans ses formes infinies qui constituent le *Règne organique.* C'est un simple artifice de notre entendement pour marquer d'un seul mot la différence que nous percevons entre *ce qui vit* et ce qui *ne vit pas ;* il n'y a donc là qu'une simple perception de rapports. Notre idée générale, abstraite de la *vie* n'implique pas et ne peut pas impliquer une Réalité substantielle, une Entité de la vie « *en elle-même* », car alors il faudrait que la vie fût *une chose absolument simple,* existant par elle-même et en elle-même, sans aucun rapport ni relation pour la conditionner, ce qui est inconcevable, impossible. D'autre part, la vie n'est encore qu'une abstraction lorsque nous en faisons l'expression de l'ensemble des caractères par lesquels nous reconnaissons qu'un organisme est vivant ; ici, en effet, la vie suppose nécessairement les propriétés qui font que cet organisme est vivant. De sorte que, dans tous les cas, la question de la vie se réduit toujours à la connaissance que nous avons des caractères, propriétés ou fonctions des êtres vivants. Ce qui veut dire que notre *idée de vie* n'est que la résultante, que la généralisation par abstraction des diverses perceptions que nous avons des différentes manifestations de la *vitalité*, absolument comme nous avons vu que notre idée de *matière* n'est que la résultante, que la généralisation par abstraction de nos diverses perceptions de la *matérialité* : aussi voyons-nous notre idée de *vitalité* se modifier profondément sous l'influence de nos connaissances des fonctions ou propriétés vitales : Ce n'est plus de la *vie* que nous parlons maintenant, c'est de la *matière vivante* ; on essaye bien encore d'invoquer l' « essentialité » de ses propriétés pour maintenir une dernière barrière entre le *Monde organique* et le *Monde physique ;* mais il va nous suffire d'analyser à la lumière de la science expérimentale ces fameuses propriétés vitales pour voir s'évanouir le fantôme de leur essentialité dans une insensible transition des Phénomènes physiques aux Phénomènes organiques et de ceux-ci aux Phénomènes organisés ou vivants proprement dits.

II

De la Matière vivante.

Tout le monde est d'accord pour reconnaitre à la *Matière vivante* des propriétés spéciales ; mais quand il s'agit de préciser le caractère de ces propriétés, le désaccord est manifeste : les uns en veulent faire des propriétés essentiellement différentes des propriétés physiques ; les autres prétendent les réduire à de simples résultantes physico-chimiques ordinaires. Il nous semble que, dans les deux cas, la conception qu'on s'en fait est singulièrement dominée par le besoin de la thèse que l'on veut soutenir. De là, de côté et d'autre, des affirmations discutables et nullement confirmées par l'étude attentive des faits. Nous savons combien il importe, en science expérimentale, d'éviter des affirmations catégoriques et tranchantes et de n'oublier jamais que la théorie, que l'idée, doit toujours se plier aux faits, et non les faits à la théorie ou à l'idée que nous nous en faisons. Aussi, tout d'abord, si nous pouvons remarquer qu'il est inutile d'insister pour montrer que les propriétés physiques et chimiques ordinaires de la matière se retrouvent toutes ici par l'analyse, s'il n'est plus personne pour prétendre que les propriétés physiques et chimiques des corps vivants telles que nous les constatons dans nos laboratoires sont essentiellement différentes des propriétés des corps physiques, nous ne devons cependant pas oublier que les phénomènes vivants constituent bien réellement des phénomènes distincts, mais nous ne devons pas plus les déclarer essentiellement distincts qu'absolument identiques aux phénomènes physico-chimiques proprement dits. Sans doute, la matière vivante nous offre en réalité les mêmes éléments chimiques que la matière brute ; nous devons même ajouter que la composition chimique des corps vivants nous paraît dépendre exclusivement de différences dans les agencements intramoléculaires bien que nous ne puissions pas toujours les constater, il n'en reste toujours pas moins à démontrer en quoi consistent ces différences et nous ne devons jamais oublier que l'analyse chimique ne peut se faire sur le vivant ; par conséquent, nous restons toujours en face d'une dernière objection à laquelle la théorie chimique seule ne saurait répondre. Si, au contraire, nous appuyant sur notre conception expérimentale ou synthétique du monde physique, nous commençons par remarquer la complexité croissante des phénomènes de la matérialité depuis l'état cosmique et physique, l'état chimique minéral puis organique, jusqu'à l'état organisé ou vivant, nous sommes tout naturellement portés à voir simplement dans les composés chimiques des corps vivants une sorte de stade plus élevé dans la hiérarchie de l'organisation, graduellement croissante en complexité, de la matérialité, et la chimie biologique nous apparaît comme un complément, un corollaire, une dépendance de la chimie organique et minérale. De cette façon, la chimie vivante ne se confond plus avec la chimie ordinaire pas plus qu'elle ne nous apparaît comme essentiellement différente. C'est bien ce que nous montre l'étude chimique des corps vivants dans lesquels nous retrouvons les quatorze mêmes éléments qu'en chimie organique et minérale, mais avec une combinaison spéciale de leurs affinités et un mode spécial de leur arrangement moléculaire de plus en plus complexe et de plus en plus instable, d'où résulte un mouvement incessant de déséquilibration et de rééquilibration qui constitue le mouvement de la vie, *le fait biologique* (1).

Il en est de même des propriétés physiques que nous retrouvons dans les corps vivants comme dans les corps physiques, mais avec des différences qui résultent précisément de la complexité et de l'instabilité plus grandes de leurs composés. C'est ainsi que nous voyons les phénomènes de Chaleur, d'Electricité, de Magnétisme, se compliquer à l'infini et donner lieu à des transformations et corrélations incalculables entre ces diverses Forces. On ne peut, en effet, prétendre que l'Electricité, le Magnétisme que nous observons chez les êtres vivants soient réellement d'essence différente de la Chaleur, de l'Electricité et du Magnétisme cosmiques, car ce serait :

1° Affirmer gratuitement des différences essentielles là où tous nos moyens d'investigation ne nous montrent que des analogies ;

2° Dépasser la limite de notre connaissance, puisque nous ne pouvons connaître la nature des choses ;

3° Confondre le mode ou les circonstances de la Production d'un Phénomène avec la prétendue nature de la substance de ce Phénomène.

Mais les Propriétés physiques et chimiques des corps vivants ne sont point toutes leurs propriétés, nous pouvons même dire que ces propriétés ne sont point des propriétés vitales proprement dites, puisque nous n'avons pas de moyens de distinguer physiquement et chimiquement un corps à l'état vivant et à l'état mort, au point que nous sommes obligés de reconnaître, en somme, que nous ne pouvons analyser chimiquement la matière vivante qu'en dehors des conditions de vie. Aussi devons-nous nous garder de vouloir tirer exclusivement notre conception de la matière vivante des résultats fournis par l'analyse chimique, car ce sont là des données nécessairement abstraites, puis-

(1) Voir H. Spencer : *Biologie;* Ch. Letourneau : *Biologie;* Hœckel : *Création naturelle.*

qu'elles ne visent que les propriétés physico-chimiques, lesquelles ne peuvent vraiment pas être considérées comme constituant ni comme caractérisant toute la vie.

La matière vivante, en effet, est avant tout caractérisée par les propriétés vitales, par ses fonctions physiologiques : la Nutrition, l'Accroissement, la Reproduction ou Génération, la Contractilité, la Sensibilité et la Pensée. Ce sont là les caractéristiques de la vie, c'est ce que nous pouvons appeler le *fait vital*, le *fait biologique*, par analogie et opposition avec le *fait chimique* ou *Combinaison* et le *fait physique* ou *Mouvement.*

Le fait physique est extrinsèque : il consiste en un changement de situation, de succession ou de volume, mais sans changement de propriété.

Le fait chimique, au contraire, est intrinsèque, intramoléculaire, et consiste essentiellement en un changement de propriété par le fait de la combinaison.

Le fait biologique est aussi intrinsèque, intramoléculaire, mais ici le changement est plus complexe, sous le nom de fonction, et consiste surtout en un renouvellement de la matière vivante qui nous semble se produire spontanément. Ce qui caractérise, en effet, la fonction vitale, c'est la propriété que nous offre la matière vivante de faire d'autre matière vivante aux dépens de la matière brute, par une sorte de création continue que nous appelons l'assimilation ou nutrition. La transformation de la matière inorganique en matière organisée vivante, constitue en même temps le caractère fondamental, spécifique, de la vitalité, et nous donne la clef de l'interprétation du mécanisme réel de la fonction vitale. On ne peut, en effet, invoquer la création de la matière vivante de toutes pièces, puisque nous trouvons dans tous les phénomènes biologiques une corrélation constante entre la matière assimilée et transformée et la matière empruntée par un organisme à son milieu. Or, de deux choses l'une, ou bien on admet que cette création continue de matière vivante (assimilation, accroissement nutritif, reproduction), est la résultante d'une propriété matérielle, organique de l'être vivant, ou bien elle découle d'une propriété immatérielle, du principe vital. Dans ce dernier cas, c'est prétendre que le principe vital crée *ex nihilo* la matière de son organisme ou qu'il la produit par une simple transformation de la matière brute en matière organisée, ce qui ne fait que compliquer gratuitement et inutilement la question, puisque cela n'aboutit qu'à jouer sur les mots ou à parler pour ne rien dire, attendu que soutenir que la vitalité est la résultante de la propriété vitale de la matière vivante ou d'un principe vital, ce n'est toujours que la même tautologie qui consiste à répéter que la matière chimique se combine par suite de ses affinités, et que la matière physique s'attire par suite de sa propriété attractive.

III

De la Spontanéité de la Vie.

La *Spontanéité* est ce qui nous semble le mieux caractériser et différencier la vie des autres Phénomènes de l'Univers. C'est sur elle que l'on s'appuie pour invoquer la nécessité d'un principe vital, âme ou autre. C'est toujours à elle que l'on revient, en dernière objection, contre les conclusions de l'analyse scientifique. Aussi est-il indispensable de commencer par examiner ce qu'est cette Spontanéité, ce qu'elle signifie.

Si on veut faire de la spontanéité le caractère spécifique du fait biologique ou vital, on doit la retrouver dans tout être vivant, sous peine de contradiction. Dès lors, la spontanéité ne doit pas seulement être envisagée chez les êtres supérieurs comme l'homme et les grands animaux, mais nous devons, si nous voulons bien la comprendre et saisir son mécanisme, la considérer jusque dans ses manifestations les plus rudimentaires, les plus obscures de la vitalité, c'est-à dire à son état le plus simple, le plus réduit.

Dans de simples amas d'albumine comme les monères de Hœckel, dans des polypiers comme les madrépores dont les agglomérations gigantesques forment des îles entières, nous ne saurions guère retrouver la spontanéité de la vie telle que nous l'entendons ordinairement.

Prétendre que la spontanéité de la vie est la preuve de l'essentialité de la vie, suppose une force vitale, c'est, à peu près, comme si on voulait soutenir que le fait chimique de la combinaison suppose une force chimique.

Nous verrons, à propos de l'étude de la nutrition, combien le fait biologique se rapproche du fait chimique et même du fait physique. Il suffit, d'ailleurs, de comparer ce que nous voyons, ce que nous constatons dans les protoorganismes végétaux et animaux, et surtout dans certaines phases d'évolution de ces êtres rudimentaires, pour voir combien leur spontanéité se rapproche des simples actions ou changements moléculaires qui constituent l'évolution naturelle des corps physico-chimiques non vivants.

Nous voyons ainsi que la spontanéité de la vie n'est qu'une abstraction par laquelle nous expliquons et impliquons que la fonction vitale nous semble se produire par elle-même, par sa propre force, et résulter d'une énergie, d'une propriété spéciale inhérente aux tissus vivants. C'est là, tout à la fois, de la métaphysique, et de l'anthropomorphisme. C'est de la métaphysique en ce sens que nous voyons dans la spontanéité, une entité, une cause active du fait biologique, alors qu'elle n'est qu'une résultante, qu'une expression de rapports et de séquences d'autres phénomènes dont l'ignorance seule nous cache le caractère et le mécanisme. C'est de l'anthropomorphisme parce que nous attribuons implicitement à la spontanéité de la vie une sorte de caractère psychique, comme il est facile de le voir dans les écrits des Philosophes pour lesquels l'Ame du monde, la Conscience, la Volonté, l'Idée, représentent le fond de la nature des choses (Schopenhauer, Hartmann, Fouillée). Pour saisir l'artifice et l'erreur de ces conceptions poétiques des choses, il suffit d'analyser l'idée, la volonté, la conscience, en leurs éléments constituants, comme nous le verrons plus loin, au lieu de chercher l'Idée, la Volonté, la Conscience partout et en tout, il faut suivre la marche naturelle des choses dans notre connaissance et chercher comment la complexité et la mobilité croissantes des phénomènes moléculaires peut nous amener à comprendre la genèse du phénomène de la Conscience, de l'Idéation, de la Volonté.

Si nous nous en tenions au sens absolu du mot, nous devrions entendre, par la spontanéité de la vie, la propriété qu'ont les corps vivants de produire, sans cause extrinsèque, les phénomènes qui constituent leur vitalité. Au premier aspect, la fonction semble, en effet, se produire dans l'organisme, par le fait seul de la vitalité. Il semble bien, par exemple, et c'est là, en réalité, ce qu'on entend par la spontanéité de la vie, qu'un être vivant vit par lui-même, grâce à la faculté qu'il a de renouveler incessamment ses forces, sa vitalité, par la nutrition. Mais cela revient simplement à dire que la spontanéité de la vie se réduit elle-même au fait de la nutrition dont nous aurons à nous occuper plus loin

D'autre part, nous pouvons remarquer que la spontanéité dont on veut faire l'apanage exclusif des êtres vivants, ne nous offre réellement rien d'absolument spécial, et surtout rien d'essentiellement différent de ce que nous voyons dans la nature. C'est ce qu'avaient fort bien senti et exprimé les anciens en appliquant leur conception anthropomorphe de la vie à tous les éléments ; c'est aussi ce que nous retrouvons au fond de la conception de tous les systèmes de Philosophie. Partout, en effet, nous voyons la conception du monde aboutir à l'idée d'une substance active : substance, dite immatérielle, dans le spiritualisme, diversement conçue et dénommée suivant les Écoles, donnant et transmettant son activité à tout ce qui Est; substance, dite matérielle, possédant une énergie initiale diversement interprétée suivant la variété de matérialisme.

L'idée d'attribuer une activité propre, inhérente à une substance quelconque aussi bien qu'à la matière, est tout à fait contradictoire à la conception que nous pouvons nous faire d'une propriété, puisqu'une propriété n'est et ne peut être que la résultante d'un rapport, d'une relation. Depuis que nous avons acquis la notion de la Loi Physique, nous sommes portés à attribuer à la Loi ce que les anciens attribuaient à la Substance : il y a là un danger d'illusion dont il importe de se garder. Nous avons déjà insisté, mais nous ne saurions trop le répéter, pour montrer qu'il ne s'agit pas et qu'il ne peut pas être question pour nous, de connaître la nature vraie, la nature intrinsèque des choses, la « chose en soi », mais simplement de savoir comment les choses se déterminent en nous et comment elles nous sont connaissables, connues, compréhensibles et comprises, dans leurs rapports et dépendances réciproques. Donc, encore une fois, quand nous disons que tel phénomène est soumis à telle loi, cela ne veut pas dire que cette loi est la cause réelle, effective, du phénomène, mais qu'elle est pour nous, dans l'état actuel de nos connaissances, l'expression la plus adéquate que nous ayons du rapport, des circonstances ou des conditions dans lesquelles ce phénomène nous apparait. Aussi, faut-il encore distinguer la Loi proprement dite de la Théorie : la Pesanteur, la Gravitation, l'Attraction sont des Lois en ce qu'elles impliquent un rapport qui nous semble nécessaire, c'est-à-dire une séquence nécessaire, tandis que le Spiritualisme, le Matérialisme, le Panthéisme, l'Évolutionnisme, le Darwinisme, etc., ne sont que des théories.

Il en résulte que nous ne devons pas confondre les idées que nous nous faisons des choses d'après telle ou telle séquence de représentations antérieures ou théories, et la façon dont les phénomènes se passent réellement. Nous avons déjà dit combien il importe de rectifier, de corriger, de confirmer nos perceptions, nos connaissances, les unes par les autres. Il nous est donc facile, maintenant, de comprendre la nécessité de ne pas juger du phénomène de la Spontanéité de la vie seulement d'après nos idées antérieures à nos notions nouvelles, scientifiques, expérimentales, c'est-à-dire, rectifiées, corrigées, confirmées les unes par les autres. Sans cela, nous courons risque de conserver, sur ce point, des idées peu en rapport avec notre conception générale de l'Univers, c'est-à-dire des idées fausses, puisque, pour être juste, notre mentalité doit être la résultante de l'ensemble de nos connaissances et doit sans cesse être adaptée au niveau de tous nos progrès intellectuels et scientifiques.

Au fond, la spontanéité de la vie s'est tout d'abord confondue avec le Vitalisme, l'Animisme. Mais maintenant que ces théories ont fini leur règne, la spontanéité a été reléguée au fond mystérieux des propriétés vitales de la matière vivante. On se contente de dire que les propriétés ou manifestations de la vie, offrent, quoi qu'on fasse, quelque chose de réellement spécial, essentiellement différent de la matière inorganique, et que ces propriétés peuvent toutes se résumer d'un mot, c'est qu'elles ont la spontanéité. Il n'est pas difficile d'apercevoir au fond de cet argument la fameuse conception ontologique de l'énergie propre, inhérente à la substance vivante. Dire, par exemple que la matière vivante a la propriété de se mouvoir, c'est, ou bien méconnaître le mécanisme de la production de la motilité de l'être vivant, de ses organes moteurs, de ses éléments anatomiques contractiles, du sarcode contractile et des mouvements moléculaires qui le constituent, ou bien faire de la motilité une énergie propre, inhérente à la substance contractile, c'est-à-dire une entité.

En résumé, la spontanéité n'est que la résultante, que l'expression du mouvement de la vie, et, pour en bien comprendre toute la relativité et la non-substantialité, il est indispensable de faire l'étude générale des propriétés de la matière vivante, c'est-à-dire des diverses manifestations de la Vie, la Nutrition, la Sensibilité, la Pensée.

CHAPITRE III

DE LA NUTRITION

La nutrition est généralement considérée comme le fait caractéristique de la vitalité : tout ce qui vit se nourrit, et nous pouvons ajouter que le taux de la nutrition exprime l'indice de la vitalité.

Cependant il ne faut pas confondre la nutrition avec la vitalité : la nutrition, en effet, comprend un double mouvement d'assimilation et de désassimilation, c'est-à-dire consiste en la propriété qu'ont les organismes vivants d'emprunter au milieu ambiant des matériaux, dits alimentaires, qu'ils transforment en leurs propres tissus, sous le nom de mouvement trophique ; mais cette fonction, malgré son importance primordiale, fondamentale, peut cependant manquer plus ou moins complètement sans qu'on puisse dire l'organisme tout à fait mort. C'est ainsi, par exemple, que dans les graines végétales, dans la période d'hivernage des nombreux végétaux et même des animaux (marmotte, couleuvre, etc.), dans certaines phases de développement (coralliaires) ; chez des rotifères desséchés ou des poissons congelés (1), on ne peut pas dire que la nutrition persiste, et cependant l'organisme conserve son aptitude à vivre. Il est vrai que, dans ces cas, au moins dans les derniers, on ne peut pas dire positivement que des rotifères vivent alors qu'ils sont desséchés et peuvent rester ainsi dix ans et plus sans aucune trace ni acte de vitalité, bien qu'ils reprennent la vie et le mouvement dès qu'on les imprègne d'un peu d'eau.

(1) Vilmorin a pu faire revivre, en l'humectant, une fougère desséchée, expédiée d'Amérique. Gaymard, en 1828-29, revivifia en dix minutes, dans l'eau tiède, des crapauds congelés. Dans l'Amérique et la Russie septentrionale, on transporte à de grandes distances des poissons gelés, que l'on revivifie ensuite en les plongeant dans l'eau à la température ordinaire. (Letourneau, Biologie.)

Ce qu'il faut retenir de ces cas fort remarquables, c'est qu'ils ne peuvent cadrer avec l'idée que nous nous faisons habituellement de la vie et qu'ils constituent par conséquent de véritables démonstrations de la « nature » toute physio-chimique du phénomène de la vitalité comme va, du reste, nous le démontrer l'examen attentif du phénomène biologique de la nutrition.

Si nous cherchons ce que pensent les biologistes du phénomène même de la nutrition. nous trouvons d'abord une anatomie minutieuse des organes et éléments anatomiques de la fonction digestive et des liquides nutritifs (sang, lymphe, cellules, noyaux, plasma), ainsi qu'une analyse aussi complète que possible des matériaux et déchets de la nutrition.

Tous sont d'accord pour proclamer que la nutrition végétale ou animale est essentiellement constituée par un double courant d'assimilation et de désassimilation qui se passe dans la trame même des tissus ou éléments anatomiques. Mais quand il s'agit de donner du phénomène de la nutrition une idée, une conception qui permette de la rattacher par son trait d'union aux autres phénomènes de notre connaissance expérimentale, les physiologistes s'arrêtent à leurs expériences et se contentent de déclarer que la nutrition est un phénomène vital, ce qui veut dire un phénomène *sui generis*, un phénomène « à part ». Beaucoup, en un mot, semblent admettre, au moins implicitement, que la nutrition est l'expression d'une propriété inhérente à la matière vivante. Pour ceux là, la matière vivante se nourrit parce qu'elle a la propriété nutritive. C'est à peu près comme si on disait que la matière chimique se combine parce qu'elle a une propriété combinante, ou que la matière physique s'agglomère, tombe ou gravite dans l'espace parce qu'elle a la propriété attractive. Nous avons déjà signalé l'erreur fondamentale de ces sortes de conceptions métaphysiques contraires aux données de la science expérimentale (1).

Pour comprendre réellement le phénomène de la nutrition, il ne suffit point de faire de l'anatomie, ni même de la physiologie : il faut pousser plus loin l'analyse du phénomène lui-même, il faut en chercher le caractère le plus général, le plus

(1) Voir notre *Monde physique*.

extensif et en même temps le plus réduit. Tandis, en effet, que nous voyons les organes et les éléments anatomiques se différencier à l'infini dans la double série animale et végétale, nous trouvons toujours que le fait de la nutrition consiste essentiellement en un *échange de matériaux* entre un organisme et son milieu : quelle que soit la simplicité ou la complexité de l'organisme, qu'il s'agisse d'un protoorganisme rudimentaire comme les protistes et les monères ou d'un organisme supérieur comme le corps humain, toujours nous retrouvons le même fait d'assimilation par l'organisme d'une certaine quantité de matière qui lui était étrangère et qu'il s'incorpore par une série plus ou moins compliquée de décompositions et de recompositions chimiques. Tous les savants sont d'accord sur ce point. Par conséquent c'est bien là le caractère essentiel de la nutrition. Examinons donc cet échange de matériaux nutritifs tel qu'il se révèle à nous au lieu de l'envisager avec l'idée préconçue qu'il est de nature spéciale, d'essence vitale.

Tout d'abord, remarquons bien que parmi les savants qui considèrent la nutrition comme un phénomène d'essence vitale, il n'en est pas un seul qui prétende que les éléments chimiques d'un organisme aussi bien que des matériaux nutritifs soient de nature différente des autres éléments chimiques : ils reconnaissent et admettent que les quatorze éléments dont se composent les corps vivants sont de même nature que les mêmes éléments constituant notre monde physique. Toutefois ils prétendent que les composés chimiques des corps vivants, bien qu'offrant la même composition chimique, sont essentiellement différents parce qu'ils nous offrent des propriétés tout à fait à part, des propriétés vitales. Toute la question est là.

D'un côté, les résultats de l'analyse scientifique sont reconnus constants : tout le monde admet que le fait de la nutrition se réduit à un fait chimique au point de vue de ses résultats constatables expérimentalement. Seulement, c'est dans le mécanisme, c'est dans l'*essence* de ce phénomène que l'on veut trouver une différence de nature avec tout le reste de notre monde objectif. Au fond, c'est là un simple effet de la survivance en nous de l'esprit mystique de nos ancêtres et d'une illusion dont nous sommes sans cesse victimes inconsciemment. En effet, dire que le phénomène de la nutrition ne peut se comprendre qu'avec l'hypothèse d'une propriété, d'une force vitale, c'est méconnaître la condition fondamentale de toute notre connaissance qui est de *différencier* les choses dans notre entendement dans les conditions et limites de notre cognoscibilité (1). Ici. par conséquent, c'est la possibilité de différencier le phénomène de la nutrition, uniquement d'après la connaissance que nous en avons et pouvons en avoir, c'est-à-dire d'après les données et les résultats de notre expérience, ce qui implique que nous ne pouvons pas et ne devons pas formuler d'autre appréciation sur le fait lui même que ce que nous enseigne l'analyse scientifique. Quand nous voulons parler de la prétendue propriété vitale de la nutrition, nous employons des mots qui ne veulent rien dire ou bien nous nous lançons dans la métaphysique en cherchant à comprendre et à connaitre la nutrition « *en elle-même* », c'est-à-dire en dehors de ses caractères perceptibles, par lesquels seulement nous pouvons la connaitre, ce qui veut dire que nous voulons pénétrer l'imperceptible, l'inconnaissable. Remarquons bien d'ailleurs que cela, au fond, ne peut rien signifier, puisque cela nous conduit à vouloir chercher ce que peut bien être la nutrition en dehors de nous, en dehors de ce que nous pouvons en savoir et en percevoir.

C'est un reste de notre mysticisme héréditaire, parce que cela exprime qu'au delà de notre perception, nous avons toujours de la tendance à supposer qu'il y a une cause première. Nous avons précisément déjà montré que la seule réponse à la série infinie d'objections analogues que l'on peut toujours greffer les unes sur les autres, est la notion toute expérimentale de l'universelle dépendance et du commun enchainement de tout ce qui existe, au milieu desquels nous ne pouvons rien comprendre que par la notion de l'universelle équilibration des choses et rien connaître que par la notion de l'individualisation par la solidarisation des composantes de chaque tout. Il ne suffit point, en effet, d'admettre que la propriété nutritive est une propriété vitale ; il faudrait ensuite savoir ce qu'est cette propriété vitale, d'où elle vient, et quels sont ses rapports avec le restant de l'univers.

(1) Voir le *Monde physique*, ch. I.

De deux choses l'une, en effet, ou bien cette propriété vitale est indépendante dans le monde physique où elle évolue, et alors on ne comprend pas son action sur la matière, ou elle est dépendante, et alors on ne comprend pas son mode de dépendance, à moins de la considérer comme une propriété de la matière vivante, ce qui équivaut, en dernière analyse, à ne plus en faire qu'une simple résultante, puisqu'une propriété ne peut se concevoir autrement.

C'est une illusion, parce que cela suppose une explication alors que cela ne fait que compliquer la difficulté en mêlant à un phénomène perceptible, analysé et connu dans ses conditions et résultats, une cause qui n'en est pas une, qui nous échappe et qui ne nous sert nullement à nous expliquer la nature du phénomène. Il y a là une cause très fréquente de nos erreurs et les illusions analogues sont très répandues, surtout parmi ceux que n'a point encore pénétrés l'esprit scientifique. Cela tient à ce que, imbus et nourris de l'esprit métaphysique, nous méconnaissons la relativité inévitable, nécessaire de notre connaissance, d'où l'impossibilité de connaitre la cause première (ou dernière) des choses, et encore à ce que nous sommes toujours portés à oublier que les causes et les lois, que nous pouvons prêter aux phénomènes, ne doivent jamais être considérées comme les causes réelles des phénomènes, mais seulement comme l'expression du rapport le plus adéquat que nous pouvons concevoir dans la séquence des phénomènes. C'est ce que nous appelons avoir la conception expérimentale des choses, bien différente, par conséquent, de la conception rationnelle à prioriste des métaphysiciens.

Du reste, il ne faut pas croire que le phénomène de la nutrition soit si difficile à concevoir et offre des caractères si essentiellement différents de certains autres phénomènes que nous constatons dans notre monde objectif. Ce qui fait toute la difficulté apparente de cette question, c'est la façon toute anatomique dont on se contente, en général, d'étudier et d'enseigner ce phénomène de la vie, sans se préoccuper de lui trouver des analogies avec une foule de phénomènes physiques et chimiques dont la méditation attentive jette tant de lumière sur les parties encore les plus obscures de la vitalité. C'est ainsi, par exemple, que l'on invoque sans cesse les caractères de spontanéité, de continuité et d'électivité du mouvement nutritif pour en faire un phénomène à part, un phénomène vital. Or, il suffit de réfléchir à ce qui se passe sous nos yeux, il suffit de penser à ce que nous enseignent toutes les sciences physiques, chimiques, géologiques, astronomiques, pour constater qu'un mouvement analogue, transforme constamment notre univers physique avec les mêmes caractères de spontanéité, de continuité et d'électivité, car la spontanéité d'un organisme vivant ne peut se concevoir autrement que comme la résultante des forces physico-chimiques de cet organisme et ne peut dès lors être considérée comme essentiellement différente de la même spontanéité qui résulte du jeu d'action et de réaction des forces physico-chimiques de notre globe et de notre univers qui constitue leur évolution. Quant à la continuité, il n'est pas nécessaire d'insister pour montrer que la continuité de l'évolution de notre monde physique est singulièrement plus durable que celle d'un organisme. Enfin la fameuse propriété que présentent les corps vivants de choisir leur nourriture ne se réduit-elle pas manifestement dans les organismes inférieurs et surtout dans les végétaux à l'analogie la plus grande avec l'affinité chimique, et ne trouvons-nous pas dès lors la même électivité dans tous les phénomènes de notre monde physique où nous avons vu que tout est régi par l'universelle équilibration ? Maintenant que la nutrition se trouve ainsi mise au point, il devient facile de la concevoir, c'est-à-dire de s'en faire une idée générale permettant de la classer à sa place dans notre connaissance et de la rattacher aux autres phénomènes de l'univers, en saisissant les transitions continues que nous constatons de la matérialité cosmique à la matérialité physique de notre globe, de la matière brute, physique ou chimique, à la matière organique non vivante, et de celle-ci à la matière organisée ou vivante; le fait cosmique nous apparaît ainsi comme dominé, caractérisé par l'équilibration cosmique ou gravitation céleste des masses sidérales, le fait physique par l'équilibration des corps physiques sous l'influence de la pesanteur et de l'attraction moléculaire, le fait chimique par l'équilibration moléculaire ou interatomique de l'affinité, le fait biologique ou vital par la fonction qui n'est que la résultante, que la manifestation des différences d'affinités entre les corps cristalloïdes et les colloïdes, c'est-à-dire la résultante de la mise en présence des éléments physiques ou minéraux (cristalloïdes), avec les éléments organiques (colloïdes), en un mot, nous voyons une complexité de plus en plus grande dans le jeu des équilibrations, comme nous trouvons une complexité de plus en plus grande dans la constitution des éléments cosmiques, physiques, chimiques, organiques.

Il est un phénomène qui éclaire par dessus tout le mécanisme de la nutrition, c'est la *dialyse* qui a permis à Graham de distinguer deux grandes classes de corps, les cristalloïdes et les colloïdes. Les cristalloïdes, comme leur nom l'indique, revêtent le plus souvent la forme cristalline : ils sont remarquables par la propriété qu'ils ont de diffuser, c'est-à-dire de se mélanger en dissolution les uns avec les autres, et surtout de dialyser (traverser) les corps amorphes, dits colloïdes. Ceux-ci, au contraire, mis en dissolution se mélangent difficilement, ne se laissent point traverser facilement les uns les autres, tandis qu'ils abandonnent rapidement les cristalloïdes qu'ils contiennent. De sorte qu'un colloïde, contenant un cristalloïde, et mis dans un vase rempli d'eau, se laissera dialyser rapidement par le cristalloïde qui viendra se dissoudre dans l'eau en abandonnant le colloïde ; c'est là un procédé de séparation très employé dans l'industrie avec les divers appareils dialyseurs. C'est le moyen de purifier, de dissocier, de séparer de toutes autres substances le tannin, les gommes, la dextrine, le caramel, l'albumine et, en général, toutes les substances colloïdes, c'est-à-dire toutes les substances propres aux organismes vivants.

Il est, en effet, tout à fait remarquable que la propriété colloïde se retrouve dans tous les composés dits *organiques*, qu'ils soient vivants ou non. C'est ainsi que la même propriété, que le même phénomène se montre analogue dans une masse d'albumine, que celle-ci soit un simple composé chimique n'offrant aucun caractère de vie, ou bien constitue un véritable organisme vivant comme les monères découvertes par Hæckel dans la baie de Villefranche en 1861. Ces protoorganismes, en effet, se composent uniquement d'albumine, formant un corps amorphe, mou, élastique, analogue à une même quantité d'albumine non vivante : ils n'ont ni tête, ni membres, ni organes d'aucune sorte : ce sont des grumeaux vivants, sans trace d'organisation. Cependant ce sont des êtres vivants : ils se nourrissent, ils se multiplient. En les observant bien, on constate des modifications dans leur forme, des espèces de mouvements contractiles ou rétractiles, comme chez les amibes et les sarcodiques. Nous aurons à revenir sur ces mouvements qui peuvent s'expliquer par une grande mobilité moléculaire, et se produire aussi bien sous l'influence de causes externes que de causes internes. Mais ce qui nous importe ici, c'est de comparer ce qui se passe dans ce colloïde vivant avec ce qui se passe dans tout autre colloïde non vivant. Or, si nous mettons une dissolution saline, de sulfate de magnésie, par exemple, en présence d'une certaine quantité de caramel, d'albumine et de monères, nous constatons que ce sel diffusera à peu près aussi rapidement dans le caramel que dans l'eau et un peu moins vite dans l'albumine et les monères. Si maintenant nous mettons nos monères et notre caramel dans des solutions semblables contenant chacune du chlorure de sodium et du sucre de canne nous constatons que les monères et le caramel se laissent pénétrer par (ou absorbent) le sel et le sucre inégalement, c'est-à-dire absorbent à peu près moitié plus de sel que de sucre (2,33 : 7) et que le caramel opère cette absorption juste moitié plus vite que la monère. Si enfin nous modifions notre expérience en ajoutant à l'eau une certaine quantité de gélatine contenant le même sel de sodium et le même sucre de canne, nous constatons que le sel et le sucre, diffusent c'est-à-dire se séparent de la gélatine pour se répandre dans l'eau et pénétrer le caramel encore dans les mêmes proportions, c'est-à-dire moitié plus vite que dans les monères. Or, il suffit de rapprocher de ce simple fait de diffusion purement physique ce qui se passe dans le phénomène de la nutrition et du développement d'un organisme aussi simple qu'une monère pour saisir le mécanisme même de la nutrition. La formation, l'accroissement d'une monère, composée, comme nous l'avons déjà dit, exclusivement d'albumine, ne peut, en effet, se concevoir que de deux façons : ou bien par la formation de nouvelles molécules d'albumine aux dépens de divers éléments empruntés à d'autres composés chimiques et réunis par une cause ou mécanisme quelconque, ou bien simplement par le rassemblement, par la réunion d'atomes ou molécules d'albumine déjà existante empruntés à d'autres composés. Dans le premier cas, nous avons affaire au simple fait chimique de la formation de l'albumine par la combinaison de ses éléments composants; dans le second, il s'agit simplement du fait physique de groupement moléculaire. Donc, si nous supposons une monère dans son milieu ambiant ordinaire, c'est-à-dire dans l'eau de mer, nous ne pouvons comprendre son développement, sa nutrition qu'à la condition d'admettre qu'elle emprunte à ce milieu soit des molécules d'albumine toutes faites, soit les éléments composants de ces molécules avec lesquelles elle forme elle-même son albumine constituante, absolument comme nous voyons les organismes supérieurs emprunter à leurs aliments les éléments avec lesquels ils fabriquent leurs propres tissus par le phénomène de l'assimilation. Or, nous savons que les profondeurs de la mer où se rencontrent les monères contiennent précisément les diverses substances organiques dont la décomposition peut mettre en liberté tant des molécules d'albumine proprement dite que les éléments composants de ces dernières. Dès lors, il nous suffit de nous rappeler que les monères, en tant que colloïdes, c'est-à-dire d'après leurs seules propriétés physiques, peuvent séparer, dissocier, les divers éléments de ces matières organiques, se laisser diffuser (traverser) inégalement par chacune de ces substances, operer par conséquent les reductions ou décompositions qui leur sont nécessaires pour se les approprier sous le nom de nutrition. Il ne suffit point, en effet, de nous objecter que nous n'avons pas encore pu constater ainsi la formation d'une seule molecule d'albumine en dehors d'un organisme vivant, car cela reviendrait toujours, en dernière analyse, à la nécessité d'admettre la formation d'une première molécule d'albumine, soit comme constituant le premier germe des êtres vivants, soit comme résultant de la fonction nutritive d'un premier organisme. Or, de toute façon, il faut toujours arriver à admettre soit la formation de l'albumine par la synthèse purement chimique de ses éléments composants, soit sa formation exclusive par un organisme vivant. Dans le premier cas, on reste d'accord avec les données de la Science, dans le second, on cherche illogiquement une cause spéciale, dite vitale, à la formation d'un composé chimique uniquement parce que ce composé nous paraît vivant, et on s'expose à se trouver fort embarrassé devant les albumines que les chimistes nous promettent d'obtenir bientôt par synthèse, comme ils ont déjà obtenu beaucoup d'autres produits également réputés exclusivement propres aux organismes vivants. Du moment où on admet que l'albumine vivante ne se compose que des mêmes éléments ou atomes chimiques que l'albumine non vivante, du moment où, en un mot, on reconnaît que cette albumine est un composé chimique, il est profondément irrationnel de lui chercher une cause de formation autre que les propriétés chimiques ou affinités de ses composants. Raisonner, penser autrement, ce n'est plus raisonner, ni penser expérimentalement, c'est simplement retomber ou s'immobiliser dans une argutie scolastique.

Que si maintenant on nous objecte que la formation d'une molécule d'albumine, même si cette molécule est le germe d'un être vivant comme une monère, ne peut rien signifier au point de vue de notre conception expérimentale de la vie, attendu que nous ne devons pas assimiler le fait chimico biologique d'un organisme aussi rudimentaire au fait si complexe de la nutrition d'un organisme complet, nous répondrons que, en en dernière analyse, la nutrition même des organismes supérieurs, se réduit toujours à un simple échange moléculaire ou interatomique. Les deux grandes phases de la nutrition, l'assimilation et la désassimilation ne sont, en effet, que deux courants d'échanges moléculaires interatomiques, l'un d'intégration, l'autre de desintégration, absolument comme la dyalise comprend un double mouvement d'entrée et de sortie d'éléments chimiques, lorsque ceux-ci sont mis en présence en nombre et en propriétés suffisamment distinctes. Mais, du reste, ce n'est pas à la simple dialyse que s'arrêtent les phénomènes physico-chimiques qui ont été observés et qui se manifestent tous les jours sous nos yeux en dehors de toute action dite vitale ; la belle découverte de Dutrochet sur l'osmose et l'endosmose, c'est-à-dire sur la dialyse à travers une membrane, a, en effet, permis de suivre et d'imiter de plus près le fait biologique lui-même. Sans insister ici sur des détails et des expériences connues de tout le monde, il suffit de rappeler une expérience bien curieuse de Traube qui montre bien le caractère tout physique de ces phénomènes dans la cellule vivante, végétale ou animale, en même temps qu'elle ouvre des horizons nouveaux à l'investigation scientifique dans le domaine biologique.

Ayant remarqué que les précipités des substances colloïdes sont eux mêmes colloïdaux, et s'appuyant sur les faits de dialyse de Graham, Traube a pu faire artificiellement des cellules à paroi formées de tannate de gélatine : « Il prend une goutte de gélatine, qui, par une ébullition de trente-six heures, a perdu de sa coagulabilité. Il la laisse dessécher à l'air pendant plusieurs heures, et, à l'aide d'une baguette fixée dans le bouchon d'un flacon à demi rempli d'une solution de tannin, il la plonge dans ce liquide, alors la petite quantité de gélatine qui se dissout à la surface de la goutte, se combine avec le tannin, et il en résulte une membrane cellulaire fermée. Mais cette membrane est homogène, imperforée, comme les membranes organiques. Aussi la diffusion qui s'établit entre son contenu et le liquide extérieur, doit s'effectuer osmotiquement à travers les interstices moléculaires. L'osmose se produit très énergiquement. La membrane se distend de plus en plus ; par suite ses molécules constituantes s'écartent les unes des autres ; à un moment donné, quand les molecules des deux liquides en présence peuvent facilement s'introduire dans les interstices moléculaires de la membrane et s'y rencontrer, ils y forment de nouveau des molécules de tannate de gélatine, c'est-à-dire de nouvelles cellules, par conséquent la membrane *s'accroît par intussusception*, ce qui est une *véritable prolifération, une vraie génération*. Pour arrêter tout accroissement, il suffit de remplacer le tannin par de l'eau (1). »

(1) *Experimente zur Theorie der Zelbildung und Endosmose. (Arch. für Anatomie, etc.)* Von Reichert und Dubois-Reymond, 1867, p. 87, cité par Letourneau.

Il suffit de combiner cette première application avec les particularités de la dialyse pour comprendre la possibilité d'obtenir des membranes exerçant une véritable action élective comme les membranes vivantes : c'est en effet ce qu'a pu réaliser Traube. Du reste, l'action élective est le pivot de la combinaison chimique et n'est au fond qu'une expression de l'équilibration, puisque celle-ci n'est qu'une résultante et dépend des particularités des composantes.

Il ne faut pas exagérer le résultat de ces expériences, mais il ne faut pas non plus négliger leur signification. Elles nous aident à décomposer expérimentalement le fait de la nutrition resté jusqu'ici absolument différent de tout ce que nous connaissions dans le domaine physique : nous voyons ainsi se réaliser physiquement la première partie de la nutrition, l'alimentation élective, l'absorption ou l'assimilation et même l'accroissement qui se confond avec la reproduction. C'est beaucoup sans doute, mais cela n'est pas encore suffisant pour expliquer la seconde partie de la nutrition, la désassimilation. Toutefois, nous pouvons déjà faire remarquer que cette seconde partie de la nutrition n'est pas absolument établie pour des êtres aussi rudimentaires que les monères et les amibes : il n'est pas prouvé, en effet, que ces petits êtres fassent autre chose que naître, s'accroître, se multiplier et mourir : or, tout cela peut s'opérer sans désassimilation. D'ailleurs nous pouvons encore trouver dans les faits physico-chimiques des éléments suffisants pour nous permettre au moins d'entrevoir le mécanisme de la désassimilation. Le fait même de la dialyse ou mieux de l'endosmose comprend une rééquilibration moléculaire du colloïde qui absorbe ou qui est pénétré : mais nous savons que ce n'est là qu'une équilibration mobile, et nous ne pouvons pas ne pas admettre une réaction quelconque de la substance endosmosée sur le corps endosmosant, cette action physique ou chimique suivant les affinités et propriétés réciproquement ; si nous ajoutons que des substances diverses peuvent être endosmosées ou absorbées en même temps ; si nous remarquons que quelques-unes peuvent être réduites, c'est-à-dire être amenées à *l'état naissant* par le fait de la dialyse, nous trouvons en présence des substances qui peuvent être réciproquement inertes ou actives, et il peut résulter de leurs combinaisons des produits qui agissent à leur tour sur la substance endosmosante pour la modifier, la réduire et la décomposer elle-même en éléments cristalloïdes qui se trouveront par là même éliminés exosmotiquement. C'est là la désassimilation dans sa plus grande simplicité.

Si on compare ces faits avec ce qui se passe dans un amas de matière quelconque composée de substances chimiques diverses, ne trouvons-nous pas la même analogie avec les élaborations d'un organisme vivant ? Si, en effet, on peut nous objecter qu'un organisme vivant, sauf pour les protoorganismes comme les monères, ne peut jamais être considéré comme composé d'une seule substance colloïde et si on veut en inférer la non légitimité de notre assimilation des phénomènes physico-chimiques de la dialyse et des phénomènes nutritifs, nous répondrons que précisément cette complexité de la substance organique vivante nous explique la complexité, la continuité et la diversité du mouvement vital ou nutritif, par suite des différences d'aptitudes et de pouvoirs à diffuser, à dyaliser ou à absorber, spéciales à chacun des éléments constituants de cette matière organique d'un être vivant.

Nous savons, en effet, que la complexité croissante des composés chimiques organiques est, en général, proportionnelle à leur instabilité, d'où une tendance constante à des remaniements moléculaires incessants. D'autre part les différences de diffusibilité et la diversité des matériaux vient encore augmenter cette tendance aux changements moléculaires et compléter cette espèce de circulus auquel nous donnons le nom de mouvement nutritif ou trophique. Nous pouvons même ainsi arriver à saisir la cause toute mécanique, toute physico-chimique de l'activité vitale à laquelle on a voulu reconnaître un caractère de spontanéité « essentielle » et qu'on a invoqué comme une preuve de l'existence du fameux « principe vital ».

Puisque nous savons aujourd'hui que dans les corps réputés les plus fixes, les molécules sont dans un état incessant de rotation ou giration, les unes par rapport aux autres ; puisque nous savons que les états solides, liquides ou gazeux ne sont que l'effet de différences dans ces états moyens d'oscillations réciproques des molécules des corps ; puisque la chimie nous enseigne que le fait chimique, c'est-à-dire la combinaison n'est que la résultante d'un changement de disposition ou de nombre des atomes composants de chaque molécule ; puisque, nous savons que les mouvements intra-moléculaires sont d'autant plus modifiables que ces molécules sont plus instables ; puisque, enfin, nous voyons que les substances organiques ou colloïdes offrent de plus la particularité de séparer, de dissocier les cristalloïdes, de se laisser diffuser (traverser) inégalement par les diverses substances chimiques, n'en résulte-t-il pas nécessairement qu'une substance organique ne peut se comprendre sans impliquer aussitôt la possibilité d'une série infinie de modifications internes et externes, un véritable circulus de molécules et d'atomes qui lui viennent par endosmose de l'extérieur, de son milieu ambiant ou nutritif, et qui se séparent d'elle par exosmose, constituant le mouvement trophique, nutritif ou vital ?

Par conséquent, ne résulte-t-il pas de là que le mouvement nutritif, que le travail vital nous apparaîtra d'autant plus compliqué, d'autant plus diversifié à l'infini que l'organisme sera plus complexe, que les organes seront plus différenciés, c'est à-dire à mesure que la division du travail de la fonction sera poussée plus loin, absolument comme nous avons vu la combinaison chimique se compliquer, se diversifier proportionnellement à la complexité moléculaire des composés chimiques.

Un argument des plus suggestifs en faveur de cette dernière façon d'envisager la nutrition nous semble fourni par les découvertes les plus récentes en physiologie générale auxquelles le professeur Brown-Séquard a attaché son nom d'une façon si retentissante. Lorsque, dès 1856, il découvrit le rôle trophique des capsules surrénales en établissant l'importance de leur sécrétion *interne* sur la vitalité de l'organisme tout entier, il jeta les bases d'une nouvelle conception de la nutrition, qu'il formula plus tard avec d'Arsonval, en déclarant que tous les tissus de l'organisme, testicule, foie, cerveau, muscle, glandes, produisent des substances par une véritable sécrétion interne, qui jouent un rôle capital dans la vitalité et la nutrition de l'organisme. La preuve expérimentale fournie par l'apparition de troubles déterminés à la suite de la suppression de la fonction de tel ou tel organe, entrainait, comme corollaire, l'indication thérapeutique de suppléer à l'insuffisance d'une fonction par l'addition artificielle dans le sang des principes qui lui étaient normalement fournis par la fonction devenue malade. Les quelques résultats annoncés par l'application de cette méthode physiologique constitueraient à leur tour une nouvelle preuve du caractère physico-chimique de la nutrition, puisque nous voyons, du même coup, d'abord la démonstration de la sériation de plus en plus compliquée des phénomènes de la nutrition, ce qui divise, pour ainsi dire, la nutrition dans un même organisme, en plusieurs étapes dont chacune est le produit d'un organe différent : canal alimentaire d'abord, fonction hématopoiétique du foie ensuite, puis redistribution dans les divers organes glandulaires à sécrétion interne dont les produits constituent autant de stimulants du système nerveux, qu'ils alimentent et dynamogénisent au fur et à mesure de ses besoins pour ses fonctions régulatrices de la vitalité de l'organisme dans son ensemble ; ensuite la possibilité de suppléer, artificiellement, par un produit emprunté à un autre organisme ou même à la chimie (1), une des phases les plus importantes et les plus « essentielles » de la vitalité, la fonction alimentaire ou dynamogénisante du système nerveux de l'organisme humain, c'est-à-dire de l'organisme le plus élevé.

(1) Voir les expériences et résultats des injections de sérum artificiel dans l'anémie, la neurasthénie, les adynamies, etc.

CHAPITRE IV

DE LA CROISSANCE ET DU DÉVELOPPEMENT

L'étude analytique de la nutrition nous a montré que l'appareil physiologique (organe ou viscère) ne doit point être considéré comme faisant sa fonction en bloc, mais n'est que l'ensemble, que l'unification des fonctions des éléments anatomiques. des cellules ou mieux des molécules organiques, absolument comme un corps chimique ne fait point sa combinaison ou réaction en bloc, *in toto*, mais bien de molécule à molécule. Plus nous progressons, plus nous reconnaissons dans toutes les sciences la nécessité de demander au travail moléculaire, au jeu des infiniment petits l'explication, le mécanisme des phénomènes de la nature (1).

Ceci nous indique que nous devons considérer l'accroissement et le développement organiques comme la résultante, comme la totalisation du travail d'intégration moléculaire qui constitue la nutrition. Nous avons vu, en effet, que le travail de nutrition ne peut se comprendre que comme l'emprunt, par l'organisme à son milieu nutritif, de molécules analogues à ses propres molécules, ce qui réduirait alors le fait nutritif à une simple agglomération physique, ou par des transformations successives de la matière alimentaire en matière assimilable et de celle-ci en matière organisée, blastèmes ou liquides nourriciers, éléments anatomiques, et organes proprement dits. De toute façon, le travail de nutrition aboutit toujours. en dernière analyse, à une agglomération, une addition, une absorption de molécules extrinsèques à l'organisme qui se fusionnent avec lui, en se groupant, s'organisant chacune avec leurs semblables qui les fixent, qui les attirent pour ainsi dire par une sorte d'affinité plus ou moins

(1) Voir : Théorie infinitésimale de la Matière dans *Le Monde physique*.

analogue, en somme, à ce que nous voyons se passer dans les combinaisons chimiques. Il est évident que la nutrition ne peut se faire ainsi sans entraîner une augmentation dans la quantité de matière d'un organisme, et cette augmentation constitue précisément ce qu'on appelle l'accroissement, le développement, quand il y a prépondérance dans le courant d'assimilation sur la désassimilation ; de même qu'il y a dégénérescence, atrophie quand la désassimilation l'emporte sur l'assimilation. Dès lors, il n'est plus besoin d'insister pour montrer que l'accroissement, ainsi envisagé, n'a rien d'absolument spécial aux organismes vivants, attendu que nous en trouvons des exemples analogues un peu partout, particulièrement dans l'accroissement et même dans la régénération partielle des cristaux, ainsi que dans toutes les agglomérations qui se forment par dépôts successifs comme nous le constatons à chaque instant dans les faits cosmiques, physiques et chimiques.

Quant aux lois du développement organique, ce sont de simples résultantes du jeu d'équilibration de chaque organisme entre ses actions internes et les influences de son milieu. La loi d'adaptation est à l'évolution du monde organique tout entier ce que la gravitation est au monde céleste, ce que l'attraction et la pesanteur sont au monde physique, ce que l'affinité est à la chimie, et nous avons vu que ces diverses lois se réduisent à une même et unique loi, qui les comprend toutes, a la loi d'équilibration universelle. Qu'on l'envisage dans le règne végétal ou dans le règne animal, qu'il s'agisse d'un organisme rudimentaire ou d'un organisme supérieur, l'accroissement organique se réduit toujours, en dernière analyse, à une augmentation de la matière composant cet organisme par assimilation d'une quantité équivalente de matière étrangère.

Par conséquent, le développement organique n'est que la résultante du jeu d'action et de réaction des forces internes d'un organisme et des influences externes ou extrinsèques, et nous ne pouvons trouver à ce jeu d'autre loi, d'autre condition possible, qu'une tendance continue à l'équilibration entre les forces intrinsèques et extrinsèques dont la résultante est l'évolution de l'organisme : évolution en accroissement et développement tant que l'équilibration entraîne la prédominance du courant centripète; évolution en dégénérescence, atrophie et mort dès que la prédominance est renversée; évolution en différenciation, en variation organique par suite de changement dans les influences en jeu (milieu organique, alimentation, etc.) Il suffit de rapprocher tout ce que nous enseigne l'étude des résultats obtenus par la domestication, la sélection artificielle, le croisement et l'acclimatement de nos races domestiques pour y trouver la démonstration et la réalisation de cette loi du développement organique. Mais, si nous voulons voir effectivement ce mécanisme de l'accroissement et du développement par le jeu d'équilibration des actions internes et externes d'un organisme vivant, il faut nous reporter à l'observation attentive de ce que nous pouvons constater chez les végétaux pour la circulation de la sève, et chez les organismes inférieurs dont nous voyons la vitalité dépendre incontestablement des conditions de leur milieu, puisque, comme nous l'avons déjà signalé, on peut, à volonté, provoquer ou suspendre la vie des infusoires, des rotifères, des poissons, etc., par la dessiccation ou la congélation. Tous les naturalistes sont d'accord aujourd'hui pour proclamer que la germination dépend exclusivement de conditions physico-chimiques, que la circulation de la sève, et conséquemment le mouvement trophique, le sens du développement (orientation vers la lumière, vers le soleil, direction des racines vers l'humidité, etc.), résultent de l'évaporation à la surface des feuilles qui entraîne une différence de densité, et qui, combinée avec diverses autres influences comme la capillarité, l'osmose et la diffusion, entretient le circulus moléculaire du mouvement trophique tout entier Il suffit, en effet, de se bien pénétrer du rôle et du mécanisme de la diffusion, de l'osmose et de l'éxosmose, combinées et favorisées par les conditions de durée, de température, d'humidité, etc., pour comprendre le développement d'une graine aux dépens des matières assimilables qui lui constituent son milieu nutritif, comme le prouve, du reste, le développement de cette graine proportionnellement à la richesse de son terrain en matériaux assimilables et, au contraire, son arrêt de développement, sa mort par l'absence de ces conditions favorables. Aussi, pouvons-nous dire que nous ne connaissons pas d'autre limite au développement des végétaux que l'équilibre entre la quantité de matière assimilable et les conditions qui rendent cette assimilation possible (durée, température, humidité, etc.), tandis que pour les animaux, l'accroissement se trouve limité par l'équilibre qui résulte de la différence d'accroissement des masses qui se fait suivant les cubes des dimensions pendant que la capacité d'absorption n'augmente que suivant les carrés des dimensions (1). N'est-ce pas tout à fait comme en chimie où nous avons vu la combinaison et la formation des corps chimiques, cristaux et autres, être limitées par l'équilibre entre les affinités, en physique où la cohésion ou attraction se trouve contre-balancée par la pesanteur ou toute autre influence dissociante, et enfin dans le cosmos où nous ne pouvons concevoir d'autre loi à la formation et à l'évolution des astres et des mondes que le jeu d'équilibration entre la force centripète et la force centrifuge ?

Partout nous retrouvons que les phénomènes sont conditionnés dans leurs rapports et relations entre eux comme ils le sont dans notre connaissance. Sous ce rapport, la vie ne fait nullement exception mais confirme hautement cette règle générale. Il est, en effet, généralement admis que la vie végétative ne s'observe qu'entre les températures extrêmes de zéro à 50 degrés. Boussingault a calculé que chaque espèce de graine exige, pour germer, à peu près toujours la même quantité de calories. Saussure a montré que la vie s'arrête dans le vide. Enfin, tout le monde sait l'importance de la composition chimique du milieu aussi bien pour la végétation que pour la vie animale. Par conséquent, puisque la vie n'est possible que dans certaines conditions, nous pouvons bien conclure qu'elle dépend de ces conditions et en est la résultante.

Nous ne pouvons pas comprendre la nutrition sans la transformation de la matière étrangère, alimentaire, en matière organique, semblable à la matière de l'organisme qui se nourrit. D'autre part, la matière organique se différencie proportionnellement à la différenciation ou perfectionnement de l'organisme : par conséquent, nous ne pouvons pas comprendre la nutrition d'un organisme un peu complexe, un peu élevé dans la série organique, sans admettre que le phénomène de la nutrition doit

(1) Voir H. Spencer, *Biologie*.

nécessairement impliquer la formation de divers produits d'assimilation, et nous ne pouvons comprendre la répartition des divers éléments que d'après leurs affinités ou aptitudes : c'est ce qu'on a décrit sous le nom de *force polaire*, qui n'est autre que la tendance des unités semblables à s'agréger, c'est-à-dire à s'équilibrer, à se solidariser entre elles, à s'unifier, à s'individualiser ensemble. Les parties des organes sont, en effet, composées d'unités spéciales, à côté desquelles viennent sans cesse se déposer des unités semblables qui circulent dans l'organe. Or, à moins de vouloir admettre qu'un organisme se compose de parties indépendantes et assemblées au hasard, nous sommes bien obligés de reconnaître que la seule façon que nous ayons de comprendre l'unité fonctionnelle, la nutrition, l'accroissement et le développement d'un organisme, c'est de le concevoir comme la résultante de l'équilibration réciproque, c'est-à-dire de la solidarisation de ses parties composantes. L'équilibre fonctionnel, la solidarité organique est, en effet, la notion la plus simple, la plus réduite, la plus générale, la plus extensive, la plus adéquate que nous puissions avoir de l'individualité organique. C'est là une notion essentiellement expérimentale et bien confirmée par toutes les données de physiologie qui n'est que l'exposé, l'analyse et la démonstration de la solidarité fonctionnelle, comme la pathologie n'est que l'ensemble des troubles résultant des atteintes portées à cette même solidarité organique.

Un point des plus remarquables est assurément que la solidarité organique nous apparaît directement proportionnelle à l'organisation, c'est-à-dire à la différenciation anatomique et au degré d'élévation de l'organisme dans la série organique : c'est une loi que nous retrouverons en sociologie. C'est une preuve de plus de notre loi de solidarisation universelle, car nous avons vu également dans le *Monde Physique*, la solidarité des parties composantes dans chaque Tout être directement proportionnelle au degré d'individualisation (1).

Les organismes les plus rudimentaires, comme les monères de Hæckel, ne se composent, en effet, que d'un simple amas

(1) Voir aussi Herbert Spencer pour qui la loi est la tendance de l'hétérogène à passer à l'homogène.

d'albumine sans aucune trace d'organisation : ici donc nous trouvons la solidarité fonctionnelle réduite à une simple question d'équilibration réciproque des molécules d'albumine : la meilleure différence que nous puissions constater entre ce grumeau vivant et un grumeau quelconque d'albumine, c'est une plus grande instabilité et mobilité moléculaire qui entraîne des changements de forme, une sorte de sensibilité au contact des corps étrangers se révélant par de la rétractilité que l'on appelle ici contractilité parce qu'il s'agit de corps vivants, et des échanges moléculaires qui ne sont que de simples faits de dialyse, mais que nous appelons nutrition, toujours parce que cela se passe dans des corps que nous savons vivants. Sans doute, nous ne devons pas assimiler, d'une façon absolue, ces grumeaux d'albumine vivants à de simples amas d'albumine, nous devons admettre un état moléculaire spécial, dit *vivant*, de cette albumine; mais d'autre part, nous ne pouvons pas admettre que cet état implique une différence de « nature » uniquement parce que nous le déclarons vivant, car nous connaissons de nombreux exemples de corps chimiquement identiques et cependant très différents dans leurs caractères physiques et leurs propriétés chimiques, par suite de différences dans l'agencement de leurs molécules, qu'on appelle leur allotropisme. Il suffit, pour s'en convaincre, de comparer les différents états allotropiques d'un seul corps comme le carbone. D'ailleurs, la vitalité de ces monères se réduit à si peu de chose que nous n'aurions aucune peine à la considérer comme un simple phénomène physico-chimique si nous n'avions notre idée préconçue de la « nature à part » de tout ce qui vit.

D'autre part, de même que dans le Monde Physique, la différenciation des éléments et les individualisations cosmiques sortent de l'état amorphe, indifférencié des nébuleuses par l'effet des lois mécaniques du mouvement (loi d'Équilibration et de Solidarisation), de même, dans la série organique, nous voyons la matière vivante, d'abord à l'état amorphe, indifférencié, du protoplasma sarcodique, se différencier sous la double influence des actions et réactions internes et extrinsèques en éléments anatomiques (cellules, noyaux, nucléoles, fibres, etc.), par une sorte de précipitation de la matière vivante figurée ou histologique, analogue, au fond, à la précipitation chimique. Cette matière vivante, une fois différenciée, réagit, à son tour, pour différencier ses produits par ce que nous nommons la fonction vitale (fonction cellulaire de nutrition, absorption, sécrétion, contractilité, sensibilité, etc.) Or, tout cela ne peut se comprendre que par la notion de la solidarisation des divers éléments anatomiques dans leurs fonctions réciproques au fur et à mesure de leur différenciation, pour constituer l'unité, l'individualité de chaque organisme. C'est, en effet, la seule façon que nous ayons de pouvoir comprendre en même temps l'indépendance relative de chaque élément (Physiologie cellulaire de Virchow), et la mutuelle coopération de toutes les parties d'un organisme à la vitalité de l'ensemble. Qu'il s'agisse d'une simple cellule ou d'un corps vivant plus ou moins complexe, nous ne pouvons concevoir, et l'étude des faits nous montre l'impossibilité d'admettre, que l'individualité d'un organisme vivant puisse exister sans cette mutuelle dépendance de toutes les parties, puisque seule elle permet l'unité d'action de la vie. Dès que le jeu des actions internes et externes entraîne une rupture dans l'unité d'action des composantes, c'est-à-dire une cessation de leur solidarité, l'unité disparaît, l'individualité cesse : l'organisme se divise, se multiplie, se reproduit ou meurt.

D'autre part, cette solidarité de tous les éléments d'un organisme implique une étroite et mutuelle dépendance, de telle sorte qu'aucune influence, qu'aucun changement ne peut s'exercer ni survenir dans l'un d'eux, sans que les autres en éprouvent le contre-coup. De sorte que la loi de solidarité organique que nous trouvons comme la condition de l'individualisation organique, du mouvement nutritif qui constitue l'accroissement et le développement et nous représente la loi même de l'évolution de la vie sous le nom de loi d'organisation, va, en même temps, nous donner la clef de l'apparition des phénomènes encore plus spéciaux de la Sensibilité, de la Conscience et de la Pensée.

Nous retrouvons ainsi toujours la même continuité, la même transition insensible des phénomènes les uns aux autres, la même unité de mécanisme dans l'universel devenir aussi bien que dans notre connaissance.

CHAPITRE V

GÉNÉRATION ET REPRODUCTION

Quand on étudie la reproduction ou génération dans le règne végétal ou animal, on se contente généralement de faire une revue d'anatomie comparée ; on expose les différentes espèces de reproduction, on les compare et on les classe d'aprés le mode de reproduction ou l'organe reproducteur ; de là les grandes divisions de la reproduction par multiplication ou par génération ; la multiplication pouvant se faire par division, fissiparité ou gemmiparité, la génération étant axesuée ou sexuée et se produisant par oviparité ou viviparité.

Mais en procédant ainsi on ne pénètre nullement le phénomène de la génération qui demeure, dès lors, comme une preuve de l' « essentialité » de la vie. Cette opinion, admissible autrefois, alors que l'on ignorait la biologie, devient un véritable anachronisme intellectuel dans l'état actuel de nos connaisances.

Nous avons déjà vu que la nutrition entraine l'accroissement organique et implique une multiplication des éléments anatomiques. Or, cette multiplication, qu'elle se produise par une prolifération cellulaire comme le prétendent les partisans de la théorie cellulaire de Virchow, ou par genèse, c'est-à dire par une sorte de génération spontanée (1), aux dépens des liquides ou blastèmes (Robin), constitue, en somme, une véritable reproduction, une vraie génération organique, et nous montre le mécanisme de la reproduction ou génération proprement dite. Il suffit, en effet, de considérer le fait de la reproduction chez les organismes végétaux ou animaux composés d'une seule cellule pour comprendre l'impossibilité de séparer, de distinguer le fait

(1) Nous employons ici ce mot de génération spontanée pour nous conformer aux habitudes, malgré son inexactitude.

de la nutrition et de la reproduction ou génération proprement dite. Il en est de même évidemment pour toute la série des protoorganismes uniquement composés d'amas de cellules et chez lesquels la reproduction consiste en une scission, en une division de la masse primitive en deux ou plusieurs masses qui constituent autant d'êtres nouveaux. La reproduction par gemmiparité ou bourgeonnement, ne saurait encore offrir de difficulté bien sérieuse à être rattachée au même mécanisme que la nutrition, car elle ne constitue qu'une multiplication par prolifération cellulaire localisée et exagérée sur un point de l'organisme producteur. Mais il n'en est pas tout à fait de même dès qu'il s'agit de la reproduction par un germe, graine, œuf ou embryon ; ici, en effet, le phénomène nous semble tout à fait spécial et différent des autres fonctions organiques. Toutefois, il suffit de l'analyser pour y retrouver, au fond, le même caractère fondamental d'une multiplication, localisée, d'éléments histologiques qui, analogues d'abord en composition chimique et en constitution morphologique avec d'autres éléments de l'organisme générateur, se différencient rapidement en éléments spéciaux (ovules ou spermatozoïdes), pour devenir le point de départ de la formation (naissance) d'un être nouveau, à évolution semblable à celle de son générateur. Or, on ne saurait invoquer la différenciation spéciale consécutive de cet élément histologique pour en faire une « chose à part » dans la vie d'un organisme, car nous retrouvons précisément ce même caractère d'évolution spéciale à chaque espèce des éléments anatomiques différenciés qui constituent les organes et appareils spéciaux des êtres vivants. Il n'y a pas plus de raison de vouloir faire une « catégorie » spéciale des éléments reproducteurs, sous prétexte qu'ils vont former un être nouveau, que des éléments nerveux, par exemple, qui vont donner lieu à tous les phénomènes, non moins spéciaux, ni moins remarquables, de la sensibilité, de la conscience et de la pensée. D'ailleurs, il ne faut pas oublier que cet élément reproducteur, dont on voudrait ainsi faire un élément « à part » dans l'organisme, nous apparaît d'autant plus « spécial » que nous l'envisageons à un degré plus élevé de l'échelle organique et se trouve précisément d'autant plus incapable de donner « par lui-même » naissance à un être nouveau :

plus nous nous élevons dans la série animale, en effet, plus nous voyons que le fait de la génération est dépendant, non pas de l'élément reproducteur proprement dit mais de *sa fécondation*, c'ést-à-dire de la fusion, de la réunion de deux principes générateurs, l'un mâle et l'autre femelle; abandonnés à eux-mêmes ces deux principes, l'ovule et le spermatozoïde, qui constituent chacun un protoorganisme embryonnaire, naissent, vivent et meurent sans se reproduire eux-mêmes; mis en présence, c'est-à-dire fécondés l'un par l'autre, ils se fondent en un être nouveau. Par conséquent, le fait de la génération des animaux supérieurs, qui nous apparaît toujours comme si merveilleux, si « à part » dans la nature, se trouve conditionné, non pas par la production de l'ovule ou du spermatoïde, mais par la fusion de l'un et de l'autre, dans le fait de la fécondation; en un mot, pour qu'il y ait génération, il faut que l'ovule et le spermatozoïde soient réunis en un couple dont le produit nouveau est la résultante, absolument comme en chimie le produit de la combinaison est la résultante d'un couple composé de deux eléments différents. Il n'y a pas plus de raison de nous étonner de voir un organisme en germe sortir de la combinaison de deux autres organismes germes, que de voir un corps nouveau produit par la combinaison de deux autres corps dans la combinaison chimique. Sans doute il y a une grande différence entre ce germe, cet embryon d'organisme qui va évoluer en organisme comme ses générateurs et un corps chimique quelconque dont l'évolution n'a rien d'analogue. Mais il ne faut pas oublier que le germe produit par la fécondation ne constitue, en réalité, qu'un simple état de la matière vivante, « incapable par lui même », c'est-à-dire par ses seules propriétés intrinsèques, de donner réellement naissance à un être vivant : ce n'est qu'une sorte d'aptitude à devenir un organisme et cette aptitude ne peut se réaliser qu'à certaines conditions de *milieu organique* (1), toujours les mêmes, pour tous les individus de la même espèce, de sorte que, en dernière analyse, le fait si extraordinaire au premier abord de la transmission par les germes mâle et femelle (ovule et spermatozoïde), de la propriété de reproduire toute l'évolution des

(1) Il en est de même de l'hérédité.

générateurs se ramène, en fin de compte, à une série analogue d'actions et de réactions dans des conditions identiques, absolument comme nous voyons dans le reste de l'Univers, et, en particulier, en chimie, les mêmes séries de phénomènes se reproduire invariablement tant que les conditions qui leur sont nécessaires demeurent les mêmes : c'est même de là que nous vient notre idée de causalité et notre croyance si ferme à ce que nous appelons les *lois naturelles.* C'est ainsi que le phénomène si mystérieux de la génération devient pour nous l'explication du mécanisme de l'origine et de la diversité de l'organisation de la vie dans la double série végétale et animale, en nous montrant que la vie est une résultante de conditions spéciales et se diversifie dans les manifestations sous l'influence de changements survenant dans ces conditions. Voilà pourquoi les organes et appareils se sont développés différemment suivant les milieux (air, terre et eau), s'atrophient ou se perfectionnent par l'inaction ou l'exercice, se modifient par l'adaptation à des circonstances nouvelles (sélection naturelle et artificielle, domestication, acclimatement, alimentation, genre de vie, etc. (1), comme nous aurons occasion de le montrer plus loin en exposant la loi de l'organisation propre aux phénomènes de sensibilité, de conscience, d'instinct et de mentalité.

(1) Voir Darwin. *Variations des espèces*, et autres.

CHAPITRE VI

DE LA SENSIBILITÉ

I

Idées générales sur la Sensibilité.

Bien que la sensibilité soit considérée par tout le monde comme une des propriétés les plus caractéristiques de la vitalité, son étude générale, synthétique, est généralement négligée, tant par les physiologistes, qui se cantonnent dans son côté objectif, physiologique, que par les philosophes, qui n'envisagent que ses manifestations subjectives.

Or, c'est précisément parce que la sensibilité présente ce double caractère objectif et subjectif que son étude nous paraît de la plus haute importance, vu qu'elle nous permet de saisir, de toucher, pour ainsi dire, la transition ininterrompue des phénomènes purement objectifs aux subjectifs. Il est impossible, en effet, de méconnaitre que l'on a, de tout temps, attribué un caractère subjectif, tout « spécial », à la sensibilité propre aux êtres vivants. Si on a pu dire, au point de vue physique, que la sensibilité est la communication du mouvement, l'action et la réaction des forces ; si les chimistes nous parlent d'un corps sensible à un autre, pour exprimer que tel corps subit une modification sous l'influence d'un autre corps, comme le nitrate d'argent, par exemple, qui est sensible à la lumière, il n'en reste pas moins universellement reconnu que la sensibilité, envisagée dans le règne organique, implique l'idée d'une propriété particulière aux êtres vivants, au point que l'on a toujours voulu en faire une manifestation, y voir une preuve de l' « essentialité » de la Vie, ce qui n'empêche pas, d'ailleurs, les auteurs de ne pas s'accorder sur ce qu'il faut entendre au juste par cette sensibilité que l'on nous présente cependant comme une propropriété caractéristique, exclusive, de la vitalité.

Il est très difficile de fixer et de limiter ce qu'on entend par sensibilité, les uns la confondent avec la conscience, les autres l'étendent à tout le domaine organique de l'inconscient. Nous ne devons pas confondre la sensibilité en général avec la sensibilité générale ou impressionnabilité : celle-ci désigne la répercussion sur l'ensemble de l'organisme d'une excitation, qui peut être générale, en ce sens qu'elle embrasse, qu'elle baigne à la fois tout l'organisme, comme la pression atmosphérique, la chaleur, etc., ou localisée et spécialisée, en ce sens qu'elle est différenciée dans l'organisme par un organe spécial, comme la vue, l'ouïe, le toucher, tout en produisant un retentissement sur l'organisme entier. Nous savons que l'excitation lumineuse, par exemple, enregistrée par l'appareil de la vision comme sensation spéciale visible, se répercute en même temps sur l'organisme entier sous la forme d'un effet trophique, comme l'établissent de nombreux travaux scientifiques (rôle de la lumière sur la production de la chlorophylle, sur la végétation, sur la pigmentation cutanée, sur la nutrition, sur les fonctions nerveuses ; essai de traitement de certaines formes d'aliénation mentale par la couleur violette, rôle du rouge dans l'hystérie.)

On ne peut pas limiter la sensibilité générale à la sensation du plaisir et de la douleur (Dumont (1), Boullier, Jouffroy, etc., car il est facile de remarquer la difficulté et l'abus qu'il y aurait à vouloir trouver un élément de plaisir ou de douleur dans une foule de sensations qui nous paraissent indifférentes et neutres.

On ne peut pas non plus limiter notre idée de sensibilité à la sensibilité consciente, car nous sommes obligés de reconnaître que, dans une foule de cas, il y a tantôt impression consciente, et tantôt inconsciente. Nous aurons, du reste, beaucoup à revenir sur ce point très important au sujet de la nature et de

(1) Dumont. *Théorie scientifique de la sensibilité*, F. Alcan.

l'origine organique de la conscience. Il suffit, ici, de rappeler tout d'abord que nous n'avons pas de moyen direct de constater le caractère conscient des phénomènes d'impressionnabilité chez nos semblables et chez les animaux autrement que par le procédé si justement distingué de l'induction proprement dite, par le professeur Clifford, sous le nom de méthode éjective. De plus, tous les faits d'anesthésie chloroformique, hypnotique, et pathologique (lésions nerveuses centrales et périphériques, empoisonnement, etc.), viennent encore prouver l'illégitimité d'assimiler, de limiter la sensibilité à la conscience.

Il faut donc nous résigner à reconnaître qu'il en est de la sensibilité comme de toute propriété en général et en particulier ; ce n'est point une entité réelle, définie, mais simplement une expression que nous employons pour cataloguer tout un ensemble de phénomènes dits *sensibles*, et dont la conception se modifie, se précise, s'élargit ou se rétrécit proportionnellement à la connaissance que nous en acquérons.

En réalité, la sensibilité est simplement une abstraction, une généralisation par laquelle nous exprimons la propriété commune qu'offrent les êtres vivants d'avoir une réaction spéciale, dite sensible, en présence des excitations.

Ce qui caractérise cette réaction sensible, c'est qu'elle nous paraît *active*, *spontanée*, jusque dans ses manifestations les plus rudimentaires, c'est qu'elle est perçue, *consciente* dans ses modes supérieurs.

Nous retrouvons encore ici cette idée de spontanéité, d'activité comme spéciale, comme essentiellement caractéristique du fait biologique. Nous avons déjà montré ce qu'il faut entendre par cette spontanéité qui n'est qu'une résultante des fonctions ou actions et réactions moléculaires de la matière vivante.

La sensibilité n'existe pas « en elle-même » ; elle ne peut se manifester qu'à la condition nécessaire d'une excitation, ce qui fait que la sensibilité n'est que l'expression ou la résultante d'un rapport.

Toutefois, il faut bien reconnaître que l'idée de sensibilité est intimement liée dans notre esprit à une idée d'essentialité. Sans doute il en est de l'essentialité de la sensibilité comme de la substantialité des propriétés physiques des corps, c'est une pure illusion de notre entendement ou une inconcevabilité (1) ; mais il n'en est pas moins vrai que nous sentons combien notre conception de la sensibilité importe à notre conception de la vie ; aussi la sensibilité est-elle le dernier rempart que le mysticisme oppose avec une suprême ténacité aux empiétements incessants de l'analyse scientifique. « On a généralisé l'idée de sensibilité au point de donner ce nom à toute coopération nerveuse accompagnée de mouvement, même lorsque l'animal n'en avait aucune perception. On établit ainsi des sensibilités organiques, des sensibilités locales sur lesquelles on raisonna comme s'il s'était agi de la sensibilité ordinaire et générale (2). »

Cette réflexion de Cuvier montre bien les deux tendances opposées des esprits : les uns, conservant intacte leur idée de spécificité, d'essentialité à la sensibilité en général qu'ils veulent distinguer des sensibilités spéciales, comme si notre idée générale, abstraite, de sensibilité répondait à une *entité* au lieu de résulter simplement d'une sorte de totalisation de nos diverses idées des sensibilités spéciales ; les autres, soumettant leur idée générale de la sensibilité à l'analyse scientifique, la décomposant en ses différentes manifestations pour en saisir le trait commun en même temps que les multiples différenciations dans la série organique.

Toute la difficulté que nous éprouvons à reconnaître la sensibilité pour ce qu'elle est dans notre connaissance comme dans l'univers, provient uniquement de ce que nous cherchons ce qu'elle doit être pour être conforme à ce que nous la présupposons et préformons dans notre mentalité, au lieu de commencer par examiner simplement ce que nous cataloguons dans notre entendement sous le nom de sensibilité.

C'est, du reste, la même difficulté que nous retrouvons à propos de la conscience et de toute notre mentalité en général. C'est au point que beaucoup de bons esprits sont dans l'impossibilité d'admettre que la sensibilité puisse être une simple manifestation de *nature organique*, une simple propriété du

(1) Voir *Le Monde physique*, chap. II.

(2) Cuvier. *Rapport sur les expériences de Flourens sur le système nerveux*.

système nerveux. Pour ces intelligences, rebelles aux conceptions scientifiques, la sensibilité implique une idée de quelque chose d'immatériel, de surnaturel; pour eux la sensibilité suppose et implique une substance sensible et cette substance sensible, ne pouvant être de la matière, *doit* nécessairement être *l'âme*. Nous ne sommes pas encore bien loin de l'époque où les nécessités de pareils raisonnements entraînaient les philosophes comme Malbranche à nier la sensibilité chez les animaux, parce que ces bons philosophes ne pouvaient vraiment pas accorder une âme à de simples bêtes. Depuis, on a marché; non seulement on a accordé la sensibilité aux animaux, mais on est allé jusqu'à accepter l'idée d'une sensibilité inconsciente, parce qu'elle est nécessaire à la conception spiritualiste de la vie, attendu qu'on ne peut pas déclarer, d'une part, la sensibilité essentielle à la vie, et, d'autre part, admettre des organismes vivants dépourvus de sensibilité.

Sans insister davantage sur de pareils arguments, nous devons dire que, en réalité, la sensibilité, telle que nous la comprenons habituellement, constitue la propriété animale par excellence, au point que nous la confondons avec l'animalité elle-même. C'est, du reste, ce qu'avait bien exprimé Aristote en distinguant trois âmes : l'âme nutritive ou végétative; l'âme sentante ou animale, l'âme pensante ou humaine. Aussi, est-ce surtout dans le règne animal que la sensibilité est intéressante à étudier. Sans doute, le règne végétal nous offre des faits de sensibilité physiologique, bien difficile à méconnaître, chez la Mimosa pudica ou sensitive (Paul Bert), la Dionœa muscipula, l'Oxalis sensitiva de Java (Sachs, Dutrochet); mais ce n'est que dans la série animale que nous pouvons suivre la sensibilité depuis ses manifestations les plus rudimentaires, les plus confuses, jusqu'aux plus complexes et les plus spécialisées.

Il est important de noter que les biologistes font rentrer dans les manifestations de la sensibilité les simples réactions des protoorganismes en présence d'excitations externes toutes mécaniques, comme les mouvements d'approche ou de retrait, les contractions du sarcode, tandis que les philosophes limitent généralement la sensibilité à la perception consciente de l'excitation.

Nous aurons à revenir sur ce point à propos de nos recherches sur les origines organiques de la conscience. Pour le moment, il nous suffit de montrer que les savants proclament eux-mêmes que la sensibilité se réduit, dans ses manifestations les plus rudimentaires, à une simple réaction d'un organisme vivant (contractilité, motilité, changement de forme ou de situation) en présence d'une excitation extérieure ou intérieure. Nous arrivons ainsi à l'idée la plus générale, la plus réduite comme la plus extensive, que nous puissions nous faire de la sensibilité. Si, en effet, nous envisageons la sensibilité organique chez les organismes supérieurs, chez l'homme par exemple, nous sommes bien obligés de reconnaître que, objectivement, un fait de sensibilité est essentiellement caractérisé par la réaction qui se produit dans un organisme sous l'influence d'une excitation externe. Nous pouvons même ajouter de suite qu'un fait de sensibilité interne, organique, viscérale ou psychique, ne peut se comprendre autrement qu'avec la réaction de l'organe sentant (système nerveux, cerveau), en présence d'une excitation interne, organique, viscérale, nerveuse ou psychique.

Si, maintenant, nous cherchons en quoi peut bien consister la sensibilité d'un amibe, nous ne pouvons constater autre chose que sa contractilité. Ce qui caractérise cette contractilité, cette réaction sensible du sarcode, c'est que nous la disons active, spontanée, c'est que nous la considérons et qu'elle nous apparaît comme exclusivement propre aux êtres vivants. Mais cette idée nous vient d'une illusion ou d'une erreur d'interprétation. Quand nous voyons les mouvements et changements de forme d'un nuage, d'une fumée, d'une bulle de savon; quand nous regardons le flux et reflux de l'océan, quand nous observons les mouvements des poussières suspendues dans l'atmosphère ou dans un liquide, nous ne pensons plus à attacher à ces mouvements une idée d'activité, de spontanéité, parce que nous nous expliquons ces mouvements par le jeu de la pesanteur; quand nous suivons les combinaisons chimiques, quand nous réfléchissons à leur travail incessant sur notre globe, quand nous étudions l'emploi de la vapeur et de l'électricité, nous constatons encore des mouvements de toutes sortes, sans éprouver le besoin d'invoquer une spontanéité dont nous comprenons l'inutilité.

Mais, quand nous observons un amibe, quand nous le voyons changer de forme et de place dans son milieu, se rétracter au moindre contact d'un corps étranger, nous oublions les nuages, les bulles de savon, le mouvement des astres, les changements incessants de notre univers, la puissance de la vapeur, les merveilles de l'électricité, nous ne voyons, nous ne pensons qu'une chose, c'est que cet animal est un être vivant, et que, par conséquent, il doit avoir une propriété *vitale* que nous appelons contractilité, et cette contractilité de doit pas être une simple résultante mécanique du jeu de ses forces ou actions moléculaires ; mais alors de deux choses l'une : ou bien nous considérons cette contractilité comme inhérente à la molécule vivante de sarcode, ce qui est contraire à la conception spiritualiste que nous cherchons ainsi à conserver, ou bien nous en faisons une propriété d'un principe vital, de l'âme, et alors nous retombons dans l'impossibilité d'expliquer l'action de ce principe immatériel sur la seule chose que nous puissions constater, le sarcode.

D'autre part, nous voyons la nécessité ou de refuser toute sensibilité aux amibes ou d'admettre sa manifestation comme se réduisant chez eux à la contractilité. Si on préfère refuser la sensibilité à des êtres qui ne sont que de simples amas d'albumine, il faudra toujours bien commencer à un degré quelconque de l'échelle animale, et aboutir, en dernière analyse, à constater que la sensibilité, dans ses manifestations objectives, se traduit nécessairement par un phénomène de contractilité musculaire, vaso-motrice, sarcodique ou mieux par une modification moléculaire.

La sensibilité, en effet, ne nous apparait point de toute pièce, en bloc, dans le règne organique. Que nous l'examinions en haut ou en bas de l'échelle organique, nous éprouvons toujours une grande difficulté à dire où elle commence et où elle finit.

Nous ne pouvons différencier nos diverses perceptions, nous ne pouvons acquérir nos connaissances qu'à la condition de les noter, de les cataloguer par le langage : mais nous ne devons pas oublier que ces signes, ces dénominations ne font que traduire la façon dont nous sommes impressionnés par les choses dont nous parlons, c'est-à-dire que les mots et les propriétés ne désignent et ne peuvent désigner que le rapport des choses avec nous, et non les choses « en elles-mêmes ».

En un mot, ce n'est *ni en nous*, *ni dans les choses* que sont les propriétés que nous attribuons, soit à l'objet de notre sensibilité, soit au fait de notre sensibilité elle-même, mais *c'est dans le rapport des choses avec nous;* l'objet excitant et le sujet excité constituent un couple nécessaire à la production du fait de sensibilité. C'est certainement pour avoir méconnu cette condition fondamentale, nécessaire, de la sensibilité, que les philosophes se sont égarés dans la distinction purement nominale du *subjectif* et de l'*objectif* et se sont perdus dans les dissertations et divagations sur le Moi et le Non-Moi, sur l'Être et le Non-Être, ainsi que sur la Substance et l'Essence des Choses.

Sans revenir ici sur la distinction que nous avons établie entre la substantialité, qui est inconcevable, inconnaissable, et l'*objectivité* qui est toute expérimentale (1), nous ne saurions trop faire remarquer que tout fait de sensibilité implique nécessairement un double phénomène objectif et subjectif, tout fait de connaissance, un objet connu et un sujet qui le connaît, tout fait de pensée, une chose pensée et un sujet qui la pense. On a méconnu que dans tout fait de sensibilité proprement dite, c'est-à-dire consciente, le sujet devient objet par rapport à lui-même : il est impossible, en effet, de comprendre un seul fait de conscience sans cette perception, par le sujet, de sa propre excitation, soit que celle ci résulte d'une cause extérieure, soit qu'elle soit la conséquence d'un phénomène interne (mouvement vital, idéation). Nous ne pouvons rien imaginer, rien concevoir, rien penser, sans que la chose imaginée, conçue ou pensée, ou, autrement dit, sans que le fait d'imagination, de conception, de pensée ne s'objective en nous même sous forme d'état de conscience. C'est donc se laisser égarer par les mots que de vouloir établir une différence de *nature* entre nos connaissances du monde extérieur ou *objectif*, et celles du monde intérieur ou *subjectif*. C'est méconnaitre le mécanisme

(1) Voir *Le Monde physique*.

de l'idéation et se mettre dans l'impossibilité de comprendre le rapport, la concordance, la fusion de nos deux sensibilités supposées différentes de « nature », puisque l'une serait matérielle, organique, l'autre immatérielle, psychique. De plus, nous ne comprenons plus du tout comment nous pouvons connaître, induire l'existence de la *conscience*, de l'*esprit*, de l'âme chez nos semblables, puisque, de par la définition même, ces choses ne peuvent avoir aucun caractère objectif. Il ne suffit point de créer un mot nouveau et de dire avec le professeur Clifford, cité par Romanes (1), que nous connaissons l'esprit, non comme objet, ni comme sujet, mais comme *eject*, parce que nous projetons sur un autre esprit, subjectivement, ce qui se passe en nous. Car, là encore, à moins d'incompréhensibilité, nous sommes bien obligés de faire intervenir notre double sensibilité, attendu qu'il nous faut sentir l'analogie de ce qui se passe en nous avec ce que nous voyons chez les autres. En somme, il nous semble bien plus rationnel, bien plus conforme à tout ce que nous savons et pouvons savoir de l'objet et de la possibilité de notre connaissance, comme de notre perception, de remarquer que nous ne pouvons ni percevoir, ni connaître, ni penser, ni concevoir, sans sentir objectivement (physiologiquement) ou subjectivement (psychiquement) l'excitation externe (objective) ou interne (subjective). De cette façon la sensibilité nous apparaît avec son véritable caractère, bien spécial, en effet, aux organismes vivants, et bien complet qui embrasse toutes les manifestations de la vitalité depuis la plus simple vibration moléculaire du protoplasma ou de la cellule sarcodique jusqu'aux vibrations les plus élevées de la série des fonctions nerveuses les plus différenciées et les plus spécialisées que nous verrons constituer en dernière analyse la base organique des manifestations psychiques.

Il est, en effet, impossible de méconnaître que nos pensées, nos connaissances ne sont que des résultantes directes ou indirectes de nos perceptions sensorielles externes ou objectives, de même que le moindre fait de perception consciente d'une excitation ou impression externe, objective quelconque, ne peut

(1) *De l'Évolution mentale chez les animaux*, Paris, Reinwald.

se concevoir sans la perception interne, *subjective* de la modification, impression, excitation, produite par l'objet de la perception, attendu que ce n'est pas l'objet lui même qui est perçu mais la résultante subjective de son action sur le sujet.

Nous n'en sommes plus au temps où on croyait sincèrement avoir une idée générale, abstraite, comme celle de la couleur blanche, c'est à-dire du blanc en général, sans la tenir de toutes nos perceptions antérieures des couleurs blanches, totalisées, synthétisées, dans notre idée générale de blanc.

Dans ces conditions, il était difficile de comprendre la nature de la sensibilité et les conceptions ontologiques étaient toutes naturelles. Mais aujourd'hui, nous ne pouvons plus méconnaître l'origine de nos idées les plus abstraites dans nos idées concrètes qui les ont précédées et engendrées par leur coordination et synthétisation toute spontanée dans notre mentalité. De sorte que, en dernière analyse, la sensibilité se réduit toujours à l'idée de la propriété, commune à tous les corps vivants, de réagir intrinsèquement à toute excitation externe ou interne, d'une façon spéciale que nous appelons fonction ou faculté suivant que la réaction est d'ordre physiologique ou psychologique, mais qui consiste essentiellement en une modification moléculaire qui ne saurait mieux s'exprimer, dans l'état actuel de nos connaissances, qu'en la qualifiant de *vibration.* Par conséquent, nous pouvons définir la sensibilité, de la façon la plus générale, en disant qu'elle embrasse les modes divers de vibrations moléculaires qui peuvent être observés dans les organismes vivants, soit que ces vibrations proviennent d'un choc extérieur (sensibilité objective), soit qu'elles résultent des actions et réactions internes des organes (sensibilité organique viscérale) soit qu'elles soient engendrées par les répercussions les unes sur les autres de vibrations déjà emmagasinées par les centres nerveux dans les faits de sensation, de perception, de mémoire, d'imagination, de raisonnement et de pensée (sensibilité subjective, psychique).

II

Théorie vibratoire de la Sensibilité.

Quand on observe au microscope l'organe auditif de l'écrevisse et du homard, pendant qu'on joue du violon, on voit qu'à chaque note un seul filament auditif entre en vibration, et que ce filament n'est pas le même pour deux notes différentes (1).

Il suffit de rapprocher cette observation de la morphologie générale de l'appareil auditif dans la série animale pour constater que celui-ci réalise un appareil acoustique infiniment varié, mais toujours merveilleusement propre à enregistrer et à transmettre les vibrations sonores, depuis le plus simple que nous trouvons chez les vers en forme d'une vésicule globulaire fermée, remplie d'un liquide où est suspendu un otolithe, jusqu'aux organes de l'ouïe les plus compliqués des animaux supérieurs, comme chez l'homme, par exemple, où nous trouvons un appareil de concentration des ondes sonores avec le pavillon de l'oreille et le conduit auditif externe, un appareil enregistreur et transmetteur avec le tympan, les osselets et le labyrinthe. Nous savons d'ailleurs que nous pouvons augmenter notre pouvoir auditif par l'adjonction d'appareils divers qui ont tous pour effet d'intensifier des vibrations qui pourraient, sans cela, passer inaperçues (appareils acoustiques pour surdité, microphones et téléphones). Nous savons, d'autre part, que des animaux comme les lombrics, dépourvus d'organes auditifs, et *sourds*, sont cependant très sensibles aux vibrations transmises à travers les corps solides, ce qui nous montre bien le rôle, comme intermédiaire, des corps solides, otolithes, osselets, que nous retrouvons dans tous les organes auditifs, et s'accorde bien avec tout ce que nous savons du pouvoir de transmission des corps solides à l'égard des vibrations sonores.

N'est-ce pas encore une preuve de la nature vibratoire de la sensibilité auditive, que la perception par une sauterelle fe-

(1) Hœckel. *Essai sur l'origine et le développement des sens.*

melle de la stridulation produite par son mâle, séparé d'elle de quelques mètres (expérience de Brunelli) qui répond à son appel et se rapproche de lui (1). Jusqu'ici, en effet, on ne connaît pas l'appareil auditif de ces insectes, et, ne pouvant méconnaître la perception de ces stridulations, nous sommes obligés d'admettre qu'elles sont reçues, enregistrées et perçues, soit par un appareil auditif encore ignoré, soit par la surface du corps agissant comme une plaque vibrante, à la façon des corps que nous voyons entrer en vibrations par le mécanisme qu'on a appelé *synchronisme vibratoire* (vitres d'un appartement se mettant à vibrer à certaines notes de violon — cordes du résonnateur entrant en vibration séparément avec la mise en jeu d'une touche différente du piano — découverte et application de certains corps détonant par ce même mécanisme de synchronisme vibratoire, etc.)

La sensation si spéciale et si bien connue des mélomanes en présence d'un morceau favori, d'un grand orchestre, la secousse que nous ressentons au bruit du canon, du tonnerre, l'émotion qui nous envahit au son de la voix d'une personne aimée, la pitié qui s'empare de nous au bruit des gémissements et des cris de douleurs de nos semblables et même des animaux, la sympathie, l'aversion, l'amour ou la haine que nous éprouvons au son de la voix d'un inconnu, nous semblent autant de preuves et de conséquences de cette loi du synchronisme vibratoire appliquée à notre sensibilité auditive, qui n'est, du reste, qu'un mode spécial de notre synchronisme vibratoire général ou sensibilité.

Il n'est pas nécessaire d'insister pour montrer que l'appareil visuel ne peut se concevoir que comme un appareil de réception et de transmission des ondes lumineuses; la théorie ondulatoire de la lumière paraît trop bien avoir remplacé définitivement la théorie newtonienne de l'émission pour qu'il soit besoin de chercher sa justification dans la seule conception possible aujourd'hui du phénomène de la vision par le mécanisme de la transmission au cerveau des ondes lumineuses par l'intermédiaire des filets nerveux optiques. Nous n'en sommes

(1) Houzeau. *Facultés mentales des animaux*, t. I, p. 60. Cité par Romanes (*Evolution mentale des animaux*, p. 75).

plus, en effet, à la conception animiste du fluide nerveux : nous savons que le courant nerveux a une vitesse mesurable, variable suivant l'organe excité, et sa conception la plus en faveur actuellement auprès des savants est sa nature ondulatoire ou vibratoire, ces deux mots ne pouvant d'ailleurs exprimer que la même chose avec une simple nuance d'interprétation théorique. Si donc on est porté de plus en plus à comparer le courant nerveux au courant électrique, et conséquemment à l'interpréter dans un mode ondulatoire ou vibratoire, nous sentons, d'autre part, que la meilleure explication que nous puissions donner de la perceptiou, c'est-à-dire de l'enregistrement des ondes ou vibrations lumineuses, c'est de concevoir la fonction visuelle comme une sorte de photographie organique, formant des clichés organiques dans les cellules nerveuses centrales de l'appareil visuel, où elles subsistent à l'état de tension, constituant le substratum, le résidu de ce que nous appelons la mémoire. Il suffit, en effet, de rapprocher ce que nous savons de la lumière et de sa nature ondulatoire, aussi bien dans le cliché photographique que dans nos appareils d'optique, pour comprendre qu'il n'y a rien d'exagéré dans notre comparaison, puisque, d'après notre hypothèse même, nos clichés visuels intra-cérébraux ne peuvent être considérés que comme des emmagasinements d'ondes visuelles dans un état connu en physique sous le nom d'état de tension, d'où, d'une part, la possibilité pour ces ondes de se trouver renforcées par des ondes semblables venant du dehors (répétition des sensations ravivant la mémoire et intensifiant nos souvenirs) et, d'autre part, la possibilité pour ces mêmes ondes de passer de l'état de tension à l'état de détente, c'est-à-dire de rentrer en jeu et provoquer ce que nous appelons les phénomènes d'excitation interne, subjective, psychique (imagination, rêve, hallucination, délire, idéation, abstraction, généralisation).

La théorie des corpuscules olfactifs, le chimisme gustatif, ne concordent point avec notre conception vibratoire de la sensibilité, mais il est juste de reconnaître que ces deux théories ne concordent pas davantage avec les dernières données de la science physiologique. Aussi, nous rapportant à ce que nous avons dit de la conception générale des propriétés physiques et chimiques des corps, nous nous croyons suffisamment autorisé à considérer les corpuscules olfactifs comme voués à la destinée des corpuscules lumineux de Newton. Puisque les physiologistes s'accordent pour interpréter tous les phénomènes de sensibilité nerveuse par un ébranlement des extrémités périphériques ou papilles nerveuses, nous ne voyons pas pourquoi on voudrait persister à chercher un *corps* à l'excitant, alors que nous voyons partout les phénomènes se réduire à des questions de transmission et de transformation de mouvements et non à des corps supposés inertes (atomes ou corpuscules) devenant la cause, en tant que masse, de cette transmission et transformation de mouvement (1).

C'est, du reste, ce que nous avons déjà constaté à propos de notre interprétation du sens général du *toucher*. Puisque les dernières données de la science nous montrent que l'état solide, liquide ou gazeux des corps ne dépend que d'une quantité de mouvements de leurs molécules composantes, puisque nous savons que les molécules des corps sont dans un état permanent d'oscillations et de girations réciproques, de sorte que c'est l'état moyen de ces vibrations moléculaires qui constitue l'état physique propre à chaque corps, nous sommes nécessairement amenés à concevoir l'action de ces corps sur notre organisme comme résultant de la mise en rapport de ces mouvements moléculaires avec les mouvements moléculaires analogues de nos propres molécules organiques nerveuses, tactiles, et à ne voir dans nos différenciations physiques, d'ordre tactile, que des différenciations résultant des différences dans les mouvements giratoires moléculaires des corps que nous appelons solides, liquides ou gazeux, chauds ou froids, durs ou mous, résistants ou non résistants, denses ou légers, en ayant soin de remarquer l'inégale complexité de ces diverses perceptions qui ne sont pas exclusivement tactiles, mais comprennent l'adjonction de ce qu'on a appelé le sens thermique. le sens musculaire.

Le sens thermique marque pour ainsi dire la transition entre la sensibilité spéciale, sensorielle, et la sensibilité générale, en même temps qu'il nous montre bien la nature vibratoire de ce

(1) *Le Monde physique.*

mode de sensibilité. Ce serait, en effet, chercher des difficultés bien inutiles que de vouloir trouver, pour notre sensibilité à la chaleur, un mécanisme différent du mode général d'action du calorique sur tous les corps, par la transmission du mouvement spécial dit d'ondulation (1) qui constitue le calorique pour les physiciens modernes, et qui se révèle par la dilatation résultant d'une amplitude plus grande donnée aux oscillations, girations ou vibrations moléculaires. Il est donc bien plus rationnel et d'ailleurs bien plus conforme aux faits, d'admettre que le sens thermique, que notre sensation générale du calorique, est la résultante de la transmission à notre organisme des ondulations caloriques produisant sur nos molécules organiques un effet analogue à celui produit sur les molécules des corps physiques, comme cela, du reste, nous est indiqué par les effets de dilatation vaso-motrice sous l'influence de la chaleur, et la sensation d'expansion organique que nous éprouvons en passant du froid au chaud.

En résumé, notre sensibilité au monde extérieur, ne pouvant se comprendre que comme l'expression de la réaction ou modification de notre organisme en présence des influences extérieures, nous sommes amenés par la convergence des données scientifiques, physiques et physiologiques à conclure que l'idée la plus générale, la plus réduite, la plus compréhensive, la plus adéquate que nous puissions nous faire actuellement du phénomène de la sensibilité objective est la vibration transmise, imprimée à nos molécules organiques par les divers modes de mouvements que nous trouvons dans le monde physique ou objectif, et cette transmission se différencie en raison directe de la différenciation organique, comme cela doit être, puisque la sensibilité n'est que la résultante de cette transmission et que cette transmission ne saurait se concevoir sans un changement, sans une différenciation dans l'organisme qui la reçoit, change-

(1) Nous avons déjà dit que ce qui fait la propriété physique, comme ici le calorique, ce n'est pas à proprement parler le mouvement ondulatoire, mais la quantité, la proportion de ce mouvement ondulatoire, puisque, suivant son mode, ce mouvement se différencie tantôt en calorique, tantôt en lumière (*Le Monde physique*).

ment qui entraîne précisément une modification, une adaptation favorable à la réception d'une nouvelle transmission semblable, d'où la tendance à l'équilibration, c'est-à-dire à l'organisation par la répétition des faits de sensibilité, comme nous le verrons se confirmer à chaque instant dans nos études sur les manifestations diverses de notre sensibilité, tant dans le domaine physiologique que dans le domaine psychologique.

Il est facile de comprendre que la matière vivante, en raison de son instabilité moléculaire excessive, se trouve nécessairement *sensible* à toutes les diversités d'influences de son milieu, et qu'elle est influencée, modifiée différemment suivant les forces incidentes. Il est évident, par exemple, que les vibrations sonores de l'air ne doivent pas produire le même effet que les vibrations ondulatoires de la lumière ou les corpuscules odorants. De là la différenciation organique et la loi de l'organisation sur laquelle nous aurons tant à revenir à propos de la formation de l'instinct, de la conscience, de la mentalité, de la moralité. Nous avons vu que la diversité infinie de la matière qui constitue notre monde physique est la résultante du jeu infini d'actions et réactions des molécules et des atomes ; nous avons suivi ainsi la différenciation de la matière depuis son état le plus simple, que nous retrouvons encore dans les corps dits *simples* jusqu'à la matière organique et surtout à la matière vivante, dont l'état de différenciation et de complexité est tel que les chimistes n'ont pu encore fixer la composition atomique d'un certain nombre de ses produits. Nous avons vu les propriétés se différencier parallèlement et proportionnellement à la différenciation, à l'accroissement en complexité. Il est donc tout naturel que nous retrouvions dans la matière vivante le même parallélisme proportionnel entre sa complexité croissante et la différenciation de ses propriétés, de même que nous devons admettre aussi que cette matière vivante de plus en plus complexe, de plus en plus mobile et instable, doit nécessairement tendre à se différencier de plus en plus sous l'influence du jeu incessant des innombrables forces incidentes qui l'assaillent de toutes parts. De là les changements incessants qui constituent le mouvement de la vie et les réactions incessantes aux influences extérieures que nous appelons *sensibles*, depuis les mouvements d'équilibrations moléculaires qui constituent le mouvement trophique ou les adaptations organiques aux conditions de milieu, jusqu'aux mouvements de vibrations moléculaires que nous classons dans la sensibilité physiologique, organique, sensorielle, psychique.

La sensibilité, en effet, comprend en réalité toute la vitalité : seulement, pour exprimer ses différents modes de manifestation, nous avons l'habitude d'employer des désignations différentes suivant les cas ; il nous arrive encore ici ce que nous retrouvons à chaque instant dans l'analyse de nos idées sur les choses, c'est que nous confondons nos expressions avec les choses elles-mêmes, c'est que nous prenons les mots pour des explications définitives, alors qu'ils n'expriment et ne peuvent exprimer que des explications ou interprétations temporaires relatives à l'état actuel de nos connaissances, quand ils ne sont pas une survivance d'interprétations anciennes, abandonnées déjà depuis longtemps. C'est ainsi que nous invoquons encore, et semblons toujours admettre la théorie animiste de l'irritabilité, et que beaucoup de bons esprits ne paraissent pas se douter que l'irritabilité, l'excitabilité, la contractilité sarcodique, les réflexes organiques, le mouvement trophique, l'organisation, l'adaptation aux milieux, la variation des espèces, aussi bien que la conscience organique, sensorielle, psychique, ne sont, au fond, que les diverses manifestations de la sensibilité envisagée dans son sens le plus large, le plus restreint, le plus compréhensif et le plus réduit, en tant que propriété de la matière vivante de subir les influences et de réagir contre ces influences, que celles-ci soient d'origine extrinsèque ou intrinsèque.

Il est même très curieux de constater que les savants décrivent et étudient les diverses manifestations de la sensibilité physiologique proprement dite sous des noms divers, excitabilité et contractilité sarcodique, réflexes organiques, mouvement trophique, instincts, fonctions et facultés, sans paraître reconnaître implicitement le trait d'union, le caractère commun de *sensibilité* de tous ces phénomènes de la vie. Il est vrai que beaucoup de ces faits n'offrent plus, à proprement parler, le caractère de sensibilité; ainsi, par exemple, les réflexes organiques, le mouvement de nutrition, les instincts mêmes ne sont plus des manifestations de la sensibilité à proprement parler, mais cela tient uniquement à ce qu'on ne pousse pas assez loin leur analyse, car il est facile de reconnaître que toute action réflexe est primitivement une résultante, une manifestation de la sensibilité organique, et il n'est pas besoin d'insister pour établir que le mouvement trophique, l'organisation, la vie tout entière n'est qu'une résultante de réflexes.

Cela nous montre l'importance générale, le rôle capital, de la sensibilité dans l'évolution du monde organique, et en même temps, son caractère mécanique, sa « nature » organique. Il suffit, en effet, de se laisser pénétrer par cette notion si simple et si bien en rapport avec tout ce que nous savons, que la sensibilité est le mode vibratoire des organismes vivants en présence des excitations qui leur viennent du dehors ou qui résultent du jeu de leurs actions et réactions internes, pour entrevoir la solution d'une foule de problèmes demeurés jusqu'ici complètement inexpliqués ou désespérément obscurs. L'homme n'est plus un composé mystérieux d'un corps et d'une âme, c'est un merveilleux ensemble d'appareils enregistreurs des vibrations qui viennent se réfléchir, se répercuter les unes aux autres, se concentrer, se grouper suivant leurs affinités, se renforcer ou s'annihiler suivant des lois que nous ne pouvons plus concevoir autrement que comme mécaniques.

Nous avons vu que la matière vivante devient d'autant plus complexe, d'autant plus instable et d'autant plus mobile que nous remontons davantage dans la série organique; nous devons donc la trouver d'autant plus *sensible* à toutes les influences extérieures que nous l'envisageons dans des organismes plus complexes. C'est en effet ce que nous montre l'étude de la sensibilité envisagée dans ses caractères objectifs ou physiologiques : c'est encore ce que nous constatons dans la vie humaine où l'expérience de chaque jour nous démontre que la sensibilité physiologique et subjective (psychique) augmente avec le développement des centres nerveux et des fonctions cérébrales (nervosisme, hyperesthésie des *cérébraux*).

C'est un fait d'observation, par exemple, que les civilisés, les habitants des villes, les « heureux » de cette terre, sont beaucoup plus sensibles, beaucoup plus impressionnables aux influences extérieures (milieu atmosphérique, changements de temps orage, etc.,) et aux émotions internes, que les simples, les habitants des campagnes, les malheureux et les travailleurs du grand air. Sans doute il y a lieu de remarquer à ce propos la diversité des causes qui peuvent être invoquées, mais cela n'en reste pas moins démonstratif de la nature organique de notre sensibilité.

Nous ne pouvons nous imaginer que notre corps reste impassible, indépendant. inerte au milieu des influences de toutes sortes qui le sollicitent de toutes parts, d'une façon continue. Nous savons que notre organisme n'est qu'un ensemble de molécules en état de mouvement, de modification continuelle, et que la persistance de la vie ne peut se concevoir que comme une rééquilibration continue entre les actions externes et internes. Nous avons vu, à propos de la constitution des corps physiques, que leurs molécules constituantes sont dans un état de giration incessante, extrêmement rapide, et que c'est la moyenne de l'orbite de leurs oscillations qui constitue la forme, la limite et les propriétés de ces corps; nous avons montré que c'est la zone d'équilibre ou de solidarité de ces mouvements intermoléculaires qui marque la limite de l'individualisation. Il en résulte que les molécules d'un corps peuvent subir des oscillations infiniment variées, sans désagrégation de l'individualisation qu'elles constituent, à la condition formelle que l'amplitude de ces oscillatoins ne dépasse pas la limite de leur dépendance solidarisante ou équilibrante.

Or, c'est précisément à cet ordre de mouvements moléculaires sans changements constitutifs des molécules que nous attribuons la dénomination de vibration moléculaire, par analogie à la vibration d'un corps qui désigne la série d'oscillations que peut présenter ce corps sans se désagréger ou sans perdre son équilibre. Nous pouvons ainsi ramener à deux variétés principales les combinaisons infinies de mouvements que nous sommes obligés d'admettre dans l'univers : les mouvements *constitutifs* ou mouvements équilibrés, qui nous permettent de nous expliquer la genèse physique, l'individualisation, depuis l'atome jusqu'à notre système solaire, et jusqu'à l'univers tout entier, par l'universelle dépendance des corps et des phénomènes (1), et les mouvements vibratoires qui expriment les variantes d'oscillations dont est susceptible chaque atome ou molécule dans chaque individualisation sans dépasser sa zone de solidarité, c'est-à-dire sa moyenne de déplacement possible sans désagrégation.

Ce mot vibration nous semble très bien impliquer par lui-même le sens que nous lui attribuons ici et répondre exactement à l'idée que nous nous faisons de ces variations dans les oscillations moléculaires sans changement de constitution, aussi bien que des vibrations ou ondes éthérées de la lumière, du calorique et de l'électricité.

Nous savons que la mobilité, c'est-à-dire la variabilité de ces oscillations des atomes ou molécules composantes est d'autant plus considérable que la molécule est plus complexe et plus instable. Voilà pourquoi nous retrouvons le phénomène de la vibration d'autant plus accentué, d'autant plus facile, que nous l'envisageons dans un état de la matière plus complexe, plus mobile, plus instable, dans la série organique. Nous arrivons ainsi à concevoir le mode d'action incessante sur notre organisme de toutes les ondes ou vibrations de la lumière, de la chaleur, de l'électricité, du magnétisme, et des décharges nerveuses, sans rupture de l'équilibre moyen de nos molécules intégrantes, et, en même temps, de la transmission de la répercussion sur les différents points de notre organisme de toutes les excitations venues du dehors par des voies différentes que nous appelons organes ou appareils sensoriels. De même, en effet que nous constatons, dans les corps physiques, de bons et de mauvais conducteurs de la chaleur, de la lumière et de l'électricité, de même nous retrouvons dans les diverses parties de notre organisme des aptitudes différentes à recevoir et à transmettre ces divers modes d'actions physiques. Bien plus, nous retrouvons dans le système nerveux diverses spécialisations, aussi nettes que caractéristiques, dont chacune ne se montre excitable qu'à telle ou telle excitation (2); c'est ainsi, par

(1) Voir notre *Monde physique* (Synthèse cosmique, synthèse physique).

(2) Ce qui ne veut pas dire que chaque sens est doué d'une énergie spéciale, suivant la théorie de Muller.

exemple, que nous voyons le nerf optique n'être sensible qu'aux ondes lumineuses; le nerf auditif, qu'aux vibrations sonores de l'air. Il ne pourrait, du reste, en être autrement, puisque nous ne pouvons pas supposer la matière vivante sensible aux agents physiques sans supposer qu'elle doit nécessairement se modifier différemment sous l'influence de chacun de ces agents; les vibrations sonores, par exemple, ne peuvent produire le même effet que les ondes lumineuses. Par conséquent, nous sommes bien obligés d'admettre que les agents ou forces physiques, c'est-à-dire les actions ambiantes, doivent nécessairement agir différemment sur la matière vivante et provoquer en elle des réactions spéciales pour chacun d'eux, qui, en se répétant toujours identiquement, finissent par constituer autant d'adaptations particulières, dont l'organisation nous représente la genèse, la source, la cause, le mécanisme et la spécialisation des appareils sensoriels (1).

D'autre part cette conception de la répercussion des vibrations extrinsèques sous la forme de vibrations analogues sur nos molécules organiques, nous donne non seulement l'explication de la genèse et du mécanisme de la sensibilité physiologique ou objecti e, mais nous montre encore la genèse et le mécanisme de la sensibilité proprement dite, c'est-à-dire de la sensibilité interne ou psychique et de la conscience.

En effet, toute impression ou excitation d'origine extérieure devient le point de départ d'une transmission et d'une répercussion vibratoire dans tout ou partie de l'organisme : mais ceci ne peut se faire sans impliquer une modification plus ou moins profonde dans l'état antérieur de l'organisme et cette modification ne peut se produire sans entrainer elle-même une réaction équilibrante, laquelle, bien que purement intrinsèque, devient elle-même la source d'une différenciation tout comme l'impression de source extérieure.

Puisque nous ne pouvons comprendre notre individualisation sans une dépendance mutuelle de toutes nos parties composantes, nous ne pouvons admettre une modification quelconque de l'une de nos parties sans une répercussion plus ou

(1) Voir Hœckel. *Essai sur l'origine et le developpement des sens.*

moins nette sur le restant de notre organisme. Par conséquent, du moment que nous sommes obligés d'admettre qu'une influence extérieure, choc, onde ou vibration, entraîne une modification dans l'état moléculaire de nos organes, nous ne pouvons méconnaître que cette modification d'origine extrinsèque ne peut se produire elle-même sans provoquer aussi une réaction qui constitue une modification consécutive et ainsi de suite, sans fin, ce qui est bien en rapport avec l'idée que nous nous faisons du mouvement ou circulus vital. Or c'est précisément cette répercussion d'une modification locale sur l'ensemble qui constitue ce que nous appelons la réaction sensible, laquelle est la résultante nécessaire de la solidarité organique. Mais, toutes les modifications par réaction qui sont la conséquence directe ou indirecte, immédiate ou médiate de la première modification d'origine extérieure, constituent précisément ce que nous appelons le jeu de notre sensibilité interne, ce qui est en rapport avec le fait universellement admis aujourd'hui de l'origine sensorielle de nos idées et connaissances, et nous explique le mécanisme de l'idéation, de la mémoire, de l'imagination, du rêve, de l'hallucination, aussi bien que de la raison, du jugement, de la pensée.

Nous sommes bien obligés d'admettre couramment, dans le monde physique, la possibilité d'une série infinie de combinaisons, de croisements, d'interférences, de polarisations des innombrables variétés de mouvements, d'ondes et de vibrations que nous retrouvons dans l'étude des phénomènes.

Il suffit de réfléchir à tout ce que nous enseigne aujourd'hui la science, à propos de la lumière et de l'électricité, par exemple, pour comprendre de suite qu'il n'y a pas de raison pour nous refuser de supposer la même possibilité de jeu d'actions et de réactions infinies entre les vibrations de toutes sortes qui viennent incessamment s'emmagasiner dans notre organisme sous forme de sensations, en donnant naissance aux idées, aux souvenirs, en provoquant des associations, des rencontres et des combinaisons diverses qui constituent l'imagination, l'idéation, le jugement, la raison, la pensée. D'autre part, nous comprenons facilement, et nous constatons à chaque instant, que des vibrations ne peuvent se répéter indéfiniment de la même manière sans entrainer un changement, une orientation nouvelle des mouvements moléculaires : c'est ce que nous démontre péremptoirement l'action prolongée de la lumière sur les corps physiques, sur les combinaisons chimiques, sur la végétation et la nutrition animale ; c'est ce que nous sentons encore mieux pour l'action du calorique. C'est précisément ce que nous allons retrouver à propos de notre étude des lois de la sensibilité, dans l'accoutumance, l'habitude, le réflexe et l'organisation.

III

LOIS DE LA SENSIBILITÉ

Quelle que soit la théorie qu'on adopte au sujet de la sensibilité, celle-ci se réduit toujours, en dernière analyse, à une différenciation, attendu qu'aucun fait de sensibilité ne peut se comprendre sans une modification de l'organisme impressionné et que cette modification ne peut se distinguer de toute autre modification analogue qu'à la condition d'offrir elle-même une différence qui la caractérise, qui l'individualise.

D'autre part, nous ne pouvons pas comprendre qu'un organisme puisse subsister individuellement sans une équilibration incessante entre les actions internes et externes, puisque cette adaptation constitue le mouvement de la vie, engendre l'organisation, solidarise les fonctions, caractérise l'individualité.

Par conséquent, toute action ou influence extrinsèque entraine nécessairement une modification quelconque de l'organisme, et cette modification n'est, en somme, qu'une manifestation du déterminisme universel, c'est-à-dire l'expression de l'universelle dépendance d'action et de réaction des phénomènes les uns sur les autres. Seulement, comme il s'agit ici de la matière vivante, et comme, surtout, cette propriété réactionnelle des organismes vivants n'a d'abord été observée que chez des organismes complets, c'est-à-dire avec toute sa complexité de réflexes coordonnés qui constituent la fonction sensible, il était naturel de voir dans ce phénomène un caractère tout particulier, que l'on déclara de « nature vitale » sous le nom d'irritabilité. Mais aujourd'hui nous pouvons suivre et analyser ce phénomène jusque dans l'élément anatomique, dans la cellule et dans le protoplasma sarcodique amorphe où son véritable caractère mécanique de modification moléculaire ou mieux de simple vibration ne peut plus nous échapper, comme nous l'avons démontré plus haut. Cette conception de la nature vibratoire de la sensibilité a même l'avantage considérable d'impliquer la possibilité d'une série infinie d'actions et influences que nous pouvons appeler purement dynamiques ou cinétiques, sans impliquer de changement constitutif dans l'agencement inter-moléculaire, ce qui nous permet de saisir la différence entre les faits de sensibilité proprement dite, qui sont des modifications *dynamiques* de l'organisme, et les faits de nutrition et d'organisation, qui sont des faits *organiques*, et répond parfaitement à l'idée que nous nous faisons, en général, de la sensibilité.

Nous pouvons donc dire que les actions et réactions entre un organisme et son milieu qui entraînent des adaptations fonctionnelles et des équilibrations moléculaires organisantes, constituent ce que nous appelons l'organisation, tandis que les simples modifications dynamiques vibratoires subies par cet organisme, tant sous l'influence de ses forces intrinsèques que des influences extrinsèques, forment le domaine special de la sensibilité.

Si nous remarquons que ces vibrations, en raison de l'excessive mobilité et instabilité moléculaire de la matière vivante, ne peuvent se répéter incessamment, sans finir par entraîner une tendance à l'équilibre, une sorte d'orientation polaire des atomes en vibration, comme nous le voyons pour les poussières en suspension dans les liquides maintenus en vibration, pour les grains de sable sur les plaques vibrantes, pour la formation des nœuds en acoustique, etc., nous entrevoyons la tendance des faits de sensibilité à provoquer une adaptation, à passer de l'état *dynamique* à l'état *organique*, ce qui constitue la seconde loi fondamentale de la sensibilité que nous appelons la *loi d'organisation*.

En résumé, la condition nécessaire à la production d'un fait de sensibilité est la possibilité d'une différenciation dans le mode vibratoire des mouvements moléculaires d'un organisme vivant, mais comme cette différenciation devient elle même la cause d'une tendance à une rééquilibration qui constitue l'adaptation de l'organisme à cette influence modificatrice, il s'ensuit qu'en se répétant ou s'accentuant, elle engendre, provoque elle-même l'adaptation organique qui la transforme en fonction intégrante de la vitalité de l'organisme impressionné, comme nous l'avons déjà vu à propos du rôle trophique de la sensibilité générale et sensorielle, et comme nous le verrons encore au sujet de l'organisation fonctionnelle des réflexes organiques de la conscience organique ou subconscience, de la fixation de l'habitude et de l'organisation des instincts, depuis les instincts organiques proprement dits (appétit et alimentation, appétit sexuel et reproduction), jusqu'aux instincts plus ou moins psychiques de la mentalité, de la moralité et de la sociabilité.

A la loi de différenciation se rattachent une foule de conséquences de grande importance.

Pour qu'une même excitation puisse être sensible en se répétant dans des conditions identiques, il faut qu'elle puisse être différenciée dans le temps (durée) ou dans l'espace (situation par rapport à l'organisme). On a, en effet, pu mesurer la durée et l'espacement nécessaire à la perception sensible : il faut un intervalle de 0.016 de seconde pour l'oreille, tandis que l'œil demande 0 047 (Wundt) : ce qui implique la matérialisation (1) de la sensation dans l'organisme, et est en rapport avec le fait bien connu de la persistance de l'impression lumineuse ainsi que celle de la douleur qui subsiste longtemps après un coup, et nous donne la preuve expérimentale de l'origine et de la nature organique de la mémoire.

La loi de Weber nous montre de même que, pour le toucher, il faut donner aux pointes d'un compas un écartement variable suivant le sujet, suivant la disposition de celui-ci (hystérie, hyperesthésie, anesthésie, chaud ou froid, habitude ou non), et suivant la région (espace minimum à la pulpe des doigts), pour que chacune des pointes soit sentie séparément.

L'acoustique nous montre les mêmes conséquences, puisqu'on

(1) Nous employons ce mot faute d'un autre mieux approprié pour traduire le fait.

nous enseigne que l'oreille ne perçoit les vibrations de l'air comme son qu'entre 16 et 38.000 par seconde, et que, pour des notes différentes, il faut un nombre déterminé de vibrations en plus ou en moins, suivant une progression arithmétique ou géométrique, laquelle se répète dans les vibrations consonnantes qu'on appelle les harmoniques.

Cet examen des conditions dans lesquelles nous percevons les impressions lumineuses, sonores ou physiques, nous montre encore ceci, c'est que nous ne percevons pas ces vibrations en tant que vibrations considérées isolément, attendu qu'elles sont beaucoup trop rapprochées pour que nous puissions les distinguer, mais nous percevons des résultantes de groupements de vibrations, des totalisations de vibrations, conditionnées. limitées par notre propre faculté de les percevoir, laquelle, du reste, n'est elle-même qu'une résultante et varie suivant les organismes, les espèces et les aptitudes héréditaires ou acquises par l'exercice. Une différence, en effet, n'est ni limitable, ni illimitable d'une façon absolue, en sorte que la limite de la sensation n'est pas dans l'objet senti mais dans le sujet sentant. Une première impression trace, ouvre, pour ainsi dire, le chemin à une nouvelle impression qui la suivra, en préparant l'adaptation organique (propre à l'enregistrer, de même chaque perception sensible a pour effet une sorte de préparation à son renouvellement parce qu'une première impression prépare une nouvelle orientation des vibrations moléculaires, de sorte que la répétition de l'excitation ne fait que continuer pour ainsi dire les vibrations moléculaires précédentes. Voilà pourquoi, d'une part, la seconde excitation ne peut pas donner lieu à une différenciation si elle se reproduit avant que l'effet de la première ait cessé, d'où la fusion en une seule sensation de deux ou d'un nombre de vibrations ou d'excitations vibratoires, ou même leur cessation en tant que phénomène sensible, c'est-à-dire différenciable, si ces excitations deviennent continues dans le temps ou contiguës sur toute la surface sensible de l'organisme (excitation de l'atmosphère, de la lumière diffuse, du calorique diffus, etc.), d'où la nécessité, pour la possibilité de la production de la sensibilité, de groupements coordonnés, rythmés, individualisés des vibrations et excitations, comme nous le voyons dans nos sensations, qui ne nous paraissent simples qu'autant que nous négligeons d'en analyser la complexité énorme (la moindre sensation lumineuse comprend, en effet, un minimum de 446 billions de vibrations par seconde).

« La sensation ordinaire est un total ; et, ici comme ailleurs, deux sensations totales peuvent être en apparence irréductibles l'une à l'autre, quoique leurs éléments soient les mêmes : il suffit pour cela que les petites sensations composantes diffèrent par le nombre, la grandeur, l'ordre et la durée ; leurs totaux forment alors des blocs indivisibles pour la conscience, et semblent des données simples, différentes d'essence et opposées de qualité. »

« Très probablement la sensation de douleur n'est qu'un maximum ; car toutes les autres, celles de pression, de chatouillement, de chaud, de froid se transforment en elle quand on les accroît au delà d'une certaine limite (1). » Nous pensons que ce maximum correspond à la limite où commence le danger de la déséquilibration, le danger de destruction de l'organe. Nous pouvons, en effet, invoquer à l'appui de notre interprétation, le fait connu de la destruction d'un organe sensoriel par l'excès de son excitation, ce qui n'est du reste qu'une conséquence de la loi même de la sensibilité.

Nous pouvons encore remarquer que la différence sensible entre les excitations dépend beaucoup moins des excitations elles-mêmes que des conditions organiques dans lesquelles elles se produisent, puisque, d'une part, une excitation, quoique très intense, peut être assez rapprochée d'une autre pour se fusionner avec elle en une seule sensation, tandis qu'une excitation, même très légère, se distinguera facilement de toute autre excitation semblable dont elle sera suffisamment éloignée, et que, d'autre part, une excitation en se reproduisant dans les mêmes conditions entraîne, dans l'organisme, une adaptation qui en atténue d'autant plus la perception que cette adaptation est plus fixée, comme nous le montre la troisième loi de la sensibilité, que nous nommons la loi de l'*accoutumance* et qui, simple variante de la loi d'*organisation*, nous indique

(1) Taine. *Intelligence*. p. 218.

la transition entre les faits dynamiques de sensibilité proprement dite et leur atténuation au point de vue subjectif ou psychique de la conscience jusqu'à la disparition complète du caractère de sensibilité vraie dans les faits d'organisation ou de fonction organique. A cette loi de l'accoutumance se rattacheront nos études sur le rôle, la formation et la nature de l'habitude, de l'instinct, de la routine, de la manie, du caractère ou de la personnalité, du besoin et des appétences, du plaisir et de la douleur, du désir, de la crainte et du remords.

Enfin, nous pouvons encore remarquer que des excitations, nettement distinctes et séparées au début, peuvent, en se répétant, finir par se coordonner en un rythme (ouïe), une forme (vision), une cadence, une sériation, un cycle qui devient l'objet d'une sensation totale, soit par leur coordination, leur unification dans leur ensemble en une sorte d'individualisation, soit par une atténuation graduelle des différences particulières qui finissent par se fusionner en une seule; nous retrouvons ce double mécanisme dans une foule de nos perceptions sensorielles d'abord, pour l'ouïe dans une note et ses harmoniques, un accord, une phrase musicale, un morceau tout entier; pour la vue dans une couleur, une forme, un dessin, un panorama, un aspect ou une physionomie, etc.; pour la sensibilité générale dans le sens du calorique, dans le sens de la vue, dans le sens de la pression, dans le sens musculaire, etc.; pour notre sensibilité psychique dans nos abstractions et généralisations. A cette loi de notre sensibilité se rattache, d'une façon générale, ce que nous pouvons appeler son uniformisation, c'est-à-dire son atténuation, son effacement, son indifférenciation dans l'infini, soit dans le sens de l'infiniment grand, soit dans l'infiniment petit, aussi bien dans le temps que dans l'espace (1).

Il résulte de ces considérations sur la loi de différenciation, de coordination, d'accoutumance et d'organisation de la sensibilité, que, au point de vue subjectif de la conscience, un fait de sensibilité ne peut se concevoir conscient que dans les conditions assez étroites qui en permettent la différenciation. Il est,

(1) Voir *Le Monde physique* (Théorie infinitésimale de la matière).

en effet, impossible de comprendre un seul fait de conscience, sans que cette perception implique nécessairement sa différenciation d'avec tout ce qui n'est pas elle, absolument comme aucune chose ne peut être connue, ni conçue sans être différenciée ou différenciable de tout ce qui n'est pas elle et du néant. Nous retrouvons donc à la base, à l'origine de notre conscience comme de notre mentalité et de notre connaissance, la même loi fondamentale de la sensibilité : la *différenciation*. Nous aurons trop à revenir sur ce point pour y insister ici, mais nous ne devons pas manquer de noter de suite que, de même qu'aucun fait de sensibilité ne peut se concevoir au point de vue objectif sans une modification, sans une différence produite sur le sujet sentant, de même, au point de vue objectif, nous ne pouvons pas comprendre cette modification, cette différence intra-organique, d'origine extrinsèque, sans impliquer une répercussion, un retentissement, une réaction sur l'organisme tout entier de cette modification locale, et c'est précisément cette répercussion généralisée ou canalisée et redistribuée par le système nerveux, qui constitue la perception subjective de l'excitation objective. En un mot, ce n'est pas l'objet qui est senti subjectivement, mais c'est la modification locale qu'il imprime au sujet sentant, et c'est cette auto-sensation, c'est cette vibration intrinsèque qui constitue la perception consciente, dans les limites et conditions où elle reste différenciable, car nous savons que cette vibration intrinsèque est soumise aux mêmes lois d'accoutumance, d'uniformisation et d'organisation (réflexes, fonctions) que la sensibilité objective. Là est la clef, là est l'explication de toutes les difficultés et obscurités qu'ont entassées les discussions du philosophisme sur la distinction de l'objectif et du subjectif, sur la conscience et la subconscience, sur l'instinct et la raison, sur l'âme des bêtes et sur l'âme humaine.

Nous avons déjà montré que toutes nos impressions ou excitations externes ou objectives sont enregistrées, emmagasinées dans les cellules nerveuses, à l'état de tension, constituant les éléments de la mémoire et de l'idéation ; nous comprenons dès lors très facilement le rôle de ces vibrations qui représentent comme autant de piles électriques à l'état de tension et dans lesquels il suffit d'ouvrir le circuit pour voir les effets du courant, comme autant d'arcs tendus qu'il suffit de déclancher pour voir leur action se manifester. Chaque sensation, chaque perception, chaque idée constitue, d'une part, une porte d'entrée toute prête pour une autre sensation, perception ou idée semblable, et, d'autre part, une réserve d'activité susceptible d'être augmentée ou ravivée par sa propre répétition. De là la possibilité de l'éducation des sens et de l'intelligence, c'est-à-dire la possibilité d'augmenter la facilité à percevoir et à emmagasiner les sensations et les idées proportionnellement à l'exercice et au perfectionnement de la fonction ; de là, aussi, le jeu d'action et de réaction de ces réserves les unes sur les autres, qui constitue notre sensibilité interne, sous le nom d'idéation, de pensée, d'imagination, de raisonnement, de jugement, de rêves et d'hallucinations.

CHAPITRE VII

DE L'INSTINCT

La meilleure définition, et, en même temps, la meilleure idée que nous puissions donner de l'instinct, c'est de dire qu'il comprend tous les actes et fonctions automatiques de la vie de relation dans la série animale. De cette façon, en effet, nous distinguons l'instinct de la fonction organique proprement dite et nous impliquons tout acte ou manifestation de la vie animale qui a subi une adaptation, une organisation, qui en explique en même temps le jeu mécanique, par réflexe, automatiquement, et la transmission par voie héréditaire, d'où son caractère d'innéité, de précision et de fixité dont on a voulu, à tort, faire un caractère spécifique.

Notre définition a toutefois le défaut de ne pas spécifier explicitement que l'instinct comprend un certain élément de conscience. Nous excluons ainsi, de l'instinct, une foule d'actes de la vie animale que les auteurs continuent encore à classer sous le nom d'actes instinctifs ; mais nous préférons les considérer franchement comme des manifestations de ce que l'on commence enfin à oser appeler l'intelligence des animaux.

Du reste l'étude que nous avons faite des lois de la sensibilité, le passage des faits sensibles à des actes réflexes et ensuite à des fonctions organiques, nettement inconscientes, nous permet de saisir facilement le trait d'union, d'une part entre les manifestations vraiment sensibles, conscientes, et les actes adaptés, devenant de plus en plus automatiques, que nous appelons le dressage ou l'adaptation aux conditions de vie chez les animaux, l'habitude chez l'homme, et ensuite les instincts proprement dits. Quand il s'agit des animaux, nous sommes généralement portés à exagérer l'automatisme, tandis que pour l'homme nous nous faisons, au contraire, beaucoup d'illusion sur le caractère conscient, voulu de nos actes : il y a là l'expression de nos vieux préjugés sur notre « nature à part » dans l'univers, notre dignité de « Roi de la Création » et aussi une manifestation de notre préoccupation de tout ce qui touche à notre précieux libre arbitre.

Puisqu' « il est difficile ou impossible de tracer une ligne de démarcation entre l'acte instinctif et l'acte réflexe » (Virchow), l'important n'est pas tant de discuter sur ce qui peut être rattaché à l'instint ou en être séparé, que de bien saisir la source, le mécanisme et le caractère de l'instinct. De cette façon, en effet, on comprendra la véritable signification de l'instinct dans la série animale et on se trouvera tout prêt à en faire bénéficier notre conception de la mentalité, de la moralité et de la sociabilité. Toutefois, il est indispensable, pour qui veut bien comprendre cette question si embrouillée et si mal posée de l'instinct, de commencer par se bien pénétrer des faits si suggestifs que rapportent les observateurs modernes sur l'instinct, en particulier le professeur Romanes qui a fait une étude si remarquable de l'évolution mentale chez les animaux et chez l'homme (1). On acquerra ainsi la preuve que l'instinct nous offre une perfection directement proportionnelle à son degré d'organisation et une plasticité au double point de vue de son perfectionnement aussi bien que de sa dégénérescence, d'où la possibilité de sa transformation, non seulement dans l'espèce mais même dans l'individu (2).

Un des caractères les plus curieux de l'Instinct c'est certainement la particularité qui consiste à le voir s'éveiller en présence

(1) *De l'Intelligence des animaux*, 2 vol. — *De l'Évolution mentale chez les animaux*, 1 vol. — *De l'Évolution mentale chez l'homme*, 1 vol., Paris, Reinwald.

(2) Voir Romanes. *Evolution mentale des animaux.*

Ch. XI : L'instinct.

Ch. XII : Origine et développement des instincts.

Ch. XIII : Origine mixte ou plasticité de l'instinct.

Ch. XIV : Modes selon lesquels l'intelligence détermine les variations de l'instinct suivant des lignes définies.

Ch. XV : La domestication.

Ch. XVI : Variations locales et spécifiques de l'instinct.

de la condition qui lui a donné naissance ou à laquelle il a été adapté ; on ne saurait mieux exprimer cette relation qu'en disant que l'instinct se trouve mis en jeu par son réactif : c'est en même temps une preuve de plus du caractère organique de son adaptation. Ainsi le docteur Allen Thompson, dit Romanes, fit éclore quelques poulets sur un tapis et les y garda quelques jours, sans constater aucun essai de gratter ; mais un peu de sable répandu sur le tapis produisit immédiatement l'effet d'un réactif et provoqua la coordination accoutumée, héréditairement transmise, entre la sensibilité au sable et le réflexe de gratter.

De même pour l'odeur du chien sur des jeunes chats encore aveugles, âgés de trois jours, qui se « mirent à fêlir et à cracher de la façon la plus comique » quand Spalding les approcha de sa main encore toute imprégnée de l'odeur de son chien qu'il venait de caresser (1).

Le caractère de coordination de l'instinct avec son réactif nous apparait encore d'une façon plus nette et plus précise dans l'expérience si intéressante de M. Fabre sur le bembex.

« Cet insecte apporte de temps en temps de la nourriture fraîche à ses petits, et c'est une chose remarquable que la précision avec laquelle le bembex se rappelle l'entrée de son nid, bien que recouverte de sable et pour nos yeux ne se distinguant par aucun signe particulier. Cependant, jamais il ne se trompe, jamais il ne s'égare. D'autre part, M. Fabre a vu que s'il enlevait la terre et le couloir, mettant ainsi à nu la larve et la cellule le bembex était parfaitement embarrassé, et ne reconnaissait même pas ses rejetons. Il semblait qu'il connût les entrées, la chambre des jeunes, le couloir, mais non sa progéniture. Une autre expérience fut faite avec le cholicotome. Cette espèce est enfermée dans une cellule de terre à travers laquelle le jeune, lorsqu'il est d'âge, se *mange* un chemin. M. Fabre a vu que s'il collait un morceau de papier sur la cellule de terre, l'insecte passait aisément à travers en le mangeant : mais s'il enfermait la cellule dans un sac de papier, de manière qu'il y eût un espace, ne fût-il que de quelques lignes, entre la cellule et le papier, dans ce cas, le papier formait une prison efficace. L'instinct de

(1) Romanes. *Evolution mentale des animaux*, p. 159.

l'insecte le poussait à percer une enceinte, mais il n'avait pas assez d'esprit pour en percer deux » (1). Ce n'est pas l'esprit qui manquait à ce pauvre insecte, car l'esprit n'a rien à faire dans ce phénomène, c'était le réactif qui avait été modifié, c'était une condition nouvelle à laquelle la réponse organique n'avait pas été préparée, organisée. Il n'est pas difficile de trouver dans les actions humaines une quantité de faits qui se rapprochent singulièrement de l'embarras où se trouvait ce malheureux insecte qu'on avait dépaysé : on pourrait, en effet, rapprocher de cet exemple tous les cas où nous manquons d'esprit *d'initiative* en présence de l'imprévu.

Les exemples que donne Romanes (p. 162) comme preuve de l'imperfection de l'instinct, nous semblent au moins autant en faveur de l'idée de coordination organisée, automatique inconsciente, de l'acte instinctif, puisque la mouche à viande qui dépose ses œufs dans les fleurs de la plante charogne, les abeilles et les guêpes qui font visite à des images de fleurs sur du papier de tenture d'appartement, montrent simplement qu'elles obéissent à l'association des sensations d'odeur ou d'aspect, sans être capables de percevoir la différence entre une mauvaise odeur de fleur et celle de viande gâtée, ou entre une fleur réelle et son image en papier.

Dire que ces exemples constituent « de grosses erreurs de l'instinct » suivant l'expression de Darwin, c'est, croyons-nous, méconnaître le véritable mécanisme de l'instinct, qui n'est qu'un réflexe plus ou moins solidement organisé. Pour que l'instinct s'éveille, il lui faut son réactif : il ne constitue qu'une aptitude qui peut s'atténuer ou s'effacer, si elle n'est pas exercée, ou se transformer, si l'adaptation est appliquée à d'autres conditions. C'est ainsi que le nouveau-né qui tête par réflexe dès qu'il *sent* le sein, perd bientôt la faculté de tirer le lait si on le fait boire à la cuiller.

L'association, la coordination des actes que comporte la manifestation d'un instinct ne sauraient être mieux démontrées que par l'exemple suivant : « un sphex creuse un tunnel, s'envole et cherche une proie qu'il apporte, paralysée par son dard,

(1) Sir John Lubbock. *Address to Entomol. Society*, 1882, *in* Romanes.

jusqu'à l'orifice de son tunnel, mais, avant d'y introduire sa proie, il y entre seul pour voir si tout est bien. Pendant que le sphex était dans son tunnel, M. Fabre éloigna un peu la proie ; quand le sphex ressortit, il ne tarda pas à retrouver sa proie, et l'apporta de nouveau jusqu'à l'orifice ; mais alors il sentit de nouveau le besoin d'aller vérifier encore l'état du tunnel, vérifie à l'instant même, et, aussi souvent que M. Fabre retira la proie, aussi souvent toute l'opération fut recommencée, de sorte que le malheureux sphex vérifia l'état de son tunnel quarante fois de suite. Quand M. Fabre enleva définitivement la proie, le sphex, au lieu de chercher une proie nouvelle, et de se servir de son tunnel achevé, se sentit obligé de suivre la routine de son instinct ; il boucha complètement l'ancien, comme si tout était bien, malgré qu'il fût complètement inutile, ne renfermant pas de proie pour les larves (1).

Cet exemple est en même temps une preuve que la « finalité » n'a rien à voir dans l'instinct. Nous avons l'habitude de croire que les animaux font telle ou telle action pour atteindre tel ou tel résultat. Cela peut être vrai pour certains actes des animaux intelligents, mais il faut bien nous convaincre que la conscience du but à atteindre n'est que consécutive. Nous aurons beaucoup à revenir sur ce point, même pour une foule d'actions humaines auxquelles nous nous plaisons à prêter une signification finaliste qu'elles n'ont pas en réalité.

Nous avons vu que la sensibilité sensorielle est la résultante d'une différenciation organique et d'une adaptation spéciale, de sorte que chaque sens n'est excitable, n'est sensible qu'à son genre spécial d'excitant : c'est ainsi, par exemple, que le nerf optique ne se montre sensible qu'à l'onde lumineuse, qui est son réactif. Nous pouvons envisager de même toutes les fonctions organiques qui n'entrent en fonctions que quand elles y sont poussées par leur excitant propre, leur réactif : c'est ce qu'il est facile de comprendre et ce qui est largement prouvé pour l'alimentation : nous voyons, en effet, que la série d'actes qu'elle comporte, depuis la simple absorption par pénétration chez les protoorganismes jusqu'aux actions si complexes des animaux

(1) *Ann. Sc. nat.*, t. VI, p. 148, *in* Romanes.

supérieurs (recherche, choix, préhension des aliments, mastication, déglutition) ne s'exécutent complètement qu'en présence de leur excitant normal : la preuve en est dans le rejet des substances inappropriées à chaque espèce ou à chaque individu (dégoût, nausée, vomissement, indigestion).

Nous trouvons même dans le développement et la complication graduellement croissante de la fonction alimentaire dans la série animale la vraie notion de la nature organique de l'instinct. Au bas de la série, nous ne pouvons séparer l'instinct de la simple absorption mécanico-chimique ; mais, au fur et à mesure que la différenciation s'accentue, nous voyons, par l'effet de la division du travail, les adaptations fonctionnelles se multiplier, et se spécifier suivant les milieux et le genre de nourriture. Comme nous arrivons à nous rendre conscients de nos actes divers par lesquels nous cherchons, choisissons et prenons nos aliments, comme nous avons l'habitude de juger les actes des animaux analogues aux nôtres, en leur attribuant le même caractère voulu que nous prêtons aux nôtres, nous sommes tout naturellement portés à supposer un élément de conscience (1) et de volonté, de finalité dans une série d'actes purement fonctionnels. Nous continuons ainsi à raisonner comme si les fonctions avaient été créées pour remplir leur rôle, au lieu de les envisager comme la résultante des conditions qui les ont engendrées. C'est à peu près comme de considérer les vallées, les torrents et les rivières comme ayant été créés pour collecter les eaux, au lieu de n'y voir que des effets mécaniques de l'inégalité des niveaux et du jeu de la pesanteur. Il suffit d'ailleurs de réfléchir un peu à ce que nous montre le développement, dans la série animale, d'un instinct comme celui de l'alimentation, pour saisir cette nuance qui a une si grande importance pour notre conception de l'instinct et la compréhension de son évolution. Nous avons vu que l'alimentation se réduit, chez certains protoorganismes, comme les amibes, à une absorption, ou plutôt à une pénétration mécanique des substances alimentaires dans la masse protoplasmique, qui leur

(1) « L'instinct est un acte réflexe dans lequel il y a un élément de conscience. » Romanes. *Evolution mentale chez les animaux*, p. 133.

emprunte par dialyse les éléments assimilables. Ici, évidemment, il ne viendra à l'idée de personne d'invoquer un élément de conscience pour expliquer un phénomène aussi nettement mécanico-chimique. Ce serait encore abuser des mots que de prétendre trouver un élément de conscience chez le polypier dont la fonction alimentaire s'opère par l'intermédiaire d'une cavité ou utricule commune dans laquelle pénètrent les substances alimentaires disséminées dans l'eau qui constitue le milieu, l'atmosphère vitale de cet organisme. Il en est évidemment de même pour une foule d'animaux inférieurs, car il ne suffit pas de constater que ces animaux *choisissent* leurs aliments pour établir un élément de conscience, puisqu'il faudrait accorder le même rudiment de conscience aux végétaux qui choisissent aussi bien leurs éléments nutritifs, et aux éléments chimiques qui choisissent leurs affinités. D'ailleurs, envisager ainsi l'instinct, c'est s'exposer à le confondre avec la conscience et la raison dont on veut le distinguer. Il est bien plus conforme aux faits de le considérer comme un trait d'union entre la fonction organique proprement dite et la faculté intellectuelle : de cette façon, nous comprenons mieux que nous puissions trouver le même instinct, celui de l'alimentation par exemple, d'abord réduit à un phénomène purement mécanico-chimique, puis, par la division du travail, composé d'une série d'actions et de fonctions dont les unes demeurent tout à fait automatiques, réflexes, fonctionnelles, comme la déglutition et la digestion, tandis que les autres nous apparaissent de plus en plus conscientes et volontaires à mesure que nous remontons l'échelle organique, comme la recherche, le choix, la préhension et la mastication des aliments, chez les animaux supérieurs et surtout chez l'homme. C'est au point que nous pouvons remarquer que toutes les industries, et, par conséquent, les sciences, ne sont que les résultantes de la division du travail provoquée par les divers instincts de l'humanité.

Ce qu'il faut bien voir dans l'instinct, c'est qu'il prend naissance, comme la sensibilité, dans des phénomènes d'adaptation mécanique, qu'il tend à se fixer, à s'organiser d'une façon de plus en plus précise, par l'exercice et la répétition, de façon à aboutir, à s'exécuter comme une véritable fonction; c'est ce qu'on a appelé la *perfection* de l'instinct, en même temps qu'il peut devenir le point de départ de modifications, d'adaptations nouvelles, ce qu'on a appelé, improprement, l'*imperfection* de l'instinct, ou mieux la *plasticité* de l'instinct (Romanes).

Toutes ces différences d'évolution de l'instinct nous semblent très faciles à expliquer avec notre façon de concevoir son caractère organisé ; bien plus, avec notre théorie de l'instinct envisagé comme une aptitude organique, adaptée antérieurement, transmise par hérédité, constituant une sorte d'affinité organique qui n'entre en jeu qu'en présence de son réactif spécial, non seulement nous nous rendons compte de la « perfection » de l'instinct, c'est-à-dire de la régularité de la reproduction des mêmes actes dans les mêmes conditions, mais nous ne pourrions plus comprendre qu'il en fût autrement, pas plus que nous ne pourrions comprendre que notre œil pût nous donner une autre impression que celle de lumière. Nous arrivons ainsi à trouver en même temps et l'explication de ce qui a toujours paru si « essentiel » à l'instinct, et sa loi générale qui le rattache si bien au déterminisme universel et que nous pouvons formuler ainsi : l'instinct est une adaptation organique qui s'exécute toujours de la même façon, en présence des mêmes conditions qui l'ont engendré. Mais cette loi implique un corollaire de la plus haute importance, c'est que tout changement dans les conditions normales de la manifestation d'un instinct, entraîne, soit un arrêt de cet instinct, soit une modification, d'où la *variabilité* de l'instinct sous l'influence de changements de milieux (variations locales) (1).

Le changement de réactif entraîne un changement dans la réaction et provoque une adaptation nouvelle ; des canetons élevés loin de l'eau, manifestent plus tard une véritable aversion

(1) Romanes. *Evol. mentale chez les animaux*, p. 245. Le scarabée pilulaire, d'après Sturm, qui roule de petites boules de fumier, s'épargne le travail de faire ces boules, lorsqu'il habite les pâturages à moutons, car alors il profite des boules toutes faites que lui fournissent les excréments de ces animaux. Loubière rapporte dans son *Histoire de Siam*, que dans une partie de cet empire exposée à de grandes inondations, toutes les fourmis s'établissent sur des arbres : on ne peut voir de fourmis nulle part ailleurs.

pour l'eau ; une poule à laquelle on a fait élever plusieurs générations de canetons et à laquelle on donne ensuite des poulets, ne « comprend » plus rien à la conduite de ses poussins, et veut les pousser à l'eau.

Les nombreux exemples que cite Romanes de ce qu'il appelle la variation spécifique de l'instinct, constituent autant de preuves de l'évolution de l'instinct analogue à l'évolution de l'organisation en général, par la loi d'adaptation incessante aux conditions de milieu ; de même, en effet, que nous voyons les organes subir une modification sous l'influence de conditions nouvelles persistantes, de même, nous constatons des variations de l'instinct comme conséquence de changements dans les conditions de vie d'un organisme. C'est ainsi que nous pouvons rencontrer des instincts différents chez des animaux de la même espèce (1), absolument comme nous trouvons des organes différents ou inégalement développés. Nous trouvons encore une preuve de la transformation de l'instinct dans la persistance rudimentaire de certains organes indiquant des instincts disparus ou tombés en désuétude (2).

(1) Les abeilles de ruche, en Australie et Californie, conservent leurs habitudes industrieuses pendant deux ou trois ans seulement, après quoi, elles s'adonnent à la paresse la plus complète. Thompson signale des abeilles devenant carnivores et mangeant des phalènes empoisonnés dans certaines fleurs. Bechstein dit que certains rossignols chantent le jour et d'autres la nuit, de génération en génération. Polts signale un perroquet de montagne devenu carnivore. Tout le monde connait les divers aboiements des chiens. Ulloa, Linné, Haucock signale des chiens cessant d'aboyer. Romanes, p. 250.

(2) « Les plus suggestifs de cette classe de faits, sont ceux où l'espèce qui manifeste un instinct spécial se trouve avoir été dispersée sur de vastes espaces géographiques, après le moment où l'instinct est né, et se retrouve maintenant dans différentes parties du monde, vivant dans des conditions différentes, et pourtant conservant le même instinct spécial. Ainsi, par exemple, on retrouve dans toutes les parties du monde des espèces de mygales, dans des régions plus ou moins localisées » ; il en est de même pour les espèces de fourmis moissonneuses d'Europe et d'Amérique. La grive de l'Amérique du Sud garnit son nid de boue comme fait la nôtre ; le calao d'Afrique et d'Inde présente le même instinct, qui le pousse à enfermer sa femelle dans des trous d'arbre avec du plâtre, etc., etc. Romanes, 257.

Nous retrouvons chez l'homme des faits analogues, très significatifs, particulièrement les cas d'habitudes, tics et manies qui se transmettent par hérédité de génération en génération (1). La fixité, la ténacité, l'inconscience, l'automatisme de ces diverses manifestations les rapprochent au plus haut point de ce que nous appelons des instincts chez les animaux.

En somme, nous pouvons dire que plus un instinct est important au point de vue de la vie de l'individu, plus il doit être ancien, mieux il doit être adapté, plus profondément il doit être organisé. C'est, en effet, une loi, confirmée par les faits : les instincts peu utiles sont imparfaits, comme *atrophiés*, absolument comme les organes devenus inutiles.

Les instincts nouveaux sont encore imparfaitement adaptés, se manifestent d'une façon plus ou moins incertaine par suite de leur organisation encore incomplète, tout comme les fonctions nouvelles dont les organes sont imparfaitement développés ou insuffisamment adaptés.

C'est la preuve que l'instinct n'est que la résultante d'une adaptation au lieu d'en être la cause, comme l'implique la façon habituelle de le comprendre. Il en est ici comme de la sensibilité et de la conscience, nous confondons la cause avec l'effet, le signe avec la chose, nous raisonnons et pensons comme si l'instinct était une entité active, comme nous le croyons pour notre conscience, notre raison, notre volonté. D'une façon générale, nous disons que l'instinct est la spontanéité de la vie se manifestant en dehors de l'intervention de la conscience : c'est en effet le sens le plus étendu que nous puissions donner à l'instinct sans préjuger la question, puisque, dire que l'instinct est ce qui « fait agir inconsciemment, involontairement », ce n'est pas dire autre chose, tout en ayant l'air de continuer à supposer une réalité ontologique à l'instinct. Si on envisage les manifestations de l'instinct en dehors de toute préoccupation de doctrine, l'instinct nous apparait tout d'abord comme réglé, comme mécanique : c'est en effet ce caractère de constance, de régularité, d'automatisme, de fatal, qui nous a valu toutes les théories

(1) *Famille névropathique* de Ch. Féré. — *Hérédité nerveuse*, Th. agrég. de Déjérine.

édifiées à ce sujet pour le différencier de nature et d'essence avec la *conscience.*

Or, il suffit d'un examen rapide de ce qui se passe tous les jours devant nos yeux pour constater :

1° Qu'un instinct peut commencer, se modifier ou disparaître ;

2° Qu'un acte instinctif peut devenir conscient ou volontaire et réciproquement comme nous le verrons à propos de la genèse et de l'organisation de la conscience : tout le monde est d'accord, en effet, pour reconnaître que l'enfant est d'abord purement instinctif, inconscient et que, par conséquent, ce n'est que plus tard qu'il prend conscience de ses actes : marche, sensations, volonté, conscience de soi, etc. Tous les jours, il nous arrive de nous rendre compte d'une foule de choses en nous restées jusque-là parfaitement inconscientes.

Il en est de même chez les animaux où nous pouvons créer, pour ainsi dire, des instincts nouveaux comme nous créons des types, des variétés nouvelles par le croisement et la sélection. Espinas raconte que des fourmis (*Formica emarginata*), « en allant à la découverte, comme elles le font sans cesse, sur les plantes d'une petite cour, se sont aperçues que les sépales d'un *Geranium macrorrhizon* sécrétaient une liqueur douce et sont venues en foule boire ce liquide et même brouter le bord des sépales. Pendant plusieurs jours le géranium avait été en fleurs avant qu'elles ne s'avisassent de cette trouvaille. Un autre géranium de la même espèce, dans un jardin, très vaste, ne recevait aucune visite de ce genre. Un cactus en fleurs fut aussi, au bout de quelques jours, visité de même pour le liquide que contenait sa corolle profonde. Ni l'un ni l'autre n'avaient, bien entendu, été toujours dans cette cour. L'instinct avait donc ici dû commencer (1). »

On serait peut-être tenté de répondre qu'il n'y a ici qu'une simple application de l'instinct général qui porte la fourmi à sucer le suc des plantes ; mais ce n'est que reculer la question et en favoriser la compréhension, car il faut toujours bien admettre qu'il y a eu une première fourmi qui a commencé à

(1) Espinas. *Sociétés animales.*

sucer le suc d'une plante, et que c'est de la répétition de cet acte qu'est née la première adaptation d'où est parti l'instinct; à moins, encore une fois, de prétendre faire de l'instinct une réalité ontologique, ce qui ne serait que reporter sur cet *instinct* la même difficulté, puisqu'il resterait à expliquer l'apparition de cet instinct tout à fait embryonnaire chez les êtres inférieurs où nous sommes amenés à le confondre avec la vie elle-même et celle-ci avec les actions et réactions des mouvements physico-chimiques.

Au fond, l'instinct nous fait l'effet d'une force.

Seulement, il ne faut pas perdre de vue qu'une force n'a aucune réalité en dehors de la relation de mouvement ou encore mieux en dehors du phénomène qui la constitue. L'instinct devient ainsi la force qui pousse l'animal à agir, c'est-à-dire que nous appelons *Instinct* le fait de l'action aussi bien que sa cause, de sorte qu'en réalité l'instinct est simplement une *résultante*, une manifestation de la vie organique; c'est la manifestation de la vie animale, inconsciente, ou involontaire, depuis son degré le plus infime, où elle se confond avec la vie végétale et la physico-chimie organique, jusqu'à son degré le plus élevé, où nous ne pouvons plus lui refuser un caractère mental, psychique, que par un reste de routine métaphysico-religieuse. Quand nous descendons en effet l'échelle des êtres animés jusqu'aux coralliaires, aux polypiers dont toute la vie se réduit à un mouvement de nutrition, sans que nous puissions leur attribuer plus de sensibilité, et même moins, qu'à de simples végétaux, il nous faut bien nous résigner à ne voir dans l'instinct chez ces êtres inférieurs qu'un simple mouvement physique de nutrition, nullement différent de « *nature* » de ce que nous voyons chez les végétaux. Si on nous objecte que c'est aller chercher l'instinct là où il n'existe pas, nous demanderons alors où le faire commencer. Si le mouvement des tentacules des zoophytes ne paraît pas une manifestation de l'instinct animal, quelle raison aurons-nous de considérer comme instinctif l'ensemble des mouvements que nous retrouvons dans la série animale pour la préhension, la recherche, la chasse des aliments, pour la reproduction et la conservation de l'espèce ? Si, au contraire, on considére comme instinctif tout acte d'un organisme vivant adapté à l'accroissement, à l'entretien, à la conservation ou à la reproduction de la vie, nous demanderons alors où on voit une différence de « nature » entre cet instinct embryonnaire, ce simple mouvement physiologique et les faits analogues que nous retrouvons dans le règne végétal. Nous accordera-t-on alors que c'est l'instinct qui pousse les *végétaux* à se diriger vers la lumière quand on les enferme dans une cave, à redresser leur tige quand on les a renversés en mettant les racines en haut, à se contracter quand on les touche (sensitive), à fermer leur corolle quand un insecte vient s'y poser (attrape-mouche) ? Mais alors il devient tout à fait impossible de marquer d'une manière absolue la transition entre ce qui est *instinct* et ce qui ne l'est pas : C'est en effet ce que nous croyons et c'est ce qui nous semble vraiment en rapport avec les faits. Toutefois, nous ne devons pas nous dissimuler la difficulté, énorme pour des esprits peu familiarisés avec les spéculations scientifiques, de suivre ainsi l'effacement de l'instinct dans la biologie et celle ci dans la physico-chimie, ou mieux à admettre que la simple division du travail organique, la spécialisation organique amène ainsi successivement d'abord la vitalité, puis la nutrition et la reproduction d'abord purement organiques, ensuite adaptées, organisées, coordonnées sous forme d'instinct, enfin les multiples fonctions de relations qui, en s'organisant dans le même animal par l'habitude, l'hérédité et la sélection, nous donnent les multiples manifestations de l'instinct aussi bien chez l'animal que chez l'homme.

Si, en effet, nous considérons l'un quelconque des principaux instincts de l'animalité, l'instinct de reproduction, par exemple, il nous est facile de voir comment il dérive directement du simple mouvement vital de nutrition. Pour cela, il suffit d'envisager la reproduction par fissiparité, scissiparité, gemmiparité et bulbilles telle que nous la constatons chez les polypes et les coralliaires (Milne Edwards), puis par oviparité et enfin par viviparité. Si on veut à ce sujet établir une distinction entre la reproduction autochtone et la reproduction sexuelle, nous n'avons qu'à faire remarquer que la reproduction ovipare est tout à fait analogue à la reproduction végétale par *graine*, et que la reproduction sexuée, est d'abord une auto-fécondation comme chez un grand nombre d'animaux inférieurs bisexués où les appareils mâles et femelles sont réunis sur le même individu ; chez ces individus on voit tantôt la vraie auto-fécondation, tantôt la fécondation croisée.

Ce qu'il y a de plus significatif au point de vue qui nous occupe, c'est la coexistence possible de la sexualité signalée par Balbiani chez un grand nombre d'espèces fissipares et gemmipares (1).

Comment mieux établir l'incertitude, la confusion, le tâtonnement que nous devons admettre dans l'origine, la genèse dle a fonction qui donne lieu à un des instincts les mieux déterminés, l'instinct de la reproduction ? Qu'on admette une trace d'instinct dès le moment où il y a sexualisation ou qu'on ne l'admette que lorsque les deux sexes sont nettement séparés chez deux êtres différents, il est impossible de ne pas reconnaître la graduation de cette évolution organique et de ne pas admettre que l'instinct sexuel n'est qu'un dérivé, qu'une division, qu'une spécialisation de la fonction de reproduction, absolument comme la reproduction n'est qu'un dérivé, qu'une division, qu'une spécialisation de l'accroissement nutritif. Seulement plus la différenciation organique s'accentue, plus se complique la fonction ; mais n'en est-il pas de même des autres fonctions physiologiques, de la nutrition par exemple, qui, d'abord purement mécanico-chimique, implique ensuite l'alimentation qui entraîne une certaine locomotion de préhension, puis de recherche et même de chasse alimentaire, absolument comme la reproduction d'abord autochtone nécessite ensuite le rapprochement des sexes d'abord sur le même individu, puis sur des individus séparés, d'où l'ensemble d'actes de plus en plus compliqués pour la réunion du mâle et de la femelle depuis le simple accouplement jusqu'aux coquetteries des oiseaux et mammifères.

Mais il ne suffit pas de montrer qu'à son origine dans la série animale l'instinct de reproduction se confond avec la fonction de reproduction et celle-ci avec la nutrition : il faut

(1) Sur l'existence d'une génération sexuelle chez les infusoires (*Comptes rendus de l'Acad. des Sc.*, t. XLVI).

encore pouvoir comprendre la différenciation progressive de cette fonction et l'apparition graduelle des caractères de l'instinct de reproduction. Il y a là une question de biologie de la plus haute importance et de la plus grande difficulté pour qui veut raisonner avec des idées toutes faites, c'est-à-dire avec des mots : on s'expose en effet à se trouver sans cesse dans l'obligation d'admettre implicitement l'apparition spontanée d'une archée nouvelle pour expliquer une fonction nouvelle à laquelle on veut donner une limite tranchée.

C'est ainsi qu'on a créé toutes les grandes catégories de *vie*, d'*instinct*, de *conscience*, de *volonté*, dont on a ensablé le champ de notre *expérience*. Ainsi quand nous disons que la reproduction par fissiparité, scissiparité, gemmiparité ou bulbilles n'est que la continuation, qu'un aboutissant du mouvement d'accroissement nutritif, on veut bien encore nous suivre et nous comprendre ; si même nous nous contentons de montrer que ce mode de reproduction nous prépare à comprendre la reproduction par gemmiparité interne ou *endogenèse* des volvoces et des acéphalocystes, et celles à la reproduction ovulaire des ovipares d'abord, puis des vivipares, on consentira encore à nous suivre ; mais dès que nous montrerons que l'*instinct* de reproduction se confond avec la fonction de *reproduction*, puisqu'il n'en est que l'expression, que la résultante, et qu'il en suit par conséquent toutes les phases purement organiques, nous rencontrerons déjà beaucoup de *bons* esprits qui répugneront à admettre la simple matérialité toute physiologique de l'appétit, du besoin, du désir de reproduction, uniquement parce que, hantés par l'idée vague que l'instinct des animaux supérieurs va se confondre avec l'instinct humain, ils ne *veulent* pas se laisser prendre par une telle conclusion. Le plus curieux c'est que si on leur demandait directement si l'instinct de l'animal le *plus intelligent* leur semble être de même nature que les instincts et l'intelligence de l'homme, ces braves gens nous répondraient sans hésiter que cela ne leur semble pas admissible, ni même discutable, tant est considérable sur notre jugement la façon dont nous envisageons les choses comme on nous a appris à les envisager.

Il est évident que l'on pourrait justement nous reprocher de simplifier jusqu'à l'inadmissible et l'incompréhensible si on s'obstinait à nous faire dire que l'instinct se confond avec la fonction de nutrition : ce que nous voulons faire admettre c'est simplement que cet instinct de reproduction prend d'abord naissance avec la fonction de reproduction dans le mouvement d'accroissement nutritif qui amène une division de l'organisme par une sorte de rupture de l'équilibre moyen qui constitue l'individualisation organique à la manière de l'individualisation cosmique des nébuleuses d'où sont sortis les mondes, et que cet instinct de reproduction se développe, se perfectionne, se complique parallèlement à l'évolution de la vie elle-même. Cet instinct de reproduction offre en effet une évolution variant avec les conditions *différentes de vie* d'où sont nées les différentes variétés d'organismes qui ont constitué toute l'échelle zoologique ; nous retrouvons le même courant de différenciation dans cet instinct que dans l'ensemble des caractères de l'espèce animale : les annelés, les insectes, les poissons, les oiseaux, les mammifères nous offrent ce parallélisme ou cette classification d'une façon qui nous semble avoir été trop méconnue jusqu'ici. Aussi voyons-nous l'instinct de reproduction contribuer à son tour à l'organisation de la vie de relation en amenant le développement de la *sociabilité*, en créant la Société familiale (paternelle, maternelle), en suscitant de nouvelles fonctions (moyens de communication entre individus, *langage*, signes, danse, cris, chants), en un mot en organisant la *solidarité* dans les sociétés, par une véritable dépendance organique qui va donner naissance à l'organisme social dans lequel nous ne trouvons d'abord que des fonctions de nutrition et reproduction, puis un veritable instinct de conservation et reproduction et enfin une conscience sociale qui constitue la *moralité humaine*.

CHAPITRE VIII

DE LA MENTALITÉ

Nous avons vu que notre organisme est un merveilleux appareil enregistreur des divers modes de vibrations qui lui arrivent de toutes parts : c'est un ensemble d'instruments dont chacun, représenté par un appareil sensoriel, offre la particularité de ne vibrer que sous l'influence des vibrations pour lesquelles il est accordé ou avec lesquelles il se trouve adapté au point de vue du synchronisme vibratoire. Nous avons vu que nous sommes obligés d'appliquer la même conception vibratoire aux faits subjectifs, psychiques, intellectuels et moraux de l'idéation, de la pensée, de la raison et de la volonté. Il résulte de là que nos adaptations sensorielles tirent leur source et leurs caractères individuels dans la façon dont les conditions mésologiques et intrinsèques se déterminent en chacun de nous conformément à nos prédispositions organiques individuelles. C'est ce qui nous explique d'une part, la conformité, la ressemblance, en moyenne, des diverses impressions sensorielles, dans le genre humain, par suite de la conformité d'organisation et de milieu, et, d'autre part, les variations individuelles qui sont l'effet des différences dans les conditions, dans les faits particuliers de sensations et dans les predispositions personnelles. C'est ce qui personnifie nos aptitudes physiques et intellectuelles, nos goûts et nos préférences ; c'est la base de notre caractère, c'est le fondement de notre personnalité : c'est cette adaptation, c'est ce mode habituel, c'est cette orientation de notre sensibilité psychique, c'est cette constitution intellectuelle que nous appelons mentalité, laquelle est à l'homme ce que l'instinct est à l'animal. La mentalité, en effet, distincte de l'intelligence proprement dite, comprend l'ensemble des manifestations psychiques qui nous semblent se produire plus ou moins automatiquement, à la façon de l'instinct ; c'est l'aptitude intellectuelle, transmise héréditairement, se développant comme l'instinct d'une façon d'autant plus analogue dans la même famille, dans l'espèce et dans la race que les conditions d'évolution intellectuelle sont plus semblables pour les générations successives. Ce qui paraît distinguer avant tout la mentalité de l'instinct c'est sa perfectibilité. On a, en effet, opposé de tout temps la fixité, l'immutabilité de l'instinct à la mutabilité et à la perfectibilité de l'intellect humain : Cette différence paraît d'autant plus grande que nous l'envisageons à un degré supérieur d'évolution de l'humanité ; mais il est juste de remarquer aussi que l'instinct lui-même se montre d'autant plus plastique, d'autant plus perfectible que nous le considérons chez des animaux plus élevés dans la hiérarchie organique. C'est au point que vraiment il n'est plus toujours possible d'établir une différence, même de degré, entre l'intelligence de l'homme et celle de la brute, surtout si on a soin de comparer l'intelligence des animaux les mieux doués à l'intelligence très rudimentaire des hommes les plus arriérés comme les Tasmaniens, les Fuégiens, ou des dégénérés, des idiots et des crétins. D'autre part, la chaîne ininterrompue des degrés intermédiaires entre l'intelligence d'un sauvage, d'un dégénéré, d'un simple, d'un homme ordinaire et celle d'un génie, nous montre nécessairement que l'intelligence la plus supérieure ne peut être conçue que comme un produit d'évolution, de perfectionnement de l'intelligence rudimentaire enfantine de nos ancêtres ; bien plus, nous savons et constatons chez l'enfant tous les degrés possibles de mentalité par laquelle a passé l'humanité, avec cette différence toutefois, que les phases inférieures sont généralement d'autant plus courtes et d'autant plus difficiles à saisir que l'individu est mieux prédisposé héréditairement, et se trouve dans des conditions de milieu et d'éducation plus favorables au développement de ses « facultés » supérieures. La mentalité, en effet, est en même temps le produit de l'hérédité accumulée dans la race, et du milieu social sans lequel elle ne peut ni se développer, ni se manifester.

Le rôle de l'hérédité ne fait plus de doute pour qui se donne la peine de réfléchir à ce que nous enseigne l'histoire de l'esprit humain, non seulement en ce qui concerne la transmission du fond organique des aptitudes intellectuelles qui constitue la mentalité proprement dite, mais encore pour les différentes aptitudes spéciales et particularités psychiques qui se reproduisent dans les mêmes familles, de père en fils (hérédité directe), ou des aïeux aux petits enfants (atavisme).

Personne ne peut méconnaître l'influence manifeste de l'hérédité dans les particularités propres à chaque famille que nous observons journellement au sujet des différences dans les aptitudes sensorielles (myopie et presbytie, daltonisme, cécité ; finesse ou dureté de l'ouïe, surdi-mutité ; délicatesse ou insensibilité de l'odorat, du goût) ; dans la mémoire et l'imagination, dans le jugement et la volonté ; dans les prédispositions esthétiques (familles de musiciens, de peintres, de poètes), ou intellectuelles (familles de lettrés, de savants, de mathématiciens, de physiciens, de naturalistes, de médecins, de magistrats, de militaires) ; dans les passions et les vices (buveurs, joueurs, avares).

L'histoire nous montre le rôle de l'hérédité mentale dans un grand nombre de familles célèbres (1) (César, Charles-Quint, Condé, Mirabeau), dans les races (juifs, bohémiens).

Mais c'est surtout dans les cas de maladies mentales que nous voyons le mieux éclater le rôle de l'hérédité : l'épilepsie, l'hystérie, l'hypocondrie, le suicide, la paralysie générale, les manies, les dégénérés héréditaires nous forment un contingent tellement riche que les criminalistes en ont tiré toute une nouvelle conception de la criminalogie (2) et ont poussé jusqu'à l'abus la théorie de l'irresponsabilité.

Tout cela est établi, tout cela est indiscutable en tant que fait ; mais la conception défectueuse qu'on a généralement de l'hérédité provoque chez beaucoup de bons esprits une répugnance insurmontable à l'accepter à cause de toutes ses conséquences.

(1) Jacobi. *Etude sur la Sélection dans ses rapports avec l'hérédité chez l'homme.*

(2) Voir les travaux de l'École italienne.

Il est certain que l'hérédité, présentée comme une loi, ne peut être acceptée intégralement, si on entend dire par là que la transmission héréditaire est fatale. Aussi, n'est-ce point ainsi qu'il faut comprendre le rôle de l'hérédité dans la constitution de la mentalité humaine. Si, en effet, nous avons soin de distinguer entre le fond commun, humain, de notre mentalité que nous ne pouvons pas ne pas supposer héréditaire chez l'homme normal, fond qui, du reste, varie à peine d'une époque à l'autre, offre seulement quelques nuances d'une race à une autre, et se consolide, se fixe et s'organise de mieux en mieux de siècle en siècle, nous devons reconnaitre que tout le reste de notre mentalité, c'est-à-dire ce qui caractérise une nation, une province, une famille, et surtout ce qui prépare notre individualité, tout cela n'est transmis qu'à l'état d'aptitude à devenir en nous ce que ce fut chez nos ascendants. Pour que cette aptitude se développe et reproduise la caractéristique ancestrale dont elle provient, il faut qu'elle soit éveillée, entretenue par les mêmes conditions d'évolution que celle-ci. Si nous ajoutons à cela que les influences héréditaires provenant des procréateurs ne peut s'exercer également ou peuvent se contrebalancer, si nous remarquons les probabilités considérables de l'intervention possible de nouveaux facteurs, nous comprendrons de suite pourquoi l'hérédité, tout en nous expliquant la transmission de génération en génération des adaptations mentales accumulées par les humains à travers les siècles, ne doit cependant pas être considérée comme la seule source d'organisation de notre mentalité. Nombreuses, en effet, sont les causes qui agissent sur notre plasticité mentale, depuis les conditions physiques ou cosmiques de l'habitat, du climat, du genre de vie imposé par les nécessités de l'alimentation, qui provoquent des adaptations et des conceptions sensorielles différentes, jusqu'aux innombrables modes d'adaptations physiques et morales que nous devons à l'éducation, au milieu social, aux professions et métiers, sans oublier les causes de dégénérescence tenant au défaut d'emploi d'une faculté qui tombe ainsi en désuétude et s'atrophie, à l'influence des intoxications courantes par l'alcoolisme, les industries dangereuses et les maladies diverses, au mariage et à la parenté morbides, et même au contrecoup des privilèges comme l'a si bien montré Jacobi à propos du Pouvoir et du Talent (1). Nous aurons du reste à revenir sur cette question fort intéressante au sujet du rôle de la mentalité sur l'organisation et l'évolution sociale (2).

En somme la mentalité offre la plus grande analogie avec l'instinct au point de vue de son origine fondamentale dans l'hérédité, mais elle s'en distingue par une plus grande tendance à se modifier dans l'individu et dans la race sous l'influence de ses conditions d'évolution tenant au milieu social et à l'éducation, ce qui, du reste, n'est que l'effet, d'une part, de l'organisation supérieure du système nerveux de l'homme, et, d'autre part, de la fréquence ordinaire des changements de condition des parents aux enfants dans la vie sociale de l'humanité, changements qui sont d'autant plus fréquents et importants que la vie sociale est plus complexe et implique des relations plus diverses.

Pour comprendre la genèse, l'évolution et la variation de la mentalité suivant les temps et les lieux, suivant les races et les civilisations, il suffit de lui appliquer, comme à la sensibilité et à l'instinct, les lois d'adaptation, de coordination et d'organisation.

La loi de coordination, d'adaptation explique la formation et le rôle de ce que nous appelons le cercle de nos idées reçues de notre éducation, de notre genre de vie, notre routine, d'où le caractère automatique d'une grande partie de notre vie mentale, absolument comparable à la vie instinctive des animaux.

Tous ces faits sont tellement bien établis aujourd'hui qu'il n'est personne pour refuser d'admettre que la mentalité se modifie profondément suivant les époques et les civilisations, les races et les milieux, les familles et le genre de vie, suivant l'âge, l'état de santé ou de maladie, le milieu intellectuel ou social (éducation, profession, classe, caste, clan).

Mais ce qu'on ne remarque peut-être pas suffisamment, ce sont les conséquences sociales trop méconnues et la signification trop négligée de ces constatations, dites banales, sans doute

(1) Jacobi. *Études sur la Sélection dans ses rapports avec l'hérédité chez l'homme*. Paris, Alcan.

(2) *La Vie sociale et la Morale*. Alcan,

parce qu'elles sont trop constantes, trop générales, trop universelles pour attirer l'attention des esprits distingués qui cherchent les causes des choses et les lois qui nous gouvernent. Nous nous faisons, en général, une idée très fausse de notre mentalité. Nous nous drapons dans notre dignité et nous ne voulons rien voir de ce qui nous crève les yeux. Nous n'avons pas l'air de nous douter que l'intelligence humaine est un produit qui sort tout façonné d'un moule composé de trois grandes pièces : l'hérédité, l'éducation, le milieu ; nous nous en laissons imposer par une souplesse, par une perfectibilité souvent bien plus apparentes que réelles. Il suffit de réfléchir à ce que nous voyons chaque jour autour de nous ; de prendre la peine d'observer les natures incultes, les simples, les sectaires de toutes les catégories ; il faut savoir comparer les difficultés de l'instruction d'enfants inintelligents aux obstacles à surmonter dans le dressage de nos animaux domestiques ; il faut avoir souvent observé ces particularités, il faut avoir médité sur l'enseignement qui en découle, pour se faire une idée de la lenteur du développement intellectuel de l'humanité à travers les âges et de l'obstacle au progrès résultant des habitudes intellectuelles entretenues par la routine, transmises de génération en génération par l'hérédité, perpétuées par le milieu social.

Personne, en effet, ne peut nier ni la lenteur du progrès intellectuel à travers les âges, ni la réalité de ce progrès. Or, autant cette opposition entre les deux tendances de l'esprit humain est difficile à expliquer avec la conception psychique de l'intelligence, autant cette antinomie s'atténue du moment où on ne considère plus la mentalité que comme la résultante de l'organisation des faits de sensibilité intellectuelle, amenant une adaptation qui fait de la mentalité une véritable fonction organique analogue aux autres fonctions physiologiques, nous offrant la même caractéristique individuelle dans chacun de nous, la même tendance à s'exécuter de la même façon tant que les conditions essentielles demeurent les mêmes, se troublant, au contraire, dès que se manifestent des influences anormales, montrant enfin la même capacité à s'acclimater à des milieux nouveaux, à s'adapter à des circonstances nouvelles suffisamment persistantes.

Il résulte du mécanisme même de la loi d'organisation des faits de sensibilité, que les déterminations subjectives doivent être d'autant moins différenciées, par conséquent d'autant plus uniformes, d'autant plus simples, que la fonction est plus rudimentaire, moins différenciée, moins spécialisée, moins adaptée. C'est, en effet, ce qui nous apparait à l'origine de la mentalité humaine.

Tous les observateurs s'accordent à proclamer que les sauvages les plus arriérés, tous les philologues admettent que l'étude des langues primitives prouve l'absence d'idées générales chez l'homme primitif. Il suffit de réfléchir au mécanisme même de la sensation, de la perception et de la pensée consciente, pour comprendre qu'il ne peut pas en être autrement. Puisque nous sommes obligés d'admettre que nos sensations, perceptions et connaissances ne sont que les résultantes de la détermination des choses en nous-mêmes dans la mesure de notre capacité organique à les sentir, percevoir et distinguer, il s'ensuit que l'impression commune à un certain nombre de corps ne peut se déterminer en nous sous forme d'une idée générale avant que ces corps ne se soient d'abord déterminés séparément, individuellement. Par exemple, nous ne pouvons pas avoir l'idée générale du cheval pour le distinguer de tous les autres animaux avant d'avoir d'abord perçu les diverses impressions par lesquelles le cheval se détermine en nous et se distingue des autres animaux. Ce n'est donc qu'en percevant toujours le même ensemble de caractères distinctifs en présence des différents chevaux exposés à notre vue que nous arrivons à percevoir l'identité de ces diverses perceptions du cheval et que nous en faisons l'idée générale du cheval. Voilà pourquoi nous retrouvons chez les peuples primitifs des expressions différentes pour désigner le cheval blanc, le cheval noir, le cheval à Pierre, le cheval à Jean, mais aucune expression pour l'espèce cheval (1).

Un autre caractère de la mentalité primitive qui découle encore des lois de la sensibilité, c'est la fixité, l'intensité, la

(1) Voir Romanes. *Évolution mentale de l'homme*. — Spencer. *Sociologie, l'homme primitif*, et tous les récits de voyages.

rigidité de la croyance, précisément parce que les impressions étant moins nombreuses, moins complexes, se trouvent par là même plus nettement différenciées, plus profondément imprégnées dans l'organisme, grâce à l'absence des nuances intermédiaires qui, rapprochant les extrêmes, en atténuent l'opposition.

Quand un indien embrasse dans une seule perception le cheval de Pierre ou le cheval de Jean, il est évident qu'il ne peut pas comprendre la ressemblance entre ces deux animaux aussi facilement que s'il les envisageait seuls et les comparait l'un à l'autre au lieu de ne les voir que dans le groupe qu'ils forment chacun avec leur propriétaire.

Enfin la passivité de l'esprit est manifeste dans cette idéation rudimentaire, car on ne peut pas songer à soutenir que l'Indien fait autre chose que de recevoir les impressions diverses que lui donnent les objets : chez lui les sensations se multiplient, se succèdent et se mêlent sans discernement, sans comparaison, sans jugement, parce qu'il n'est pas encore arrivé à les classer, à les sérier. « L'esprit de l'Africain n'échappe point, et, apparemment, ne peut échapper au cercle des sens, et ne peut s'occuper d'autre chose que du présent. » (Burton.)

D'autre part, puisque l'organisation de la vie, puisque la genèse de la sensibilité et le developpement des sens ne sont que les résultantes des déterminations produites par les agents extrinsèques, il en résulte que les déterminations les plus primitives, les plus anciennes, les plus organisées sont nécessairement celles qui nous paraissent les plus inhérentes à la vitalité : aussi trouvons-nous d'abord les phénomènes de sensibilité réduits à des actions trophiques : ce n'est que plus tard que nous voyons apparaître les fonctions de relation, et en dernier lieu les fonctions psychiques dont nous faisons les phénomènes de la mentalité, de la sociabilité et de la moralité. C'est encore le même ordre d'apparition que nous retrouvons dans la mentalité, puisque les observateurs nous apprennent que « l'Indien ne pense à rien qu'à ce qui concerne immédiatement ses besoins matériels de chaque jour (1) ».

(1) Bates, cité par H. Spencer. *Principes de sociologie*, t. II, p. 320.

Tout le monde s'accorde, du reste, pour reconnaître que les hommes sont d'autant plus esclaves de leurs appétits qu'ils sont moins développés intellectuellement ; c'est ce que nous démontrent tous les jours nos enfants, nos faibles d'esprit et nos dégénérés.

L'intensité, la passivité des impressions chez le primitif se révèlent encore par le goût et l'aptitude pour l'imitation. Tous les observateurs insistent en effet sur l'habileté du sauvage de tous les pays à imiter le blanc. Du reste, l'imitation joue un rôle considérable dans l'évolution humaine. Nous reconnaissons toute l'importance de ce facteur, mais nous croyons que c'est mal interpréter l'imitation que d'en vouloir faire la cause, la loi du monde comme semble le faire M. Tardes dans un ouvrage d'ailleurs tout à fait remarquable. Il faut bien prendre garde, en effet, que l'imitation implique couramment dans notre esprit une idée d'activité voulue, spontanée, et que. d'autre part, nous trouvons l'imitation d'autant plus fréquente et d'autant plus importante que les imitateurs sont moins intelligents, moins doués de volonté, plus automates, plus passifs. Nous croyons donc que l'imitation n'est qu'un effet et non une cause, en ce sens qu'elle est une résultante de la vitalité. N'est-il pas frappant que nous rencontrions la même façon d'imiter chez des peuples très différents, aussi bien que chez des animaux ? Ce qu'on a appelé la contagion morale chez nos névropathes et détraqués, dans les foules, doit-il être considéré comme un fait d'imitation ou plutôt comme une résultante mécanique, comme un effet organique (physiologique. sensitif, réflexe) produit par la coïncidence des mêmes conditions de milieu et des mêmes dispositions organiques ? S'il en était autrement, nous devrions en conclure que le primitif, le sauvage. l'enfant, imitent parce qu'ils sont frappés, saisis, étonnés, par ce qui provoque leur imitation, établissent un rapport quelconque entre l'acte qu'ils reproduisent et leur état de conscience. Or. il n'en est rien. L'idéation, la perception toute passive implique l'absence de toute notion de rapport, de cause naturelle : c'est encore ce que nous apprenons au sujet du sauvage qui ne témoigne aucune surprise, aucune curiosité réelle en présence d'une nouveauté, en présence d'un phénomène extraordinaire. C'est ainsi que le capitaine Wallis raconte que les Patagons témoignèrent de l'indifférence la plus complète à la vue de son vaisseau et de tout ce qui se montrait à bord. C'est encore ce que nous constatons chez les natures incultes qui peuvent être amusées, surprises par l'inconnu, l'extraordinaire, mais n'ont aucunement la curiosité intellectuelle d'en prendre connaissance.

Un point intéressant de la mentalité primitive sur lequel on a beaucoup insisté et dont on a souvent méconnu la signification, c'est la précocité intellectuelle de l'enfance chez les sauvages, compensée, d'ailleurs, par la précocité corrélative de la maturité et de l'arrêt du développement intellectuel. Il en est ici de la mentalité comme de l'instinct : les aptitudes héréditaires se trouvent naturellement d'autant plus exactement adaptées aux conditions diverses du milieu social et intellectuel que ces dernières sont plus restreintes et plus fixes : dès lors, à la naissance, chacune de ces aptitudes, trouvant de suite son propre réactif, se manifeste immédiatement, se développe, se fixe par sa continuelle répétition et s'organise de la même façon de génération en génération, conformément à la loi générale suivant laquelle les mêmes causes ou conditions engendrent les mêmes effets.

Par conséquent, les hommes primitifs sont bien plutôt instinctifs qu'intellectuels : toutefois, de même que nous voyons l'instinct se montrer d'autant plus plastique et perfectible que nous l'observons chez des animaux mieux développés au point de vue de la sensibilité et soumis à plus de changements de conditions de milieu, de même nous voyons l'homme primitif nous présenter une malléabilité, une adaptivité, une perfectibilité supérieure à celle des animaux, corrélativement à sa plus grande différenciation organique, à sa sensibilité plus développée, à ses changements de conditions plus fréquents, grâce à ses besoins plus variés en même temps qu'à ses moyens d'adaptation plus faciles.

La preuve que notre mentalité n'est que la résultante de nos diverses adaptations intellectuelles se trouve dans ce fait très curieux et très significatif que la mentalité d'un aveugle-né, d'un sourd-muet, offre des différences caractéristiques qui ne sont précisément que la conséquence de l'absence d'un de nos moyens habituels de perception sensorielle (1). Il suffit, du reste, à chacun, de s'efforcer de s'imaginer ce que pourrait être sa propre conception de tout ce qui l'entoure, s'il n'avait aucune perception, ni idée de la forme, de la couleur des objets. La vision tient une telle place dans notre esprit que nous ne pouvons tout d'abord croire à la possibilité de rien comprendre sans son secours. Que serait-ce alors, si nous voulions réellement essayer de nous représenter quoi que ce soit sans le secours d'aucune donnée sensorielle? Il n'est pas besoin d'insister pour établir que nous ne pouvons avoir sur toutes choses les mêmes impressions, et conséquemment les mêmes idées, car il est inadmissible que nous puissions tous être impressionnés par les mêmes objets dans les mêmes conditions et les mêmes circonstances : de là des résultantes variables à l'infini dans nos déterminations individuelles, d'où les différences dans nos états d'esprit, nos goûts, nos préférences et nos jugements, suivant nos influences héréditaires, suivant le milieu où nous vivons, suivant l'éducation reçue, suivant le cours habituel de nos idées, suivant, en un mot, notre individualité intellectuelle. Cela implique une véritable solidarité entre nos fonctions physiologiques et psychologiques, comme le prouvent les nombreux exemples d'altération de la mentalité sous l'influence de troubles apportés à cette solidarité. D'où des aberrations totales ou partielles suivant que les fonctions sont altérées dans leur ensemble ou séparément.

Si donc on a justement défini l'homme « un faisceau d'habitudes », nous pouvons donner une bonne idée synthétique de la mentalité en disant qu'elle est l'ensemble des adaptations ou accoutumances intellectuelles.

Ce qui frappe le plus, en effet, quand on essaye d'envisager dans ses grands caractères l'évolution mentale de l'humanité, c'est la résistance étonnante des esprits à accepter des idées nouvelles qui ne cadrent point avec les idées habituelles : c'est là un caractère constant qui se retrouve aussi bien dans les races

(1) Voir dans l'*Évolution mentale chez l'homme*, par Romanes, l'observation très suggestive d'un aveugle-né, opéré et guéri, racontant ses impressions et ses façons de concevoir les choses, p. 114.

et les civilisations considérées en bloc que dans les individus pris séparément depuis le sauvage le plus inculte jusqu'au savant le plus génial : partout l'esprit humain nous apparait comme fermé à la compréhension de tout ce qui ne lui est pas familier : autant, en général, nous avons d'aptitude, de facilité à comprendre les choses dans l'ordre habituel de nos idées reçues, autant même nous pouvons en étendre le champ à la condition de demeurer dans le même sens, dans la même orientation, dans la même conception générale, autant nous avons de difficulté, autant il est impossible le plus souvent de faire entrer dans un cerveau une idée, une conception qui contredit, qui contrecarre les convictions toutes faites. De là, de tout temps, les luttes homériques qu'ont eu à soutenir les grands initiateurs, les inventeurs de toutes sortes ; de là la formation, la ténacité et l'éternisation des sectes et des églises qui se sont disputé et qui ont accaparé successivement les peuples et les nations en engendrant et perpétuant des guerres sanglantes qui nous semblent aujourd'hui comme autant de défis jetés à l'intelligence humaine.

Quand nous voyons ainsi les races, les nations et les hommes se montrer réfractaires à la voix de la raison, de l'intérêt même, quand nous constatons encore de nos jours parmi nos intelligences d'élite la même étroitesse d'esprit de secte, la même prétention à la possession de la « seule vérité », comment pourrions-nous méconnaitre la nécessité primordiale de la réforme de la mentalité de nos générations assoifées d'émancipation intellectuelle, morale et sociale ? Quand nous voyons l'instinct des masses, le sens social crier sa révolte contre les vieilles tyrannies de principes démontrés faux par leurs conséquences désastreuses dont nous agonisons ; quand de toutes parts nous voyons le temple de nos vieilles idées se lézarder, s'effriter, s'ébranler et s'en aller en ruines sous les assauts incessants de l'esprit scientifique qui nous envahit et nous entraîne comme un flot irrésistible, pouvons-nous encore considérer comme un pur et inutile byzantinisme la recherche de la nouvelle conception des choses, appelée à jouer, pour la marche de l'humanité, le rôle de la boussole pour le navire vers le port ? Sachons donc une bonne fois profiter des leçons bienfaisantes de l'expérience, et, ayant appris la raison et le mode de perfectibilité de notre mentalité, appliquons donc enfin à cette aptitude, précieuse par dessus toutes, la méthode de dressage, d'entraînement que nous employons depuis si longtemps et avec tant de succès pour nos animaux domestiques et pour nos diverses aptitudes physiques et professionnelles. Là est le fondement et la véritable méthode expérimentale de l'éducation au triple point de vue physique, intellectuel et moral. Nous sentons instinctivement la contradiction entre notre mentalité mystico-métaphysique héritée de nos prédécesseurs et la poussée irrésistible de l'esprit scientifique qui nous envahit de toutes parts, nous enserre et nous fait sentir sa supériorité, s'appuyant sur tout ce que nous sentons, constatons et sommes obligés de reconnaître dans les conditions des phénomènes et des choses aussi bien que dans notre conscience.

CHAPITRE IX

De la Conscience.

I

Idée générale de la Conscience.

Nous nous faisons, en général, une idée fausse de la conscience; c'est une question qu'on est généralement peu disposé à soumettre à l'analyse scientifique.

La conscience comporte le même effet d'irrésistible certitude que l'évidence dans le domaine physique : il nous est aussi difficile de ne pas croire à ce que nous voyons en dedans qu'à ce que nous voyons en dehors. Nos idées de sens intime, nos perceptions fondamentales nous semblent aussi indiscutablement évidentes que les données de nos sens physiques. Nous ne pouvons pas plus lutter contre elles que nous ne pouvons résister au besoin de respirer pour vivre. Mais cependant nous savons que nos sens et nos besoins physiques sont susceptibles de nous tromper, si nous n'avons soin d'en corriger, d'en confirmer les données par l'expérience qui constitue notre éducation physique. Or, autant on admet facilement la nécessité de redresser les données des sens et de les perfectionner par une véritable éducation tout expérimentale, autant on éprouve de répugnance à accepter la même conception de variabilité, d'éducabilité expérimentale pour la conscience. Il est cependant bien incontestable que la conscience n'est pas la même pour tous les hommes et dans tous les temps : il est impossible de méconnaître combien elle varie, non seulement suivant les peuples et les circonstances, mais encore chez le même individu suivant l'âge, les dispositions, les habitudes et les occasions.

La conscience est la faculté pour l'homme de percevoir ce qui se passe en lui-même, comme la sensibilité physique est la propriété des organismes vivants d'être impressionnés par les excitants. Nous avons déjà indiqué que la conscience est la manifestation de la sensibilité par laquelle le sujet, c'est-à-dire l'organisme, prend connaissance de ses propres états, que ceux-ci proviennent d'une excitation extérieure, ou résultent des actions et réactions internes qui constituent la vie psychique (1). De là, en réalité, deux consciences, l'une physique ou physiologique, l'autre psychique, intellectuelle ou morale ; mais ces deux consciences ne sauraient être considérées comme « essentiellement » distinctes. Nous ne pouvons méconnaître leurs liens de communauté, pas plus que nous ne pouvons les séparer, les isoler d'une façon absolue, dans le moindre fait de conscience. Sans doute, nous pouvons bien trouver des cas où la première semble être seule en jeu. Il est, en effet, difficile d'admettre un caractère vraiment psychique dans une foule de manifestations de sensibilité physique et organique, non seulement chez les animaux, mais aussi chez l'homme. Toutefois, il faut bien prendre garde que la conscience, pas plus que la sensibilité, ne peut se limiter, se circonscrire d'une façon absolue : nous ne pouvons pas plus dire où elle commence qu'où elle finit. Même quand il s'agit de notre propre conscience, il nous faut nous examiner, nous interroger pour savoir si tel ou tel fait, acte ou pensée est conscient ou non, et nous sommes bien obligés de reconnaître que, par cela même que nous y faisons attention,

(1) « La conscience est la faculté par laquelle nous sommes sans cesse avertis de ce qui se passe actuellement en nous. » (Royer-Collard.)

« La conscience est le sens intime, la vue intérieure. » (Gérusez.)

« La conscience est cette faculté qu'a l'homme de contempler ce qui se passe en lui, d'assister à sa propre existence, d'être, pour ainsi dire, spectateur de lui-même. » (Guizot.)

« C'est la même chose à l'âme de recevoir la manière d'être qu'on appelle la douleur, que d'apercevoir la douleur, puisqu'elle ne peut recevoir la douleur autrement qu'en l'apercevant. » (Malebranche.)

« Quoi que ce soit que je connaisse, je ne le connais que par une certaine réflexion virtuelle qui accompagne toutes mes pensées. » (Arnoult.)

« La conscience accompagne toutes les perceptions. » (Condillac.)

« Il ne faut pas regarder l'intelligence, le plaisir, la peine et la volonté comme des objets de connaissance pour une faculté distincte de ces facultés elles-mêmes, mais comme des modes de conscience, et non pas des objets de conscience. » (Thomas Brown.)

nous reprenons conscience d'une foule d'états ou de faits de sensibilité qui, autrement, seraient demeurés latents, ignorés, inconscients. D'autre part, il est parfaitement impossible de nier qu'un fait de sensibilité purement objective, sensorielle, peut devenir le point de départ, non seulement d'un fait de conscience physique et organique, mais encore de toute la sériation et coordination de sensations, d'idées et de jugements que comportent l'idéation et la conscience morale.

Prenons, par exemple, le cas d'un enfant qui se brûle en prenant dans sa main un tison enflammé malgré la défense que sa mère lui a faite de toucher au feu. Dans ce cas, en effet, non seulement l'enfant perçoit la brûlure, en tant que douleur, mais il associe nécessairement, dans son esprit, c'est-à-dire dans sa conscience, non seulement les propriétés de chaleur et de lumière du tison avec le phénomène subjectif de douleur, ce qui est bien un fait intellectuel d'idéation, mais encore la corrélation entre la recommandation à lui faite de ne pas toucher au feu et sa sensation de brûlure, corrélation qui se fixe dans sa conscience sous la forme d'une idée de causalité quelconque, de punition, de sanction, ce qui constitue bien un fait de conscience morale. Nous pourrions ainsi analyser tous les faits de conscience, depuis les plus simples, les plus réduits de l'animalité jusqu'aux plus compliqués, jusqu'aux plus élevés de l'humanité, nous trouverions toujours la même corrélation entre la sensibilité organique et psychique par une répercussion, une sorte de véritable irradiation de l'une à l'autre, plus ou moins complexe, proportionnellement au degré de différenciation ou de perfectionnement de l'organisme affecté. C'est que, en effet, les multiples manifestations de la conscience ne constituent que des modes divers de la sensibilité.

La conscience, comme la sensibilité, se développe, se perfectionne, s'accentue et se complique proportionnellement à la différenciation organique, à la multiplication des faits de sensibilité, c'est-à-dire proportionnellement à la division du travail qui la constitue. De là ses manifestations et ses caractères de plus en plus nets, de plus en plus caractéristiques au fur et à mesure que nous remontons l'échelle organique et, dans l'humanité, au fur et à mesure du développement psychique, intellectuel et moral.

La conscience, de l'avis de tout le monde, est la connaissance que chacun prend de son « moi » : il en résulte qu'elle comprend les diverses façons de percevoir les états du « moi » tant au point de vue physiologique (conscience physiologique) qu'au point de vue psychologique (conscience psychologique) ; ce qui peut être rendu par le tableau suivant :

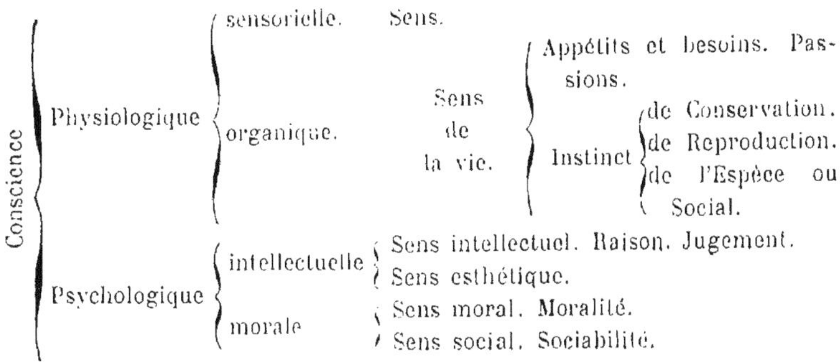

Il est évident que la conscience ne peut manifester que la façon de sentir et de percevoir propre à chacun : c'est-à-dire qu'elle dépend de la constitution physiologique, intellectuelle et morale de la mentalité et de la moralité. Or, la mentalité et la moralité ne pouvant être que les résultantes des innombrables influences, hérédité, éducation, milieux, qui ont contribué à former la *personnalité* humaine, il s'ensuit que la conscience, bien qu'étant la même faculté de *percevoir son moi* propre à chacun, varie nécessairement dans la même proportion que le développement ou état intellectuel et moral. C'est ce qui est suffisamment démontré et accepté par tout le monde pour qu'il soit inutile d'insister. Il est, toutefois, très important de rappeler l'attention sur ces remarques d'observation courante, car on les oublie trop facilement quand il s'agit d'en tirer les conséquences qu'elles comportent au sujet de notre conception de la conscience.

A un autre point de vue, nous pouvons dire que le fait de conscience peut toujours se ramener à la perception d'une excitation produite sur le système nerveux avec retentissement sur le cerveau : appareil sensoriel pour la conscience physique ; appareil viscéral pour la conscience organique ; appareil cérébral pour la conscience psychique, intellectuelle et morale. Quand même, en effet, on voudrait persister à faire une entité de la conscience psychique proprement dite, il est impossible de nier actuellement la nécessité de reconnaître la participation du système nerveux cérébral (1) à la production du fait de conscience le plus abstrait, le plus « moral ». Toujours on retrouve une généalogie expérimentale à nos idées les plus abstraites, intellectuelles ou morales (2), et, d'autre part, un travail cérébral dans la fonction consciente, attendu que tout le monde, même le spiritualiste le plus acharné, admet la nécessité de l'intégrité des fonctions cérébrales pour qu'il y ait conscience, libre-arbitre et responsabilité.

L'anatomie et la physiologie nous montrent que les conditions nécessaires à la production de la sensibilité consciente, sont l'intégrité du système nerveux permettant la réception, la centralisation et la répartition sur l'ensemble organique, par le jeu du « sensorium commune », de toute excitation périphérique, externe ou interne. Il est impossible, en effet, de constater et de comprendre la production d'un fait de conscience chez un animal privé de son cerveau ou chez lequel les communications nerveuses ont été supprimées soit par des sections nerveuses, soit par tout autre moyen (maladies, intoxications, anesthésie). Tout le monde connaît les observations de troubles de la sensibilité, non seulement de la sensibilité physique, physiologique, organique, sensorielle, mais encore de la sensibilité consciente, psychique, les troubles de la mémoire, de l'imagination, de l'idéation, du jugement, du bon sens, du sentiment (affection), en un mot tous les bouleversements de la personnalité humaine, depuis les troubles les plus minimes jusqu'aux plus complets de l'inconscience absolue, indiscutable pour tous, des innombrables formes de l'aliénation mentale (3). Il n'est plus personne aujourd'hui pour admettre que ces troubles ne sont pas la corrélation

(1) Letourneau. *Biologie*, l. VI.

Gratiolet. *Anat. comp. du syst. nerv. dans ses rapp. avec Intellig.*

Mosso. Acad. de Turin, 1875.

Schiff a prouvé que le jeu de la sensibilité spéciale élevait localement la température.

(2) Voir *Mentalité, Moralité.*

(3) Ribot. *Les maladies de la Personnalité*, Alcan.

directe d'une lésion nerveuse, alors même que celle-ci ne peut pas toujours être prouvée, constatée matériellement.

Par conséquent, nous admettons tous, au moins implicitement, que toute notre sensibilité, organique, sensorielle, psychique, intellectuelle, est conditionnée par une corrélation, une coordination, une solidarisation nécessaires des fonctions de notre système nerveux. Que nous étudiions la physiologie et l'embryologie comparées, que nous nous contentions de la physiologie humaine, que nous comparions les diverses modalités de notre sensibilité psychique suivant nos états de santé ou de maladie, que nous tenions compte de tout ce que nous enseigne la pathologie nerveuse, toujours nous arrivons à la même conclusion. Il suffit, du reste, de réfléchir pour comprendre qu'il ne saurait en être autrement. Nous sentons parfaitement que tout fait de sensibilité implique, manifeste une connexion nécessaire du point de l'organisme excité avec l'ensemble de l'être ou mieux avec l'individualité, puisque, sans cela, nous serions obligés d'admettre la possibilité d'une modification d'une partie de nous-même sans répercussion sur le reste de notre organisme, ce qui impliquerait qu'une partie de nous-même est indépendante de nous-même, et ne fait pas partie intégrante de notre individualité morale. Nous connaissons si bien cette nécessité, que nous considérons comme des troubles de notre personnalité toutes les altérations qui peuvent être produites dans notre organisme même sans perception consciente (anesthésies locales ou générales, lésions nerveuses, aberrations de la sensibilité, dédoublement de la personnalité, hallucinations, délires, etc.) (1). C'est précisément cette centralisation nerveuse, effet et expression de la solidarité organique, qui constitue l'unité de la vie individuelle et engendre la conscience. Nul élément anatomique ne peut vivre, fonctionner sans une réaction nerveuse qui redistribue sa répercussion suivant son adaptation organique ou fonctionnelle. Tant que ces actions et réactions s'opèrent dans la moyenne d'équilibre du cours régulier de la vie, elles demeurent latentes, inconscientes, parce qu'elles font

(1) Voir Ribot : *Les Maladies de la personnalité.* Alcan. — Ribot : *Les Maladies de la volonté.* Alcan.

partie de la vie elle-même ; mais dès qu'elles dépassent la limite de l'adaptation organisée, la sensibilité apparait comme la résultante du trouble dans l'équilibre vital, sous forme de douleur ou de plaisir, de gène ou de maladie. Ce qui rend sensible un fait vital, c'est sa différence avec les faits habituels, fonctionnels de la vie courante. La conscience organique n'est donc, en réalité, qu'un phénomène de solidarité fonctionnelle ; elle est, comme son étymologie l'indique, le savoir commun à tous les éléments d'un organisme : elle est l'expression du retentissement sur l'unification organique d'un trouble d'un ou de plusieurs éléments de l'individu ; elle est la vibration de solidarisation totale sans une individualisation organique à la suite d'une perturbation ou d'une impression partielle ; elle n'est ni la sensation, ni le réflexe ; elle est le sentir, le savoir par l'individualité qu'une de ses parties a subi une différenciation, un changement ; elle résulte de la façon différente dont chaque sensation s'enregistre dans l'organisme en corrélation avec les autres. On peut donc dire que la conscience est la différenciation des sensations, puisque, d'une part, une sensation ne peut être sentie, c'est-à-dire perçue, sans être différenciée de toute autre sensation, et que, d'autre part, une différenciation entre les sensations ne peut se faire sans impliquer leur comparaison et, par conséquent, leur connaissance. Ce qui répond bien à l'idée que nous nous faisons habituellement de la conscience (1).

La conscience est bien le sentiment du « moi », comme disent les métaphysiciens : le moi est l'objet perçu par la conscience ; la notion du moi n'existerait pas sans la conscience. Toutefois, il faut noter que tout cela est vrai, non pas à la condition d'envisager la conscience comme une faculté « essentielle, substantielle » de l'âme, mais en la considérant comme l'expression, comme la manifestation, comme la résultante de la solidarité sensitive ou mutuelle dépendance des parties dont l'ensemble constitue l'individualité organique de la personnalité morale. Sans cela, en effet, nous ne pouvons plus comprendre comment une excitation extérieure, un ébranlement nerveux, une vibration moléculaire, c'est-à-dire un fait

(1) Voir ci-dessus : *Sensibilité*, p. 68, 81 et 82.

physique, peut être perçu par une conscience immatérielle, d'une « essence différente », et surtout peut être coordonné, associé à d'autres faits, dits *psychiques*, c'est-à-dire immatériels, idées, jugements, etc.; comment, enfin, peut s'opérer une dépendance de cause à effet, avec alternance, entre un fait physique et un fait psychique (supposés essentiellement différents de nature), comme nous le constatons à chaque instant dans tous nos faits de conscience quand nous voulons prendre la peine de les analyser.

Il en est de même pour la Pensée : penser une chose, c'est nécessairement envisager les attributs que nous lui supposons ou connaissons comme la différenciant de toute autre chose ; il est tout à fait impossible de penser autrement. Or, questions de mots à part, nous ne pouvons évidemment ni concevoir, ni percevoir, ni connaître aucune différenciation autrement que par un caractère sensible, soit physique, soit psychique. Nous ne pouvons, en effet, comprendre la possibilité de la différenciation ni dans la connaissance, ni dans la conception des choses, même par les purs « Esprits » tels qu'on les entend en spiritualisme, sans leur supposer la faculté, aussi immatérielle qu'on voudra, de sentir, de percevoir, de connaître les caractères différentiels des choses, aussi bien des physiques que des morales, sous peine de contradiction. C'est donc par pure illusion ou par insuffisance d'analyse qu'on a pu méconnaître que l'idée fondamentale de la conscience, de la Pensée, de l'Ame, implique nécessairement la sensibilité. Il est vrai qu'avant les études récentes de physiologie nerveuse qui en ont amené une conception nouvelle, la sensibilité paraissait précisément et était considérée comme une propriété « essentielle » de la vie, c'est-à-dire comme une propriété animique, ou au moins comme une propriété « spéciale », inhérente à la matière vivante. L'impossibilité, dès lors, de comprendre le mécanisme de la sensibilité, entraînait tout naturellement à considérer la sensibilité comme la *cause* et non comme l'*effet* du phénomène, du rapport, de la relation qui la constitue. Ne nous étonnons donc point outre mesure de la confusion de nos prédécesseurs ; contentons-nous d'enregistrer les résultats de nos recherches scientifiques et d'en tirer les conclusions qu'elles comportent sans nous laisser influencer ni par la crainte des conséquences de nos nouvelles théories pour nos vieilles idées, ni par la croyance illusoire que nous avons découvert le dernier mot des choses. Adapter et réadapter sans cesse notre connaissance générale, notre conception des choses au degré de notre expérience, voilà tout ce que nous pouvons faire et espérer, si nous voulons rester dans le domaine de la sagesse, de la vraie Philosophie.

II

Lois organiques de la Conscience.

La condition nécessaire à la production d'un fait de sensibilité est sa différenciation soit dans le temps (durée), soit dans l'espace (localisation). Par conséquent aucun fait de sensibilité n'est possible à l'état absolument isolé « en soi », puisqu'il ne peut se différencier qu'à la condition qu'un autre fait, semblable ou non, lui succède ou le précède dans le temps, ou coïncide avec lui sur un autre point de l'organisme. D'où il résulte qu'un fait de sensibilité se trouve nécessairement corrélatif d'un autre et ne peut être senti, c'est-à-dire conscient, qu'en raison de sa relation avec cet autre fait, ce qui constitue une mutuelle dépendance de ces deux faits de sensibilité dans l'organisme impressionné et en fait un véritable couple qui s'individualise dans la conscience. Il nous est, en effet, tout à fait impossible de nous représenter mentalement un seul fait de sensibilité, une seule idée, une seule conception d'une façon absolument indépendante, en dehors de toute corrélation dans le temps ou dans l'espace avec nos autres états de conscience. Nous ne pouvons trouver nulle part dans l'Univers, nous ne pouvons concevoir aucun fait isolé, unique, sans précédent, ni conséquent ; tout se suit, tout s'enchaîne dans notre conscience comme dans notre connaissance. Voilà pourquoi nous avons été amené à dire que la conscience se réduit, en dernière analyse, à la différenciation entre nos états de conscience et que ce qui constitue la conscience ce n'est ni le fait de l'excitation ou d'impression, ni le réflexe qui en résulte mécaniquement, mais la détermination nécessairement différente et variable suivant la diversité des impressions, des sensations ou des états de conscience qui se trouvent mis en rapport réciproque, c'est-à-dire associés, coordonnés dans l'organisme, simplement par leur succession ou leur coexistence. Voilà pourquoi la même excitation, par exemple la vue de la même personne, la même idée, etc., nous produisent journellement des effets différents, parfois diamétralement opposés, suivant les circonstances, c'est-à-dire suivant les coexistences ou coïncidences d'autres sensations ou idées qui se trouvent ainsi former des associations, des rapports de sensations, des états de conscience dont la différenciation, dont la variabilité dépend des rencontres dans le temps ou dans l'espace. C'est là l'explication de notre variabilité d'humeur, de nos inconséquences et de nos contradictions; c'est aussi la source de l'inspiration et de l'invention; enfin c'est la cause des différences étonnantes que nous constatons, non seulement entre des hommes différents, mais aussi dans le même individu, suivant la prédominance habituelle ou momentanée de la sensibilité extérieure, sensorielle ou physique (hyperesthésies diverses, toucher, vue, ouïe, et autres), interne ou organique (hypocondrie, excitabilité cérébrale ou médullaire, hystérie, névroses), subjective ou psychique, intellectuelle ou morale (méditation, imagination, délire, etc.) Enfin si nous nous rappelons que les sensations et les idées s'emmagasinent dans l'organisme sous forme de vibrations à l'état de tension, en constituant le résidu ou fondement organique de la mémoire, et sont susceptibles de passer de l'état de tension à l'état de détente sous des influences diverses dues à l'action incidente de sensations nouvelles, nous voyons de suite comment la multiplication des faits de sensibilité non seulement entraîne la formation des états de conscience différents, mais encore a pour conséquence d'intensifier ceux de ces états qui se trouvent répétés, réveillés par les sensations nouvelles, d'où l'importance, dans chaque individu, des genres et des ordres d'états de conscience, idées, conceptions ou émotions, directement proportionnelle à la fréquence et à la prédominance de leur répétition ou de leur mode d'association, d'où enfin, l'organisation particulière, propre à chaque individu, de sa façon de sentir, voir et juger, c'est-à-dire de sa mentalité et de sa moralité.

La conscience psychique remplit, à l'égard de notre vie psychique, le même rôle que la sensibilité physiologique à l'égard de notre vie physique; elle est conditionnée de la même façon par la possibilité de la différenciation, et soumise à la même loi d'accoutumance et de tendance à l'organisation.

Ce n'est, en effet, ni la cause, ni l'intensité, ni la nature de l'excitation qui la rend consciente, mais c'est sa propre différenciation, laquelle dépend uniquement des circonstances et des conditions organiques où elle se produit.

Tout ce qui tend à effacer, à diminuer la différence entre nos sensations, c'est-à-dire entre les vibrations nerveuses d'ordre physique, doit tendre à en atténuer la perception consciente; c'est, en effet, ce que l'expérience nous montre pour toutes nos sensations, qu'il s'agisse de la douleur ou du plaisir, de la santé ou de la maladie, de nos besoins naturels ou artificiels, du bien ou du mal, du vice ou de la vertu ; toujours nous voyons la même tendance à l'organisation, rendre la réaction de l'organisme de plus en plus inconsciente jusqu'à ce qu'elle devienne purement réflexe et passe dès lors à l'état de fonction. Telles sont, par exemple, toutes les suppléances, toutes les accoutumances organiques qui viennent rétablir ou remplacer une fonction physiologique accidentellement interrompue. Le trouble physiologique, c'est-à-dire le trouble de la vitalité, commence par se manifester sous forme de sensibilité organique ou même de sensibilité consciente (gène, douleur, souffrance), puis amène peu à peu une réadaptation de l'organisme ou même une organisation nouvelle, créant ainsi une fonction supplémentaire, correctrice ou nouvelle; dès lors cette fonction s'identifie, se fusionne à l'organisme et devient non sentie, inconsciente, physiologique. C'est ainsi qu'il faut nous expliquer l'indolence, l'inconscience d'une foule d'infirmités et de maladies chroniques. C'est encore de même qu'il faut nous rendre compte de l'accoutumance à la douleur physique qui peut s'acquérir volontairement par l'exercice comme chez les boxeurs anglais, et chez les Assaouahs, ou bien spontanément, inconsciemment, par la répétition constante de la même excitation douloureuse. On a cherché à expliquer, dans ces cas, la diminution, puis la disparition de la douleur par une sorte d'épuisement nerveux ;

nous croyons que notre explication par une adaptation, une sorte d'équilibration organique avec tendance à l'organisation est beaucoup plus en rapport avec les faits et les lois de la biologie générale. Il est, en effet, bien difficile de ne pas reconnaître dans la tendance à l'organisation qu'entraîne la persistance d'action d'une cause modificatrice quelconque dans un organisme vivant, la raison même de l'évolution différente de la vie suivant les conditions où elle se développe. L'observation nous apprend que le milieu, les influences physiques, les aliments, les relations sociales, les croisements, l'acclimatation, sont autant de causes de différenciations de la vie qui deviennent *héréditaires*, c'est-à-dire permanentes, organiques (hérédité des instincts, des tics, des habitudes, des caractères, des passions, etc.) (1).

Il n'est pas besoin de beaucoup de réflexion pour remarquer que cette même tendance à l'organisation de toutes les causes permanentes de rééquilibration organique se retrouve dans le domaine psychique de la conscience et va nous expliquer la fréquence de sensations conscientes devenant inconscientes. Tous les faits de notre éducation physique ou sensorielle en sont des exemples, ainsi que nos habitudes intellectuelles et morales que nous tenons de l'éducation ou de notre genre de vie. C'est encore la même loi d'accoutumance et d'organisation qui explique le mieux la genèse et le caractère organique des besoins psychiques, esthétiques et moraux, que nous appelons passions, qui donnent lieu, comme les besoins organiques, à une sensation de malaise, de gêne, de souffrance, quand ils ne sont pas satisfaits ou quand ils sont troublés dans leur fonctionnement normal. Telle la sensation pénible de la faim, de la soif, telle la gêne produite par un exercice musculaire auquel on n'est pas habitué; telle l'inquiétude qui s'empare de nous en présence de circonstances imprévues dans le cours d'un phénomène habituel; telle la défiance, l'antipathie que nous éprouvons pour tout ce qui contrarie nos habitudes; telle la résistance que nous sentons en nous pour les idées nouvelles qui viennent subitement à l'encontre de ce que nous avons l'habitude de croire et de

(1) Voir plus loin notre théorie de l'hérédité.

considérer comme vrai; tel le scrupule que nous éprouvons à faire ce que nous ne sentons pas en rapport avec nos opinions; tel le regret, le remords dont nous souffrons après avoir accompli un acte que nous sentons contraire à notre sentiment moral.

Nous pouvons encore nous expliquer ainsi comment nous n'avons plus conscience d'une foule d'excitations qu'autant qu'il survient un changement, une différence dans la façon dont elles se produisent habituellement en nous; tel est le cas pour les mouvements incessants de la vie, les bruits physiologiques de la circulation, de la contraction musculaire; pour l'air atmosphérique qui nous enveloppe et nous baigne de toutes parts; pour les faits ordinaires de notre vie intellectuelle et morale, dont nous ne devenons conscients qu'à l'occasion d'un changement, d'un imprévu; sans cela, toute perception consciente, sensorielle ou psychique deviendrait impossible, tout en nous ne serait que confusion (1); nous serions excités sans sentir; la lumière ébranlerait notre rétine sans être vue; les sons feraient vibrer notre tympan sans être entendus. Aussi est-ce dans cette sélection qu'il faut placer la signification de la conscience bien plutôt que dans la sensibilité simplement dite. La conscience nous apparaît ainsi comme une forme, une modalité perfectionnée, sélectionnée de la sensibilité générale.

Par conséquent, la conscience est fonction de la sensibilité, dont elle est l'expression psychique, elle dérive de la sensibilité, ou plutôt elle constitue la sensibilité proprement dite, car nous avons l'habitude de réserver la dénomination de sensible pour toute excitation consciente (2). C'est ainsi que nous disons cou-

(1) « Il n'est pas possible que nous réfléchissions toujours expressément sur toutes nos pensées; autrement l'esprit ferait réflexion sur chaque réflexion à l'infini, sans pouvoir passer à une nouvelle pensée. Par exemple, en m'apercevant de quelque sentiment présent, je devrais toujours penser que j'y pense, et penser encore que je pense d'y penser, et ainsi à l'infini. Mais il faut bien que je cesse de réfléchir sur toutes ces réflexions, et qu'il y ait enfin quelque pensée qu'on laisse passer sans y penser, autrement on demeurerait toujours sur la même chose. » Leibnitz, *Nouveaux essais sur l'entendement humain*, liv. II, ch. 1er.

(2) Voir plus haut : *Idées générales de la sensibilité.*

ramment qu'un animal est insensible dès qu'il n'a plus conscience de ses sensations ou souffrances, comme cela se produit dans l'anesthésie et dans les lésions nerveuses entraînant l'interruption de la communication des éléments nerveux périphériques avec le cerveau considéré comme l'organe de la sensibilité consciente. On a ainsi un bon moyen de distinguer un fait de sensibilité de tout autre fait vital; la vie se compose d'un mouvement continu d'adaptation de l'organisme à tout ce qui peut l'influencer; il a bien fallu établir des divisions dans la multiplicité de ces actions et réactions internes et externes d'un être vivant; on a réservé la sensibilité et la conscience pour désigner toute la catégorie des phénomènes internes et externes qui se différencient dans l'animal des fonctions organisées, adaptées. De sorte que le terme le plus réduit de la conscience, comme de la sensibilité, est une différenciation entre les excitations ou les états de conscience.

Un fait de conscience ne peut se concevoir sans une relation, un rapport, une différence nécessaire pour le distinguer de tout autre fait semblable : une perception unique, absolue, « en soi » est inconcevable. Nous avons déjà vu que les perceptions sensorielles sont soumises à des limites ou conditions hors desquelles elles ne se produisent plus. Ce n'est pas seulement une différence qu'il faut, mais c'est une différence déterminée ou déterminable, c'est-à-dire perceptible.

III

Origine et développement de la Conscience.

De même que nous ne pouvons pas admettre que des excitations différentes ne produisent pas des déterminations différentes dans l'organisme excité, de même nous ne pouvons pas comprendre que des excitations différentes ne se situent pas différemment dans le temps (succession) ou dans l'espace (localisation), puisque, sans cela, nous devrions admettre que deux excitations semblables se confondent en une seule, aussi bien quand elles sont séparées par un intervalle de temps dépassant la durée de leur persistance (1), que quand elles se produisent sur deux points éloignés du corps, ce qui serait contraire aux faits. Or, par cela même qu'une excitation est ainsi située dans le temps ou dans l'espace, elle s'imprime elle-même dans l'organisme en corrélation et dépendance avec les autres sensations qui la précèdent, l'accompagnent ou la suivent. De sorte que, de même que la sensibilité résulte de l'action des excitants sur l'organisme, de même la conscience résulte de l'interaction des excitations ou des sensations entre elles. En réalité, la conscience nous offre, comme la sensibilité, une origine mécanique, un caractère passif. Parler de la passivité de la conscience, c'est évidemment paraître rechercher volontairement le paradoxe. Cependant, il ne faut pas oublier que nous impliquons précisément ce caractère de passivité quand nous invoquons l' « impératif catégorique » de la conscience, quand nous appelons à notre secours l' « évidence intime », quand nous concluons à la certitude de nos idées « innées, absolues » ou autres, puisque nous disons et sentons que nous ne pouvons ni penser ni juger autrement, c'est-à-dire que nous nous sentons obligés de penser et de juger ainsi malgré nous. Cela, en effet, revient tout simplement à reconnaître que notre conscience, dans ce qu'elle a de plus « absolu », de plus « essentiel », n'est ni une affaire de volonté, ni une affaire d'idée, mais est indépendante de nous. Là encore, nous retrouvons l'analogie complète avec la sensibilité dont elle procède. Il ne viendra à l'idée de personne de prétendre que la sensibilité, c'est-à-dire que notre excitabilité par les corps extérieurs, est un effet de notre volonté : autrement dit, nous ne sommes pas libres de ne pas sentir la chaleur ou la lumière du soleil, l'air qui nous environne, les corps qui nous choquent ; sans doute, nous pouvons atténuer le phénomène douleur par notre volonté, par le fait de l'habitude, ou par des anesthésiques, mais ce n'est pas la question. Eh bien, nous ne pouvons pas plus ne pas être excités par nos états intérieurs que nous ne pouvons ne pas l'être par les corps extérieurs. Nous pouvons de même atténuer, modifier notre sensibilité de conscience,

(1) Voir plus haut, *Lois de la sensibilité* : Différenciation.

mais nous ne sommes pas libres de ne pas avoir conscience de nous-même, de nos états de conscience, de nos actions et réactions internes, dites psychiques ; nous ne pouvons pas plus ne pas sentir que deux et deux font quatre, que la même chose ne peut pas, en même temps, être et ne pas être, etc., que nous ne pouvons ne pas sentir le sol sur lequel nous marchons, l'air que nous respirons, le feu qui nous brûle, l'animal qui nous mord. Bien plus, nos états de conscience physique ou extérieure sont si intimement associés, coordonnés à nos états intérieurs, nous sentons tellement leurs mutuelles dépendances et connexions que nous ne pouvons réellement pas concevoir leur séparation, nous ne pouvons pas leur comprendre de limite, de différence absolues. Nous continuons, il est vrai, à raisonner comme si notre « conscience psychique » était seule et pouvait tout nous expliquer, mais nous ne le faisons que par une sorte de « vitesse acquise », tant que nous négligeons de nous demander s'il en est bien ainsi. Dès que nous osons aborder le terrible problème de la conscience en face de ce que nous savons et sommes obligés d'accepter de la connaissance expérimentale de la sensibilité, nous nous trouvons arrêtés et nous ne pouvons plus rien comprendre. Nous avons beau invoquer la certitude que notre conscience nous donne de sa propre existence, nous avons beau chercher dans le fameux *Cogito, ergo sum* un suprême argument à notre secours, il faut toujours bien arriver à reconnaître que tout cela n'explique rien et ne peut concorder avec les faits que nous ne pouvons ni nier, ni réfuter. Au contraire, dès qu'on accepte que la conscience n'est qu'une forme supérieure de la sensibilité, et par conséquent, est soumise aux mêmes lois organiques que cette dernière, tout change d'aspect, tout s'éclaire et s'illumine : le problème si ardu de la conscience nous apparaît dès lors avec son véritable caractère et nous comprenons de suite le pourquoi de tant de questions et de difficultés demeurées jusqu'ici insolubles ou insurmontables.

C'est ainsi, par exemple, que la notion de la passivité du principe même de la sensibilité d'où dérive la conscience nous explique l'origine et la genèse de la conscience aux dépens de l'inconscient par l'association, la coordination et la répercussion organique des excitations, des impressions. Nous n'éprouvons aucune difficulté à admettre le caractère purement mécanique de l'excitation sensorielle et du reflexe moteur qui en résulte; mais il n'en est plus de même quand il s'agit de la conscience. Cependant, il est bien impossible de nier que les mêmes excitations peuvent nous passer inaperçues ou nous donner une sensation consciente suivant les circonstances, suivant que nous y faisons attention ou non. D'autre part, il est bien certain que nous acquérons sans cesse la connaissance, c'est-à-dire la Conscience d'une foule d'impressions que nous ignorions jusque-là. Il faut donc bien admettre que la conscience, comme la sensibilité, comme tout autre phénomène, ne possède point « en elle-même », sa « raison suffisante », mais a besoin, pour se manifester, de certaines conditions déterminées ou déterminables. C'est donc à bien saisir ces conditions que nous devons nous appliquer si nous voulons arriver à comprendre le véritable mécanisme de la conscience. Pour cela, il est indispensable de ne pas perdre de vue que la conscience est un mode de sensibilité consistant en une sorte de sélection naturelle dans l'organisme d'un certain nombre d'excitations. Nous avons vu et nous comprenons que nous ne prenons conscience que d'un nombre, très petit relativement, des impressions de toutes sortes qui nous arrivent sans cesse de toutes parts. Nous pouvons ranger ces dernières en trois catégories : les premières, indifférentes à notre organisme, ne produisent sur lui aucun effet; les secondes n'agissant que momentanément, n'entraînent qu'une modification dynamique dont nous faisons la sensibilité consciente; les troisièmes, qui ne sont que la répétition et le renouvellement d'actions analogues auxquelles l'organisme est accoutumé et adapté, ne font que continuer le mouvement habituel de la vie et constituent ce que nous appelons les fonctions organiques. Ce sont les secondes qui doivent nous occuper ici.

Sans revenir sur ce que nous avons dit à propos de la nature vibratoire de la sensibilité, nous devons seulement remarquer qu'aucun fait d'excitation ne peut se concevoir sans impliquer une réaction de l'organisme affecté : cette réaction s'appelle le réflexe et varie suivant le genre d'excitation, suivant l'organe excité et suivant le degré de complexité de l'organisation. La sensibilité, d'abord simple, propriété générale de la matière vivante, sous le nom d'excitabilité, ne se révèle alors que par la contractilité sarcodique des proto-organismes sous l'influence des excitants mécaniques. Mais, grâce à la loi d'adaptation et d'organisation, nous voyons la division du travail de répartition des actions incidentes entrainer la différenciation anatomique et fonctionnelle. D'où la formation du système nerveux trophique, moteur et sensible dont les corrélations, les synergies fonctionnelles vont nous montrer la genèse et le mécanisme des reflexes trophiques, moteurs et notatifs, d'où sortiront les phénomènes de sensibilité organique, les mouvements volontaires et le langage. Tout le monde est d'accord pour admettre cette progression graduelle dans la série animale. Personne n'a la pensée de nier que l'enfant ne soit inconscient de ses mouvements, de ses appétits et de ses cris dans les premiers temps de sa naissance. Dès lors, il faut bien admettre que la conscience commence à un moment ou à l'autre : comment et quand? Voilà la question à laquelle il est impossible de donner une réponse satisfaisante si on ne veut pas s'appuyer sur les données de l'observation. Nous pensons qu'il suffit de suivre le mécanisme de production des phénomènes de sensibilité, dans la série animale, avec leurs trois ordres de réflexes, trophiques, moteurs et moraux pour arriver à se convaincre que la conscience dérive de la sensibilité par l'effet de la division et de la coordination du travail de répartition et de répercussion des excitations sensorielles, organiques et psychiques. Pour cela, il est indispensable de se rappeler la structure et les fonctions nerveuses telles que nous les montrent les découvertes les plus récentes en histologie et en physiologie comparée (1). Or, partout où on le rencontre, c'est-à-dire chez tous les animaux au dessus des hydrozoaires, le système nerveux se compose de cellules et de fibres qui nous offrent la plus grande analogie. Tout appareil nerveux complet se compose essentiellement d'une plaque réceptrice avec une fibre nerveuse centripète de

(1) Voir en particulier, Wundt, *Traité de Psychologie physiologique*, 2 vol. Romanes, *Évolution mentale chez les animaux*, ch. II, p. 11.

transmission, et d'une cellule redistributrice avec une autre fibre nerveuse de redistribution périphérique ou centrale, cérébrale. L'excitation est transmise ainsi à une cellule ganglionnaire ou médullaire, et redistribuée, soit à un muscle sous le nom de réflexe, soit à une cellule cérébrale, à l'état de tension, sous le nom d'idée, de souvenir ou de perception. Il suffit de se rappeler que la différenciation et l'organisation nerveuse sont la résultante des déterminations différentes sur la matière vivante suivant la variété de vibrations excitantes (1), pour comprendre que chaque espèce d'excitations habituelles trouve sa voie toute préparée, ce qui explique la facilité, la rapidité et la précision mécanique de sa transmission reflexe sous forme de mouvement musculaire, d'action trophique ou d'emmagasinement cérébral, tandis que les modes nouveaux de vibrations auxquelles l'organisme n'est pas préadapté provoquent un trouble quelconque, qui constitue un phénomène de sensibilité organique, trophique, motrice ou psychique. C'est précisément dans ce trouble fonctionnel qu'on a voulu trouver un caractère de la conscience dont la participation se révèlerait ainsi par un léger retard dans la transmission de la réponse à l'excitation. On a fait à ce sujet des expériences intéressantes qui ont établi que ce retard varie suivant les personnes, les âges, le sexe, les dispositions et les habitudes de chacun (2). Mais cela ne peut encore nous expliquer le phénomène de la Conscience. Pour le saisir, il faut analyser plus profondément le réflexe. Quand une excitation douloureuse est produite sur une extrémité nerveuse, les physiologistes nous disent que cette excitation est transmise par les fibres sensitives (centripètes) aux cellules ganglionnaires d'où elle est renvoyée par les fibres motrices (centrifuges) aux muscles ou aux vaso-moteurs dont elles provoquent la contraction reflexe. Mais ce n'est pas là tout le phénomène : nous ne pouvons pas méconnaître, en effet, que l'organisme doit aussi bien recevoir, par ricochet, l'impression du mouvement réflexe que l'impression de l'excitation première : par conséquent, celle-ci se détermine

(1) Voir plus haut le mécanisme du développement des organes des sens. Consulter Hœckel, *Création nouvelle*.

(2) Voir *Psychologie physiologique*, Wundt, 2 vol., Alcan.

même reflexe sous l'influence du réveil de l'excitation première par une cause intraorganique, sans l'intervention de l'excitant externe (hallucination, rêve, délire). D'autre part, les anastomoses de la cellule ganglionnaire avec ses congénères et surtout sa communication avec les cellules centrales, nous montrent le mécanisme des irradiations de cette excitation dans les cellules centrales où elle s'imprime en corrélation avec les autres impressions concomitantes et les diverses circonstances qui accompagnent le réflexe. D'où, dans chaque fait de sensibilité, l'association étroite, unifiée de l'excitant du réflexe et de l'emmagasinement de la vibration à l'état de tension, résidu organique (mémoire ganglionnaire, mémoire cérébrale), c'est-à-dire de l'idée, de l'image, puisque nous savons que chaque ordre de vibrations ainsi emmagasinées comme résidu organique d'une sensation, forment pour ainsi dire autant de clichés analogues aux clichés photographiques. Par conséquent, nous arrivons à trouver que chaque sensation vient s'emmagasiner dans le cerveau en corrélation avec tous les modes de sensibilité, ce qui implique bien le sentir, le savoir commun, centralisé, coordonné, de tous nos modes et moyens de sentir et de percevoir dont nous faisons la conscience.

Nous voyons ainsi que le mouvement réflexe constitue, en réalité, le signe, l'effet et la manifestation propres à une excitation, laquelle demeure inconsciente tant qu'elle se produit suivant les adaptations antérieures de l'organisme, et provoque au contraire un phénomène de sensibilité si elle constitue un changement dans le mécanisme physiologique. Mais nous savons qu'il y a plusieurs espèces de réflexe, en rapport avec les différentes voies de redistribution nerveuse des excitations. Aussi devons-nous trouver autant d'espèces différentes de signes, d'effets, et de manifestations des excitations. C'est ainsi que nous voyons les mouvements réflexes se produire dans les divers appareils musculaires, en donnant lieu à des adaptations, à des coordinations de plus en plus complètes, depuis les simples mouvements de contraction rétractile des polypiers, jusqu'à la course, la lutte, le cri et le langage des animaux supérieurs et de l'homme. De même pour les divers réflexes organiques qui nous traduisent principalement les états émotifs ou affectifs, dans l'organisme, non pas seule, non pas isolément, mais associée organiquement avec son réflexe, et en corrélation avec tout ce qui l'accompagne. C'est précisément à cette détermination organique de l'excitation et de ses conséquences, qu'on a donné le nom de résidu organique ou mémoire ganglionnaire, qui conserve l'excitation à l'état de tension et nous explique la tendance à la répétition du même mécanisme d'autant plus grande que la même excitation se reproduit plus fréquemment dans les mêmes conditions, et aussi la possibilité de la répétition du depuis les simples troubles vaso-moteurs jusqu'aux terribles secousses de la passion. Enfin viennent les réflexes psychiques ou cérébraux que nous verrons nous expliquer le mécanisme de l'idéation et constituer le fondement même de la pensée.

Ce qu'il nous importe de remarquer en ce moment, c'est que, dans tous ces cas, une excitation ne peut jamais être séparée de son réflexe, ni de ses corrélations intra-nerveuses avec les autres modes de sensibilité, de sorte que, en définitive, une excitation, une sensation, un état de conscience, une idée, une pensée ne constitue jamais un phénomène isolé, mais forme simplement un anneau de la chaîne ininterrompue de la vie psychique ; par conséquent, aucune excitation ne peut être perçue sansl'être en corrélation avec d'autres, ce qui implique sa différenciation, sa comparaison, sa connaissance. D'où il résulte que cette corrélation, cette comparaison, cette connaissance se déterminent elles-mêmes dans l'organisme par leurs propres conditions d'existence et doivent s'accentuer de plus en plus à mesure que les sensations se multiplient, ce qui est parfaitement en rapport avec ce que nous savons du développement progressif de notre conscience proportionnellement à nos acquisitions sensorielles et psychiques.

Si, en effet, nous essayons d'analyser ce qui se passe dans la conscience d'un enfant, d'un ignorant ou d'un sauvage, nous sommes tout d'abord frappés de la vivacité et de la simplicité, de la mobilité et du petit nombre d'impressions : l'enfant, en effet, ressent vivement, mais ne paraît ni sentir tout ce qui se présente à lui, ni approfondir ses impressions : aussi passe-t il avec la plus grande facilité d'une idée à une autre, c'est là une conséquence directe du petit nombre de sensations encore emmagasinées, d'où résulte, en même temps, une différence plus tranchée et une analogie moindre. Voyons, par exemple, le petit enfant, dont parle Taine (1), commencer par appeler *papa* tous les hommes qui lui apparaissent avec une redingote et un chapeau jusqu'à ce que, en multipliant ses impressions, c'est-à-dire ses associations de sensation, ses points de repère, il finisse par comprendre que son entourage ne prononce le mot *papa* qu'en lui montrant un monsieur ayant non seulement une redingote et un chapeau, mais lui offrant une belle barbe, des lunettes, lui souriant d'une façon particulière, ou se distinguant des autres par un signe quelconque.

Mais ce qu'il y a de plus significatif encore c'est que l'enfant commence manifestement par éprouver des sensations diverses avant d'avoir conscience de sa propre personnalité. D'après le professeur Preyer la conscience du « moi », en tant que sujet, n'apparait guère qu'à l'âge de 3 ans ; il raconte à ce propos que son fils, âgé de plus d'un an, mordit son propre bras exactement comme s'il eût été un corps étranger. C'est un fait d'observation banale que les enfants commencent par se considérer comme objet au milieu des autres objets ; parlent d'eux-mêmes à la troisième personne, jusqu'à ce que, ayant appris « à associer leur propre organisme avec leurs propres états psychiques, ils reconnaissent leur corps comme appartenant d'une manière spéciale au moi ». Or, tout cela implique que la conscience proprement dite n'est que le résultat d'une plus grande différenciation des faits de sensibilité et de leur répercussion intrinsèque dans l'organisme sentant. En effet, quand nous commençons à regarder un objet nous ne voyons d'abord que l'ensemble, nous n'en prenons d'abord qu'une impression plus ou moins vague et confuse, ou bien nous nous arrêtons d'emblée à n'en saisir qu'un caractère (volume, forme, couleur, etc.) ce n'est qu'en prolongeant notre examen, en l'analysant, que nous percevons successivement un plus grand nombre de caractères ou de propriétés : c'est du reste là le mécanisme commun, général, universel, de toute notre connaissance. Mais ces différenciations que nous multiplions dans nos perceptions de l'objet ne peuvent

(1) *De l'Intelligence.*

se faire sans impliquer un travail plus ou moins complexe de comparaison ou d'opposition avec d'autres objets, et conséquemment sans entraîner en nous, c'est-à-dire subjectivement, des états de conscience, qui s'adaptent ou s'opposent, qui se comparent, s'assemblent ou se séparent, en donnant lieu à des actions et réactions internes, subjectives ou psychiques qui se différencient elles-mêmes, s'individualisent ou se coordonnent en devenant ainsi la cause ou la source de leur propre perception qui constitue l'essence même du phénomène de la conscience.

L'histoire psychologique de l'enfance humaine, les notions nouvelles de psychologie animale, les annales des peuples primitifs, la physiologie et la philogénie nous donnent autant de preuves de cette marche constante du développement de la conscience par différenciations successives de plus en plus complexes.

Tout d'abord, en effet, il est impossible de nier que nous avons d'autant plus conscience de nous-mêmes et de ce qui se passe en nous, que nous multiplions davantage nos perceptions des choses et de nous mêmes. De même, inversement, nous voyons notre conscience diminuer avec l'affaiblissement de nos moyens de percevoir et de connaître (troubles de la sensibilité sensorielle, maladies de la mémoire (1), de la personnalité, inconsciences et aberrations sensorielles, mentales et morales racontées dans les observations innombrables de pathologie nerveuse.)

Il en est de la conscience psychique comme de la conscience organique. Si nous voulons nous rendre compte de sa genèse, voyons ce qui se passe, par exemple, à propos de la contraction musculaire réflexe, inconsciente, et volontaire, consciente. A la naissance, l'enfant nous semble d'abord ne faire que des mouvements réflexes ou au moins incoordonnés : il jette ses petits bras et ses petites jambes à droite et à gauche, en avant et en arrière, sans que nous puissions reconnaître un but à ces mouvements ; il ne semble pas encore voir, car il ne commence que plus tard à suivre du regard les objets qu'on lui présente. Cependant, nous ne pouvons pas dire que son œil n'est pas sen-

(1) Ribot, *Maladies de la Mémoire*. — Alcan, *Maladies de la Personnalité*, Alcan.

sible à la lumière, ni que sa peau n'est pas sensible au toucher, car nous voyons les paupières se fermer et les muscles se contracter à la suite d'excitations directes : ce qui lui manque, ce n'est pas l'impressionnabilité, c'est la conscience des rapports entre les excitations, laquelle ne peut exister qu'à la condition que les excitations différentes se soient révélées à l'organisme par des déterminations différentes, enregistrées organiquement dans leurs rapports mutuels au point de vue de leurs caractères ou de leur coexistence et coïncidence. En somme l'enfant prend conscience des choses et de ses propres sensations comme nous prenons nous-mêmes connaissance des choses ou conscience de nos idées. Tout le monde sait, par exemple, que l'enfant est d'autant plus apte à changer de nourrice ou à prendre le biberon à la place du sein, qu'il est plus jeune, c'est-à-dire qu'il connaît moins la personne qui l'allaite. De même, nous sommes d'autant plus faciles à tromper, à prendre le change sur les choses ou sur les gens, que nous les connaissons moins, c'est-à-dire que nous avons moins multiplié nos impressions et perceptions à leur sujet. Ce qui est encore bien en rapport avec la distinction que nous impliquons généralement entre un fait de sensibilité proprement dite, qui ne vise que la détermination subjective d'un mode d'excitation ou d'impressionnabilité, et un fait de conscience qui comprend surtout le rapport de ce fait de sensibilité avec les autres, c'est-à-dire avec le sujet lui-même. De sorte que ce qui caractérise le fait de sensibilité c'est la netteté de sa différence avec les autres faits d'excitation, tandis que le fait de conscience tire sa valeur et sa signification de ses rapports avec les autres faits ou états de conscience. D'où il suit que le développement de la conscience a pour conséquence la tendance à la solidarisation de plus en plus nette de tous nos moyens de sentir, qui finissent ainsi par réagir les uns sur les autres, se contrôler, se rectifier, s'unir pour ainsi dire dans une action commune sur l'ensemble de l'organisme, d'où résulte l'individualité organique, physiologique, intellectuelle et morale. C'est, en effet, ce que nous constatons dans toute la série organique où nous voyons l'individualité des organismes croître proportionnellement à l'unification physiologique qui résulte du développement et de l'organisation de plus en plus grande du système nerveux, ainsi que dans le développement de la personnalité humaine depuis les plus bas échelons de l'homme préhistorique et du sauvage inculte qui n'a même pas conscience de son « moi », jusqu'aux plus hauts sommets de la personnalité d'un Descartes ou d'un Kant.

Personne, en effet, ne peut nier que notre conscience est susceptible de perfectionnement et de développement, se montre variable et se modifie pour chacun de nous avec le temps, l'âge, les conditions et les habitudes de vie. Toute la difficulté que nous éprouvons à accepter ces conséquences de l'analyse scientifique de la conscience, nous semble tenir à ce que nous confondons les résultats de l'observation qui ne sont que des constatations de faits indiscutables avec les explications et conceptions que nous cherchons à nous en faire. Cela n'aurait pas grande importance si nos adversaires ne s'appuyaient pas sur l'insuffisance de notre théorie pour nier les faits les mieux constatés. Encore une fois, nous ne donnons et ne prenons les théories que comme des moyens plus ou moins commodes de grouper les phénomènes dans notre connaissance. Quand nous étayons une théorie sur des faits d'observation, on peut discuter, démolir cette théorie, mais on ne peut supprimer les faits. Par conséquent, alors même que notre conception de la nature et de l'origine organiques de la conscience, ne paraîtrait ni suffisamment satisfaisante pour la Raison, ni la plus adéquate à la connaissance que nous avons de la genèse et de l'évolution des faits de conscience, cela ne diminuerait en rien la valeur expérimentale de ces faits et ne saurait encore moins les supprimer. Nous ne devons pas, du reste, nous effrayer de la répugnance instinctive que nous éprouvons encore à admettre que notre conscience puisse ainsi se trouver réduite à une question de mécanique organique : ce sont là, en effet, des façons de voir auxquelles nous ne sommes pas encore suffisamment préparés ; mais le temps viendra où les esprits, devenus plus conscients de l'origine expérimentale de tout ce que nous sentons, pensons et savons, n'auront plus aucune peine à ne voir dans la Conscience qu'une simple résultante des diverses déterminations sensibles en nous-mêmes.

Au point de vue de l'observation stricte, c'est-à-dire au point de vue de la constatation pure et simple des faits, il est évident que la conscience n'apparaît dans la série animale que comme un épiphénomène dans l'évolution de l'organisation du système nerveux et des manifestations de la sensibilité. Par conséquent, si nous consentons à négliger nos idées préconçues sur la « nature essentielle » de notre conscience, nous ne pouvons méconnaître que la conscience naît de la sensibilité, comme la sensibilité de la vitalité, comme la vitalité de la matière organique, comme l'organique de la chimique, comme la chimique de la physique, comme la physique de la cosmique, comme la cosmique de l'indifférencié. Si maintenant nous réfléchissons que nous ne pouvons pas concevoir que tout cela puisse exister sans une dépendance universelle, si nous nous rappelons que partout nous retrouvons la même tendance des actions et des forces à réagir les unes sur les autres, c'est-à-dire à s'équilibrer et à se grouper suivant les lois mécaniques du mouvement, nous sommes bien forcés de reconnaître qu'une pareille conception nous offre au moins l'avantage appréciable de s'adapter curieusement à toutes les données des différentes branches scientifiques et nous apparaît dès lors comme l'idée la plus simple, la plus réduite, la plus générale et la plus extensive que nous puissions nous faire de tout ce qui est dans notre connaissance.

Si maintenant nous opposons à cette conception synthétique des choses de l'univers et de la conscience, l'idée habituelle d'essentialité de notre conscience, nous devons bien reconnaître que cette dernière nous apparaît nécessairement comme tout à fait en dehors des données de la science, des faits observés, de tout ce que nous sentons et constatons en nous journellement dès que nous nous arrêtons à nous examiner, à nous interroger. Or, comme la conscience est le point de depart et le point d'arrivée de tout ce qui est et de tout ce que nous sommes, nous n'avons plus qu'à choisir entre rejeter tout l'acquit de la science humaine pour conserver précieusement notre conscience, attribut divin, ou bien accepter franchement l'idée que notre conscience n'est qu'un produit de l'évolution de la vie.

IV

Origine et Caractère organiques des Idées premières.

S'il y a une chose incontestable, c'est bien que la matière vivante est sensible aux influences de toutes sortes qui lui viennent du dehors ou qui résultent de ses actions et réactions internes. Il est bien évident aussi, précisément en raison de cette sensibilité excessive, que ces divers modes d'actions ne peuvent produire des effets indentiques sur les éléments d'un même organisme. De là, par conséquent, la nécessité d'admettre une série de différenciations anatomiques et fonctionnelles résultant de la diversité des influences et des rééquilibrations corrélatives. C'est ainsi que nous avons interprété l'apparition et la spécialisation des appareils sensoriels, la formation et la différenciation du système nerveux.

Si maintenant nous réfléchissons que les faits confirment notre explication de la genèse des particularités de la conscience par les mêmes lois que nous avons attribuées à la sensibilité, nous sommes amené à conclure que les données premières fondamentales de la conscience doivent d'abord se rapporter aux déterminations sensibles les plus fondamentales, les plus simples, les plus élémentaires, les plus en rapport avec les conditions mêmes de la vie. Nous ne pouvons attribuer, d'une part, la différenciation et l'organisation anatomique des éléments nerveux à la sériation, à la spécialisation des influences physiques externes, et, d'autre part, supposer que les premières manifestations de la sensibilité consciente qui en découlent, ne consistent pas précisément dans ces impressions fondamentales, organisantes, puisque ce sont elles qui déterminent, qui engendrent les formes, l'organisation, c'est-à-dire les modes et les manifestations de la vie. Par conséquent, la conscience n'étant que la centralisation et la résultante de la convergence de tous nos moyens de sentir, doit nécessairement commencer par comprendre et manifester tous les faits de sensibilité qui se rapportent à la vitalité, puisque celle-ci ne peut se maintenir que par un jeu incessant de rééquilibration aux influences incessantes qui l'assaillent de toutes parts. Nous devons donc trouver tout d'abord des manifestations de ce que nous avons appelé la conscience physique, sensorielle ou organique, avant de voir apparaître la conscience psychique proprement dite. C'est, en effet, ce qui résulte de tous les faits observés aussi bien chez l'homme que chez les animaux. Tout le monde est d'accord pour reconnaître que l'enfant est d'abord purement instinctif et que ses instincts sont des instincts organiques. Il en est de même pour tous les êtres inférieurs ; et, en cas de dégénérescence intellectuelle et morale, nous voyons disparaître successivement les instincts les plus nobles pour laisser la prédominance de plus en plus exclusive aux instincts organiques, à la bestialité (loi de régression).

Tous les documents d'ethnographie, de psychologie comparée, nous montrent que les races inférieures paraissent généralement réduites à l'intelligence stricte de leurs besoins matériels (1) : Tous les voyageurs nous ont révélé l'impossibilité de leur faire comprendre nos idées abstraites de moralité ou de religion. L'étude de la philologie confirme pleinement ce point, en nous montrant dans les dialectes primitifs l'absence significative de tout mot correspondant aux idées abstraites ou morales (2).

Ceci prouve tout d'abord que les fameuses idées morales premières, nécessaires, universelles, ne sont point « innées » dans l'humanité primitive. Au contraire, les idées que nous pouvons appeler physiques ou organiques, appartiennent non seulement aux hommes de tous les temps et de toutes les conditions mentales, mais se retrouvent analogues dans toute l'animalité. Il faut donc bien en conclure leur priorité dans l'organisation mentale. Nous comprenons, du reste, qu'il ne pourrait en être autrement. De toute nécessité, en effet, l'homme doit d'abord s'adapter organiquement à ses conditions de vie physiologique avant de le faire pour sa vie psychique ; or cette adaptation physique, physiologique implique sa mise

(1) Voir plus haut, *Mentalité*, et plus loin, l'*Intelligence*. — H. Spencer, Sociologie II : *L'Homme primitif*. — Letourneau, *Évolution de la morale*.

(2) « Le langage date d'une période où le jugement moral et la connaissance du bien et du mal n'avaient point encore fait leur apparition dans l'esprit humain. » Geiger, *Confér. au Cercle commercial de Francfort-sur-Mein*, 1869, cité par Romanes, p. 341, 342, *loc. cit.*

en rapport continuelle, incessante, avec les influences de toutes sortes par lesquelles le monde extérienr se détermine en lui. D'où le caractère de priorité, de fixité, d'universalité des données de la conscience physique pour tout ce qui concerne le monde physique ; aussi, le fait de notre propre existence et de l'existence du monde objectif, qui en est le corollaire, constitue-t-il le fait primordial de notre conscience le plus difficile à nier, le plus évident, le plus irrésistiblement senti. Il en est de même pour tous les faits de sensibilité et de conscience qui, se répétant nécessairement de la même façon et dans les mêmes conditions pour toute l'humanité entraînent un même état de conscience et se manifestent chez tous les hommes avec la même commune et irrésistible croyance, en constituant le fondement même de la conscience et de la connaissance, par suite de leur véritable organisation. C'est là le vrai fondement de la logique naturelle des lois intellectuelles, comme des lois morales, en même temps que l'origine et la raison de ce qu'on a appelé les idées premières, innées, absolues, éternelles, etc., et dont on a voulu faire des preuves de l'existence de la Conscience, de l'Ame et de la Divinité, considérées comme des « entités ». Ce n'est pas d'après leur concordance avec des idées préexistantes à notre conscience que nous apprécions les choses, mais c'est d'après le degré de concordance de leurs déterminations en nous-mêmes. Aussi, au lieu de chercher à adapter les faits à nos idées antérieures, nous devons adapter notre intelligence des choses à la connaissance et à l'expérience que nous en acquérons. Nous arriverons ainsi à trouver la même force de conviction et de certitude dans les données expérimentales par leur constance et leur répétition incessante, que nous attribuions auparavant aux enseignements de l'éducation et des faits envisagés au seul point de vue de la confirmation des fameuses idées « innées, absolues ». De cette façon, quand nous nous trouverons en présence d'une loi scientifique, d'une conception expérimentale confirmées par l'analyse et l'examen de tout ce que nous enseigne l'ensemble des connaissances expérimentales, nous nous sentirons irrésistiblement portés à lui accorder le même degré de confiance, de certitude et de croyance que nos aînés attribuaient aux idées et conceptions de la métaphysique ontologique.

La certitude, en effet, n'est qu'un état de conscience, qu'une impression : c'est le sentiment d'une relation, d'un rapport dont nous ne jugeons la valeur que par comparaison. Ce que l'expérience nous démontre comme le plus constant, nous apparait nécessairement comme le plus certain, et ce qui nous apparait comme ne pouvant pas être senti ni conçu autrement, nous parait comme d'une certitude absolue. D'où il est facile de prévoir que notre certitude doit être d'autant plus facile et plus profonde que notre perception vise des rapports plus simples, mieux déterminés et plus constants : telles sont les vérités mathématiques qui n'envisagent qu'un ordre de rapports, ceux du *nombre;* telles sont toutes les spéculations d'ordre purement abstrait, parce que ces sortes de spéculations, ne considérant que des rapports simples, aboutissent nécessairement à des conclusions toujours identiques, que nous considérons dès lors comme absolues. De là le succès des théories et conceptions métaphysiques et à-prioristes. De là, aussi, la défiance inspirée tout d'abord par les incertitudes de la science à ses débuts ; mais au fur et à mesure que nos recherches se multiplient et se confirment les unes par les autres, que les résultats fondamentaux de chaque science se retrouvent toujours de la même façon, nous arrivons peu à peu à sentir la certitude de ce qu'on a appelé la loi scientifique, et il n'est plus personne parmi ceux qui ont été pénétrés par l'esprit scientifique, pour douter de l'inéluctable nécessité de la production de son effet quand une cause déterminée est en jeu : sous ce rapport on nous accordera que les données de la science impliquent une certitude au moins équivalente à celle que nous avons l'habitude d'attribuer à nos données de sens intime ou d'évidence intérieure. Nous croyons aussi fermement qu'une pierre lancée en l'air doit retomber par l'action de la pesanteur, que nous avons la conviction de l'existence du bien et du mal. Sans doute, cet esprit nouveau, cette certitude expérimentale n'a encore guère produit ses effets sur notre mentalité, mais l'évolution s'annonce par des signes certains et les temps sont proches où nos successeurs ne comprendront plus nos aveuglements et atermoiements dans les brouillards de la métaphysique transcendante des « Entités ».

CHAPITRE IX

INTELLIGENCE

Il n'est point facile de définir ce qu'on entend au juste par l'intelligence : les uns la confondent avec l'esprit, l'âme, l'entendement ou en font l'ensemble des facultés intellectuelles, les autres la considèrent comme une faculté spéciale et la confondent plus ou moins avec la raison. Nous croyons qu'il vaut mieux s'en tenir à la définition étymologique et l'envisager comme la faculté de choisir entre nos états de conscience ou entre les rapports des choses soit pour les retenir dans notre entendement, soit pour les adapter en vue d'une fin déterminée. C'est, en effet, ce côté finaliste, réfléchi, voulu, conscient, que nous retrouvons au fond de toutes les conceptions, théories et définitions de l'intelligence comme constituant son « essence », son caractère spécifique. L'intelligence proprement dite consiste donc essentiellement dans la perception des rapports des choses entre elles ainsi que des rapports réciproques de nos états de conscience, d'où résulte, conséquemment, la perception des rapports et relations réciproques de ces deux ordres de perceptions objectives et subjectives, sous les noms de Connaissance, de Jugement et de Raison : c'est la conscience prenant possession d'elle même, dans l'acte que nous appelons Idéation, Pensée, Raisonnement, Jugement, etc. La conscience sensorielle ou physique perçoit le monde extérieur ; la conscience physiologique ou organique perçoit la vie intra-organique ; la conscience psychologique prend connaissance des sensations dans leurs rapports et relations réciproques. Les excitations externes, sensorielles, ou internes, organiques, donnent naissance aux sensations. Les sensations, en réagissant les unes sur les autres, provoquent leur propre perception sous forme d'idées, et constituent le domaine de l'intelligence. Par conséquent, pour qu'il y ait intelligence il faut qu'il y ait différenciation subjective, consciente entre les sensations. Nous ne devons donc retrouver l'intelligence que comme la conséquence d'une différenciation supérieure dans la sensibilité consciente ; c'est en effet ce que nous montre l'étude attentive et complète de l'histoire de l'Intelligence dans la série animale. Nous n'en sommes plus à discuter pour savoir si les animaux possèdent, ou non, une intelligence ; tout ce que cherchent encore à soutenir les partisans les plus attardés de l' « essentialité » de l'Intelligence humaine, c'est qu'elle n'est pas de même « nature » que l'intelligence des animaux (1). « On peut douter, dit Locke (2), que les animaux combinent et élargissent leurs idées à un degré quelconque ; mais il est un point sur lequel on peut être assuré, ce me semble, c'est que la faculté d'abstraire n'est pas du tout en eux, et que la possession d'idées générales est ce qui établit une différence parfaite entre l'homme et la brute, et c'est un degré d'excellence que les facultés de la brute n'atteignent aucunement. Car il est évident que nous n'observons aucune trace, chez elle, de l'emploi de signes généraux pour des idées universelles ; ce qui nous fait penser avec raison qu'elle ne possède point la faculté d'abstraire ou de faire des idées générales puisqu'elle ne se sert ni de mots, ni de signes généraux. Le fait que les animaux n'emploient ni ne connaissent de faits généraux ne saurait être attribué à un manque d'organes appropriés à l'émission de

(1) « A mon sens l'animal est intelligent, et, bien que ce soit un être (intellectuellement) rudimentaire, son intelligence est néanmoins de même nature que celle de l'homme....... Les psychologues attribuent la religion et la moralité à la raison, et font de cette dernière un attribut de l'homme (qu'ils refusent aux animaux). Mais avec la raison ils réunissent les phénomènes les plus élevés de l'intelligence. A mon avis, en agissant ainsi, ils confondent des faits entièrement différents et leur donnent une commune origine. De la sorte, ne pouvant reconnaître de la moralité ou de la religion aux animaux qui, en réalité, ne possèdent pas ces deux facultés, ils sont obligés de leur refuser aussi l'intelligence, bien que, selon moi, ces animaux donnent à chaque moment la preuve décisive qu'ils possèdent cette faculté. » Quatrefages, l'*Espèce humaine*.

(2) *Human Understanding*, liv. II, ch. II.

sons articulés. Beaucoup d'entre eux, en effet, nous le voyons, peuvent articuler des sons et prononcer des mots d'une façon suffisamment distincte, mais jamais avec un but de ce genre; et d'autre part, des hommes, qui par défaut organique, sont privés de la parole, réussissent cependant à exprimer leurs idées générales par des signes qu'ils emploient à la place des mots. Cette faculté manque absolument chez les animaux. Je crois donc que nous pouvons admettre que c'est en ceci que les bêtes se distinguent de l'homme; c'est la différence véritable qui les sépare entièrement et qui finit par creuser entre eux un abîme, car, si les animaux ont des idées, et ne sont pas de simples machines comme le voudraient quelques-uns, nous ne pouvons leur refuser quelque raison. Il me semble évident que dans certains cas, quelques-uns d'entre eux raisonnent, de même qu'ils ont le sentiment; mais ils ne raisonnent que sur des idées particulières telles qu'ils les ont reçues de leurs sens. Les plus élevés d'entre eux sont attachés dans ces étroites limites et n'ont pas, je crois, la faculté de les élargir par n'importe quelle sorte d'abstraction. »

Bien que l'observation attentive des animaux nous ait montré qu'ils sont susceptibles d'un degré d'intelligence supérieure à ce qu'en dit Locke, le passage ci-dessus n'en reste pas moins une exposition claire et précise de la différence que nous entendons généralement maintenir entre l'intelligence de l'homme et celle de la brute. Toutefois, il est impossible de nier que nombre d'animaux nous donnent des marques d'intelligence supérieure à tout ce que nous pouvons obtenir de peuplades entières, d'une foule de dégénérés et des enfants en bas âge. Si, en effet, on veut faire consister l'intelligence dans l'adaptation de moyens à une fin, il est certain que les innombrables exemples de perfectibilité et de variations locales (1) de l'instinct sont autant de preuves de l'existence de cette « faculté » chez un grand nombre d'animaux.

Huber a montré que les abeilles sont capables de construire leurs cellules de bas en haut ou horizontalement, au lieu de

(1) *Évolution mentale chez les animaux*, par Romanes.

haut en bas, c'est-à-dire dans des directions dans lesquelles ni elles mêmes, ni leurs ancêtres n'avaient construit. Bien plus, « un fragment très irrégulier de rayon, placé sur une table unie, tremblait tellement que les abeilles ne pouvaient travailler sur une base aussi instable. Pour empêcher le tremblement, deux ou trois abeilles maintinrent le rayon en fixant leurs pattes de devant sur la table et leurs pattes de derrière sur le rayon. Elles continuèrent à le faire, se remplaçant à tour de rôle, pendant trois jours, au bout desquels elles élevèrent des piliers en cire pour servir de support. »

« Des bourdons ayant été renfermés et, par cela même, mis dans l'impossibilité de se procurer de la mousse pour recouvrir leurs nids, ils arrachèrent les fils d'une pièce d'étoffe, et les tissèrent avec leurs pattes en une masse feutrée, qu'ils employèrent en guise de mousse. »

« André Knight a remarqué que ses abeilles employaient une sorte de ciment fait de cire et de térébenthine, et dont il s'était servi pour recouvrir des arbres décortiqués ; elles l'employaient plutôt que leur propre propolis dont elles cessèrent la fabrication, et plus récemment on a observé que des abeilles, au lieu de chercher du pollen, sont très aises de profiter d'une substance tout à fait différente, savoir la farine d'avoine (1) ».

« Le trait caractéristique de l'architecture des fourmis, dit Farel, c'est la presque totale absence d'un modèle invariable spécial à chaque espèce, ainsi que cela se passe dans les guêpes, abeilles et autres animaux. Les fournis savent adapter leur très peu parfait travail aux circonstances et profiter de toute situation. En outre, chacune travaille pour elle-même sur un plan donné ; elle n'est que rarement aidée par d'autres, lorsqu'elles comprennent son plan. »

Le docteur Leech (2) cite, d'après sir J. Banks, le cas d'une araignée fileuse qui perdit cinq pattes, et qui, en conséquence, ne pouvait tisser sa toile que très imparfaitement. On la vit alors adopter les habitudes de l'araignée chasseresse, qui ne file pas de toile, mais attrape sa proie par surprise. Ce chan-

(1) Romanes, *Évolution mentale chez les animaux.*

(2) *Trans. Linn. Soc.*, vol. XI, p. 393.

gement d'habitude fut toutefois temporaire, car l'araignée recouvra ses pattes après la mue.

Les exemples que rapporte Romanes pour établir la variabilité de l'instinct de la nidification, de l'incubation, constituent autant d'adaptations intelligentes à des cas particuliers qui relèvent bien plus de l'intelligence que de l'instinct proprement dit.

« J'ai vu, comme d'autres l'ont vu, que lorsqu'un petit objet est jeté à terre loin de la portée de l'un des éléphants du jardin zoologique, il souffle à travers sa trompe au delà de l'objet, de façon que le souffle d'air, retombant de tous côtés, puisse pousser l'objet à sa portée. Un ethnologiste bien connu, M. Westropp, m'a encore appris qu'il avait observé à Vienne un ours établissant délibérément avec sa patte un courant dans une pièce d'eau qui était près des barreaux de sa cage, de façon à attirer à sa portée un morceau de pain flottant » (1).

Leroy, garde-chasse à Versailles, nous apprend que la corneille est capable de compter jusqu'à cinq ou six, puisqu'il est nécessaire de faire passer jusqu'à cinq ou six hommes ensemble pour qu'elle cesse de s'apercevoir qu'il en est resté un en embuscade quand les autres reviennent.

Romanes raconte qu'il a réussi à enseigner au chimpanzé du jardin zoologique à compter jusqu'à cinq, avec des pailles, la méthode consistant à lui en demander tantôt une, tantôt quatre, ou trois, ou cinq, sans ordre fixe.

Le chat qui remarque que la porte s'ouvre quand un homme frappe au marteau et qui saute au marteau quand il veut la faire ouvrir, le chien qui a peur du tonnerre et qui, confondant le bruit du déchargement d'un sac de pommes, est frappé de la même terreur jusqu'à ce que son maître l'ait conduit voir la vraie *cause* de ce bruit ; le singe Cebus qui apprend à visser et dévisser la poignée d'une brosse à tapis, sont autant d'exemples établissant que les animaux sont susceptibles d'atteindre ce que nous appelons la notion de *causalité*.

Quand nous apprenons que la chenille, placée dans une boite recouverte de mousseline, s'aperçoit de l'inutilité du voile de

(1) Darwin, *Descendance*.

soie qu'elle prépare habituellement à sa chrysalide, et suspend cette dernière à la surface déjà tissée représentée par la mousseline, nous ne pouvons méconnaître qu'il y a là un choix et une adaptation que nous trouverions « intelligente » s'il s'agissait d'un être humain. Sans doute nous pouvons encore ne voir là qu'un effet d'association, de sensations et n'en faire qu'une manifestation réflexe plutôt qu'intellectuelle. Il en est de même dans le fait, rapporté par Knight, d'un oiseau qui, ayant placé son nid dans une serre chaude, s'aperçut qu'il n'avait pas besoin de couver ses œufs pendant le jour et ne le fit plus qu'à la nuit, quand il sentait la température se refroidir (1). Mais si nous ne voulons pas reconnaître dans ces adaptations bien nettes de moyens nouveaux, à une fin déterminée, des exemples d'intelligence proprement dite, quoique inférieure, nous nous trouverons évidemment fort embarrassés pour savoir à quelle limite nous pourrons accorder le caractère intellectuel aux actes de nos semblables. A ce compte, il faudrait nous résigner à refuser l'intelligence au plus grand nombre des fils du « Roi de la Création, faits à l'image de Dieu »; bien plus, il faudrait admettre que l'humanité a vécu pendant de longs siècles sans cette intelligence qui fait notre orgueil et qui a dû alors apparaître un beau jour sur la terre à la façon d'un météore bienfaisant, comme il faut encore admettre son apparition à un âge variable chez ceux de nos enfants privilégiés.

Quand nous voyons l'enfant nouveau-né, adapté organiquement pour téter, apportant en naissant l'aptitude à prendre le sein, comme à respirer, à se mouvoir; quand nous le voyons, disons-nous, apprendre à boire au verre ou à la cuiller, et ne plus *savoir* téter au bout de quelque temps, nous ne pouvons guère songer à faire intervenir l'intelligence proprement dite dans cette nouvelle adaptation; nous n'y voyons qu'une simple association de sensations, qui demeurent, du reste, toutes les mêmes, sauf celle du bout de sein, remplacé par le verre, la cuiller ou la tétine du biberon. Et plus tard, s'il refuse le sein, c'est par suite de l'accoutumance au nouvel ordre de sensations, son instinct d'appétit et de conservation ne suffisant pas à lui

(1) *Évolution mentale chez les animaux*, par Romanes.

faire surmonter une difficulté inaccoutumée, inconnue, oubliée, à provoquer un effort non adapté.

De même quand nous constatons que l'enfant apprend à demander le sein ou son lait en pleurant d'une certaine façon; quand nous le voyons plus tard chercher à dégrafer sa nourrice pour téter, nous ne pouvons vraiment pas lui accorder en cela une intelligence d' « essence » différente de celle des jeunes animaux qui ont recours aux mêmes manèges.

Que nous comparions l'intelligence de nos enfants à celle d'une foule d'animaux, que nous suivions les grandes phases de la civilisation humaine et que nous les rapprochions dans leurs origines de ce que nous voyons chez les animaux (1), partout nous retrouvons des analogies et un parallélisme d'évolution et de développement qui nous porte tout naturellement, si nous mettons de côté tout préjugé, à ne voir dans l'intelligence animale qu'un degré inférieur au lieu d'une différence « de nature » par rapport à l'intellect humain.

Si maintenant nous cherchons quelle est l'idée la plus réduite, la plus simple comme la plus générale et la plus extensive que nous puissions nous faire de l'intelligence, nous sommes amenés à reconnaître que c'est la différenciation que nous percevons sciemment entre nos divers états de conscience ou idées. Il nous est, en effet, impossible de comprendre aucun fait intellectuel sans cette différenciation fondamentale, puisque, pour choisir, adapter ou connaître un état de conscience, il faut d'abord commencer par le différencier, par le distinguer des autres états de conscience, et que cette différenciation ne peut se faire sans impliquer la perception consciente de ce qui caractérise cet état de conscience, c'est-à-dire sans impliquer sa connaissance. Voilà pourquoi nous mesurons le degré de l'intelligence à la capacité de distinguer, de saisir les rapports et relations des choses et des états de conscience ; voilà pourquoi

(1) Les fourmis savent domestiquer des pucerons et manifestent des instincts esclavagistes ; le chien a l'idée ou l'instinct de la propriété. (Romanes, *Intelligence des animaux*.) — Espinas : Presque tous les animaux manifestent l'instinct de sociabilité, beaucoup sont industrieux (*Fourmis*, *Abeilles*, *Castors*, etc.)

notre intelligence dans tel ou tel ordre de choses ou de pensées augmente au fur et à mesure que nous multiplions notre perception de leurs caractères, manifestations ou relations ; de là le développement de l'intelligence par l'expérience de tous les jours, variable à l'infini suivant les individus et les circonstances, suivant ce que nous appelons les aptitudes, et aussi suivant le mode de réaction ou l'effet de ces perceptions en nous mêmes (méthode, attention, réflexion, raisonnement).

L'expérience nous apprend aussi que notre intelligence des choses augmente proportionnellement aux différences que nous y percevons par l'analyse et l'examen que nous en faisons. C'est en examinant une idée sous tous ses aspects, c'est en la tournant et la retournant, c'est en la comparant avec nos autres idées, c'est en la soumettant aux contrôles successifs d'examens répétés, que nous finissons par la comprendre complètement, absolument comme nous n'arrivons à comprendre, à connaitre un objet quelconque qu'en l'envisageant sous toutes ses faces et en le comparant à tous autres objets. Ceci nous explique la perfectibilité à laquelle on peut atteindre par l'entrainement que nous appelons la culture intellectuelle, l'instruction. Il en est donc de l'intelligence comme des sens et, en général, de nos aptitudes physiques : c'est toujours la même loi de développement de perfectionnement par l'exercice, que celui-ci soit physique (gymnastique, sports), ou psychique (instruction, profession, travaux intellectuels scientifiques ou artistiques).

En réalité, l'intelligence ne peut se comprendre que comme fonction de sensibilité. Envisager l'intelligence comme une faculté, ayant une existence réelle, en dehors du fait intellectuel qui la constitue, c'est prendre l'effet pour la cause. Quand même on voudrait entendre par intelligence l'ensemble de nos facultés intellectuelles, cela ne changerait pas la question, car on est toujours bien obligé de reconnaitre, sous peine de contradiction ou d'incompréhensibilité, que nous ne donnons le nom d'intelligence qu'à la fonction intellectuelle, absolument comme nous donnons le nom de digestion à la fonction digestive et celui de sensibilité à la fonction sensible. De même que la digestion n'existe pas en dehors du fait qui la constitue, la sensibilité en dehors du fait sensible, de même l'intelligence n'a pas d'existence « en soi ». Dire que l'intelligence est une faculté de l'âme, une propriété de l'esprit, c'est ne rien dire, attendu que l'âme ni l'esprit ne peuvent non plus se comprendre en dehors des phénomènes connaissables (vie, sensation, conscience, intelligence.) qui les constituent. La preuve en est dans le caractère anthropomorphe que nous retrouvons au fond de toutes les conceptions animiques des spiritualistes.

L'intelligence consiste essentiellement dans la perception consciente des différents états de conscience, et, par conséquent, dans leur enregistrement, comparaison et classement, sous forme de connaissance, jugement ou raison. Tout fait intellectuel implique en effet une coordination des faits de sensibilité qui le constituent, puisque la conscience n'est que la résultante de la répercussion subjective des excitations produisant les sensations. Nous avons déjà vu la nécessité d'une sorte de groupement spontané qui s'opère dans la série infinie de faits de sensibilité, sans quoi nous ne pourrions rien distinguer. Il en est de même de l'intelligence. Nous ne pouvons différencier les choses dans notre entendement qu'à la condition de les individualiser, et cette individualisation des choses et des phénomènes ne peut se faire ni se comprendre que par le groupement de tous les faits de sensibilité concernant chaque chose, chaque phénomène ou chaque ordre de choses et de phénomènes. Nous avons vu que les vibrations infinies du monde extérieur ne peuvent pas ne pas se différencier en nous-mêmes et ne pas provoquer des différenciations parallèles dans notre organisation : il en est de même des faits de sensibilité consciente, des faits intellectuels qui ne peuvent être supposés produire tous le même et identique effet : nous ne pouvons pas ne pas admettre que nos impressions diverses, nos idées successives, nos états variés de conscience n'entraînent nécessairement des effets différents dans notre sensibilité, dans notre conscience, dans notre intelligence. Or, cela revient toujours à notre définition et conception de l'intelligence que nous faisons consister dans le choix, c'est-à-dire dans la distinction, dans la sélection de nos états de conscience constitués par la différenciation des choses en nous-mêmes. Nous ne pouvons pas concevoir les choses autrement. En effet, même avec l'idée de l'intelligence envisagée.

comme une faculté de l'âme, on ne peut pas méconnaître la nécessité d'admettre que cette faculté consiste à distinguer nos états de conscience, à comprendre les rapports et différences des choses, et à choisir les moyens que nous savons ou supposons propres à atteindre tel but, telle fin. Toute la différence dans les deux façons d'envisager l'intelligence repose donc simplement sur l'idée que nous nous faisons du mécanisme ou de la « nature essentielle » de l'intelligence.

L'intelligence est un phénomène conditionné comme tous les phénomènes : il ne peut pas plus y avoir intelligence sans le jeu d'action et de réaction des sensations les unes sur les autres qu'il ne peut y avoir digestion sans les actions et réactions des aliments en présence des sucs digestifs, qu'il ne peut y avoir combinaison chimique sans l'action et la réaction des corps mis en présence, qu'il ne peut y avoir pesanteur sans l'action et la réaction équilibrante de masses différentes. Ce qui nous trompe au sujet de l'intelligence, comme dans tous les phénomènes qui tiennent à la vie, c'est que nous confondons toujours l'idée que nous nous en faisons avec la réalité que nous constatons, c'est que nous interprétons toujours ces phénomènes avec notre idée d'activité, de spontanéité animique, oubliant que cette activité, cette spontanéité, loin de pouvoir se comprendre avec cette conception animiste, ne sont elles-mêmes que des résultantes dont le caractère mécanique nous échappe uniquement par suite de la trop grande division du travail de répercussion et par notre négligence à pousser l'analyse du phénomène suffisamment loin pour en saisir tous les rouages et ressorts.

Ainsi, par exemple, nous admettons facilement que nos idées du monde objectif nous viennent exclusivement de nos sensations ; mais quand il s'agit d'interpréter la façon dont nous prenons conscience de ces idées et de nous expliquer l'intervention de ce que nous appelons l'intelligence ou la raison dans l'appréciation, dans le raisonnement de ces idées, nous oublions de suite notre point de départ, nous faisons appel à un agent mystérieux, l'intelligence, la raison, sans nous demander comment ce « Deus ex machina » peut bien remplir le rôle que nous lui prêtons gratuitement. Nous avons déjà vu, à propos de la sensibilité, l'impossibilité de la comprendre avec la conception d'un principe « sensible » dans le sens ontologique; il est facile de voir qu'il en est de même pour l'intelligence. Si, en effet, on essaye de comprendre comment une excitation physique peut être reçue, perçue, enregistrée par un principe non physique, « immatériel », nous sommes bien obligés de reconnaître que nous ne pouvons y arriver et qu'il faut alors nous résigner à faire « un acte de foi. » Toute l'argumentation spiritualiste consiste, en effet, non pas à nous montrer comment nous pouvons comprendre le rôle de l'âme intelligente, mais à nous dire que nous sommes dans l'impossibilité d'expliquer la formation d'une chose « immatérielle », l'idée, aux dépens d'une chose physique, matérielle, le choc, la vibration, qui forme la sensation, et que, par conséquent, il *faut* bien admettre que l'intelligence est une faculté de l'âme, en même temps qu'elle constitue une preuve de son existence.

Nous avons déjà répondu à cette argumentation en montrant que l'idée est une résultante, un produit de sensations, et est elle-même un phénomène d'ordre vibratoire. Quand même on ne nous accorderait cela que pour les idées physiques, objectives, cela suffirait déjà pour anéantir le postulat ci-dessus. Il resterait, de plus, à prouver que toutes nos idées, même les plus abstraites, les plus quintessenciées ne sont pas des résultantes du jeu d'action et de réaction de nos idées d'ordre plus modeste, plus simple, plus terre à terre. Tandis que les spiritualistes n'ont à nous opposer que des affirmations sans preuves, ou du moins sans autre preuve que le « sens intime, la voix de la conscience, l'universalité, l'innéité, etc., » nous avons, de notre côté, non seulement l'induction scientifique de l'origine et de la nature physique, organique, de nos idées physiques, mais encore nous avons la démonstration de l'origine, du caractère, de la « nature » organique, de notre mentalité, gouvernée par les lois de la sensibilité, de la conscience et de l'intelligence. Par conséquent, avant de nous répondre par un « non possumus », il est au moins de bonne conscience de commencer par examiner sérieusement si réellement nous sommes dans l'impossibilité de comprendre la genèse de l'intelligence par la division du travail de la répercussion des sensations dans notre conscience.

Pour cela, il est indispensable de bien établir que nous entendons essentiellement par intelligence la faculté de choisir des moyens pour les adapter à une fin. Or, ainsi envisagée dans ce qu'elle a de plus caractéristique, l'intelligence ne nous offre réellement rien de difficile à comprendre par le jeu seul d'actions et de réactions de nos sensations, de nos idées ou de nos états de conscience. Il ne faut pas oublier, en effet, qu'une sensation ne peut être perçue absolument seule, absolument isolée, mais est toujours nécessairement reçue, enregistrée en corrélation avec d'autres sensations dont elle se différencie en se déterminant elle-même dans l'organisme et en provoquant une différence subjective résultant de sa mise en rapport intraorganique avec les autres sensations antérieures ou concomitantes. Par conséquent, par le fait seul de l'excessive mobilité moléculaire de la matière vivante qui la rend *sensible* aux moindres influences et par le fait surtout de la solidarité organique qui constitue l'individualité du sujet, nous sommes obligés d'admettre une série infinie de répercussions intra-organiques, qui constitue le jeu de la sensibilité interne, engendre la conscience et l'intelligence elle-même, puisque nous ne pouvons pas comprendre la perception d'une sensation autrement qu'en relation avec d'autres sensations, et que cette relation implique sa propre différenciation des autres sensations, c'est-à-dire sa connaissance, sa comparaison. Mais nous savons que nos sensations ne peuvent être supposées ne pas réagir les unes sur les autres, et cette réaction ne peut se comprendre qu'à la condition de se faire suivant les lois mécaniques du mouvement, puisque ce sont des vibrations. Par conséquent, nos sensations ne peuvent être conçues réagissant les unes sur les autres autrement que d'après leur tendance nécessaire à s'équilibrer et à se solidariser suivant leurs ressemblances ou dissemblances dans le mode ou la quantité du mouvement qui les constitue, c'est-à-dire suivant leurs affinités. De là résulte nécessairement une véritable sélection entre nos sensations, qui se fait automatiquement dans les sphères originelles de notre conscience, dans tout ce qui constitue le fond de notre organisation psychique, que nous appelons notre mentalité, notre moralité, notre personnalité, mais qui devient consciente, voulue, réfléchie, sous le nom d'intelligence proprement dite, pour tous les cas où les rapports et relations de nos sensations ne sont pas encore adaptés, solidarisés plus ou moins par l'exercice, et constituent des adaptations nouvelles à des circonstances nouvelles. C'est bien ce que nous entendons en réalité par intelligence, quand nous voulons la distinguer de l'automatisme du réflexe et de l'instinct en la faisant consister dans l'adaptation de tels moyens à telle fin. Ce qui nous trompe, c'est que nous croyons que ce choix implique l'idée d'un « principe conscient, psychique », nous confondons l'effet avec la cause, nous oublions qu'il ne s'agit ici que de sentir les rapports entre nos idées, entre les moyens à employer pour arriver à une fin, et que la sensibilité, nous l'avons vu, n'a pas besoin, pour se produire, d'un principe ontologique quelconque, attendu qu'elle n'est que la résultante de la mise en rapport d'un choc ou vibration extérieure avec l'organisme. D'ailleurs l'analyse de ce qui se passe en nous à l'occasion d'un fait intellectuel nous montre bien que ce que nous sentons c'est le rapport de cause à effet, c'est-à-dire de dépendance, de solidarité entre des objets, des sensations, des idées, des états de conscience Par conséquent, ce n'est pas notre conscience ou notre intelligence qui produit ce fait de notre perception consciente ou raisonnée, mais ce sont ces rapports qui se déterminent, qui se conditionnent eux-mêmes dans notre sensibilité sous forme de différenciations subjectives que nous appelons conscience, intelligence, raison.

Quand nous éprouvons l'effet d'un foyer de chaleur sur notre corps, nous avons la sensation physique de la chaleur ou même de la brûlure; nous nous faisons une idée de la cause et de la nature de cette chaleur en individualisant l'ensemble des perceptions qui nous viennent de ce foyer de calorique; nous pouvons même induire de cette constatation la possibilité d'employer cette chaleur pour un usage quelconque. Voilà bien un exemple de ce que nous entendons par intelligence. Or, il suffit d'analyser ce fait pour constater qu'il n'est qu'une résultante d'une répercussion et d'une solidarisation très complexes d'excitations, de sensations et d'idées. L'excitation calorique ou brûlure n'est que la résultante passive de la modification moléculaire produite sur les éléments anatomiques par le travail calorique; cette excitation, transmise par un filet nerveux, est répercutée, dans le système nerveux central, sous forme de sensation de chaleur ou de brûlure, de plaisir ou de douleur; celle-ci provoque, à son tour, une réaction rééquilibrante de l'organisme sentant sous forme de réflexe, ou s'emmagasine sous forme d'idée et de souvenir : dans les deux cas, c'est une réaction ou une différenciation subies par le sujet, passives puisqu'elles ont leur source, leur cause en dehors du sujet. Bien plus, cette excitation devenue consciente, pyschique, en se répercutant, en se mettant en rapport avec d'autres sensations ou idées antérieurement ou concomitamment emmagasinées, provoque la perception de leurs rapports ou dépendances réciproques, que nous appelons jugement, raisonnement, et cette perception peut devenir le point de départ d'une adaptation nouvelle que nous nommons idée, induction, volonté. Toutes nos opérations intellectuelles impliquent et supposent, en effet, la perception préalable des rapports des choses et des phénomènes, de nos idées et de nos états de conscience. Autrement dit, l'intelligence est l'effet de ces déterminations, non la cause C'est, en effet, ce qui découle de l'observation, puisque nous voyons notre intelligence se développer, se caractériser, se spécialiser suivant la prédominance habituelle de nos perceptions ou déterminations sensorielles (intelligence des sensitifs, des artistes), ou psychiques (intelligence des abstractifs et des méditatifs, esprit scientifique, philosophique). La prédisposition intellectuelle, que nous invoquons en pareil cas pour expliquer ces particularités, est bien réelle, mais ne peut se comprendre autrement que par le mécanisme de l'organisation de la mentalité qui constitue une aptitude à se développer en présence des conditions qui jouent le rôle de réactifs, comme nous l'avons vu pour l'Instinct.

Tandis, en effet, qu'avec la conception de l'intelligence comme une « faculté essentielle psychique », nous ne pouvons comprendre la variabilité, la multiplicité des intelligences, non seulement dans les races humaines différentes, mais encore dans chaque individu suivant l'âge, l'éducation et les habitudes ou acquisitions intellectuelles, et à plus forte raison chez les animaux, il suffit, au contraire, d'accepter franchement notre conception physico-organique pour saisir de suite la raison de toutes ces nuances et trouver l'explication de toutes les particularités de l'Intellect, depuis son état rudimentaire chez les animaux, son développement progressif à travers les âges, jusqu'aux plus hautes capacités géniales de l'humanité d'où nous voyons sortir ce merveilleux pouvoir qu'acquiert l'homme, non seulement de commander à la nature mais encore celui de se gouverner et de se connaître lui-même : γνῶθι σεαυτόν.

CHAPITRE XI

DE LA MÉMOIRE

I

Idée générale de la Mémoire.

Quelles que soient les théories et conceptions de la fonction psychique, toujours elle implique la Mémoire. C'est donc avec raison qu'on a voulu en faire le fondement, le substratum, le canevas de la vie psychique.

Sans nous arrêter à discuter des théories plus ou moins vieillies, nous nous contenterons de remarquer que la mémoire, de l'avis de tout le monde, ne constitue cependant qu'un épiphénomène, un fait consécutif, secondaire, attendu qu'un souvenir doit nécessairement avoir été précédé de ce dont on se souvient. D'autre part, l'impossibilité où nous sommes de penser ou de sentir sans une succession continuelle dans nos états de conscience entraîne l'impossibilité de penser et même de sentir sans l'intervention de la mémoire, puisque la pensée, la sensation actuelle ne peut être perçue sans être différenciée de ce qui la précède et de ce qui la suit. D'un autre côté, un souvenir est un fait psychique renouvelé, et ne peut se produire sans être différencié d'un fait actuel ; par conséquent, la mémoire est la différenciation dans le temps, c'est-à-dire qu'elle est l'expression, la manifestation, la résultante de la détermination des faits de sensibilité s'enregistrant dans l'organisme suivant leur succession, suivant leur enchaînement et leurs connexions, d'où l'impossibilité de nous souvenir d'un fait isolé de tout autre, absolument seul.

La mémoire n'est donc pas seulement la conservation et la

reproduction de certains états, elle est encore leur localisation dans le passé (Ribot). Pour qu'il y ait mémoire proprement dite, il faut que le sujet perçoive la sensation comme rappelée, ressouvenue, et non comme produite par une excitation présente.

Or nous savons qu'aucune excitation ne peut exister isolément, d'une façon absolument simple, indépendante de toute autre : par conséquent, un souvenir ne peut se produire que comme une partie d'un tout plus ou moins complexe, formé de ce qui le précède, l'accompagne et le suit, autrement dit, le souvenir ne constitue qu'un des éléments composants d'un état de conscience.

C'est là, assurément, un fait trop universellement reconnu et constaté à chaque instant pour qu'il soit besoin d'insister; toutefois il nous parait très important de remarquer que ce cortège obligé de tout souvenir constitue précisément le caractère du fait de la mémoire qui va nous permettre de nous expliquer le mieux son mécanisme organique trop souvent méconnu, ainsi que nombre de ses particularités en apparence paradoxales.

Quand nous parlons de notre mémoire, nous avons généralement l'illusion de croire qu'elle constitue une faculté dans le sens vrai du mot, c'est-à-dire qu'elle est un mode d'activité de l'âme : c'est au point que beaucoup s'imaginent volontiers que leur mémoire est un produit de leur volonté. C'est là une confusion qui n'est pas toujours facile à détruire, d'autant plus qu'elle semble reposer sur les données mêmes de la conscience. Il suffit, en effet, de s'interroger soi-même, de rentrer en soi, de chercher dans son passé, pour sentir de suite une foule de souvenirs se réveiller, pour ainsi dire, à volonté. Toutefois, il est assez facile de sentir le véritable mécanisme par lequel on se souvient et surtout de constater les difficultés et souvent les impossibilités qu'on éprouve à retrouver un souvenir, pour se convaincre que la volonté joue dans la mémoire le même rôle que dans la contraction musculaire : elle peut provoquer un souvenir comme un mouvement, mais exclusivement à certaine condition organique nécessaire à la possibilité de production de ce souvenir ou de ce mouvement.

Il en est de même pour la conscience. Sans doute, nous entendons plus spécialement par mémoire la reproduction consciente de certains états, mais nous sommes bien obligés de reconnaître que le plus grand nombre des manifestations de ce que nous appelons notre mémoire se produisent journellement sans une intervention nette, distincte, de la conscience. Nous pouvons même ajouter de suite que la mémoire est d'autant plus précise qu'elle comprend la reproduction automatique d'idées ou de faits enregistrés, adaptés, organisés. C'est l'effet de la loi d'organisation commune à toutes nos fonctions psychiques, comme à toutes nos fonctions physiologiques, c'est-à-dire, en un mot, à toutes les manifestations de la vie.

II

Origine, Caractère et Lois organiques de la Mémoire.

Après ce que nous avons dit à propos de la sensibilité, il nous semble bien superflu d'insister pour établir que la mémoire a une origine et un caractère essentiellement organiques. Tout au plus pourrait-on encore chercher à discuter pour savoir si la mémoire consciente, c'est-à-dire ce qu'on appelle la « faculté de la mémoire », peut et doit être considérée comme un simple dérivé de la mémoire organique, physiologique, ou, au contraire, comme « essentiellement différente » de cette dernière. Nous n'avons qu'à renvoyer à ce que nous avons dit de la conscience pour ne pas nous répéter ici, et surtout à l'étude si remarquable de M. Ribot sur les maladies de la mémoire (1). Rien ne peut mieux fixer l'esprit sur la nature et le mécanisme de cette prétendue faculté, que ce suggestif exposé de faits dûment constatés, d'autant plus éloquents qu'ils ont été observés par des « médecins préoccupés d'autres symptômes, qui se contentent de noter ce qu'ils voient. »

« Il n'y a pas une mémoire, mais des mémoires ; il n'y a pas un siège de la mémoire, mais des sièges particuliers pour

(1) *Les Maladies de la Mémoire*, par Th. Ribot, Alcan, 8e édition, 1893.

chaque mémoire particulière. Le souvenir n'est pas, suivant l'expression vague de la langue courante, « dans l'âme » : il est fixé à son lieu de naissance, dans une partie du système nerveux. » La preuve de ceci se trouve dans les nombreuses observations de troubles de la mémoire variant suivant le genre et le siège de la lésion, depuis l'abolition totale de la mémoire, jusqu'aux troubles les plus partiels, tels que la perte de la mémoire d'un ordre de sensations, d'un ordre de signes, d'un ordre de connaissances, des noms propres, d'une langue ou même d'une lettre.

C'est que la mémoire n'est point une chose simple, mais une opération nerveuse dont les conditions essentielles peuvent se ramener à deux espèces :

« 1° Une modification particulière imprimée aux éléments nerveux ;

« 2° Une association, une connexion particulière entre un certain nombre de ces éléments. »

Autrement dit, il en est un peu de la mémoire comme de toutes nos autres fonctions physiologiques et psychologiques : nous pouvons, à la rigueur, localiser de préférence la mémoire dans le système nerveux, mais nous ne devons ni méconnaître, ni oublier que l'imprégnation nerveuse ne peut pas plus, à elle seule, être considérée comme constituant toute la mémoire, que l'ébranlement nerveux ne peut être pris pour la sensation. Ce qui constitue la base, le substratum de la mémoire, c'est le mode, c'est la connexion de l'enregistrement, de la détermination intra organique (subjective) de la sensation par rapport à ses dépendances et corrélations avec tout ce qui la détermine, la différencie et l'individualise. De là toute la complexité du moindre fait de mémoire qui comprend, non seulement le réveil, le renouvellement d'une sensation passée et sa différenciation de toutes les autres sensations précédentes, coexistentes ou consécutives, mais encore l'ensemble implicite de toutes les actions et réactions nerveuses, musculaires, glandulaires, vasomotrices et psychiques que suppose toute manifestation semblable. Ce n'est qu'en méditant cette extrême complexité et en tenant compte de toutes ces affiliations que l'on pourra entrevoir les raisons et l'explication d'une foule de particularités qui surgissent sans cesse à l'occasion de faits journaliers, et la possibilité, à l'infini, de combinaisons nouvelles entre nos états de conscience et nos perceptions de toutes sortes.

Seulement, de même que nous ne pourrions rien comprendre à l'organisation de la vie, ni aux fonctions physiologiques, si nous n'admettions la formation de connexions nécessairement sériées entre les éléments anatomiques, d'où naissent les organes et les fonctions, ainsi nous ne pourrions pas davantage comprendre la mémoire, si nous n'admettions la même tendance nécessaire à la sériation des faits de sensibilité, d'où la formation des états de conscience, leurs groupements et leurs différenciations dans le temps et dans l'espace. Il en est donc de la mémoire comme de la formation des appareils sensoriels; elle résulte de la différenciation dans le temps des innombrables faits de sensibilité, d'où une tendance naturelle, fatale, pour ceux-ci à se sérier, à se grouper suivant leurs « affinités », en provoquant autant d'adaptation qui, sous le nom de souvenir, d'habitude, constituent, pour ainsi dire, autant de centres d'attraction, autant de prédispositions à recevoir de nouvelles et semblables excitations, sensations ou idées. De là, en effet, une facilité à se souvenir directement proportionnelle aux conditions et circonstances favorisant le retour des mêmes faits. En un mot, la mémoire nous apparait comme indiscutablement soumise aux lois mêmes de la sensibilité; loi de différenciation qui en constitue la condition fondamentale de production ; loi de coordination qui en permet la fonction consciente au milieu du chaos de nos excitations de toutes sortes ; loi d'organisation qui en assure la persistance des effets en faisant d'une adaptation passagère, accidentelle, d'abord une habitude, ensuite une véritable fonction.

CHAPITRE XII

DU JUGEMENT

Bien que l'on entende généralement par jugement la faculté « essentielle » par laquelle l'homme perçoit, compare et apprécie les rapports des choses et des idées, il est universellement admis que le jugement est personnel et varie pour chaque individu suivant l'âge, les conditions de milieu et l'état psychologique : cela tient à ce que le jugement n'est que notre façon de voir les choses et les idées telles que nous les sentons ou telles qu'elles se déterminent en nous, ce qui implique, d'après ce que nous avons vu de la loi d'organisation de notre sensibilité, de notre mentalité et de notre moralité, que nous sentons, percevons et jugeons nécessairement les choses et les idées, suivant notre conformation, suivant notre constitution mentale et morale, d'où la variabilité de notre jugement en corrélation de tout ce qui peut modifier notre mentalité et notre moralité : âge, éducation, milieu intellectuel, moral ou social. De là, aussi, la difficulté de nous rendre compte nous-mêmes de nos propres erreurs de jugements (1), puisque notre jugement n'est que l'expression de notre façon de sentir et que nous ne pouvons pas en même temps sentir, percevoir, juger de deux manières opposées. Sans doute, nous pouvons reconnaitre ultérieurement nos erreurs de jugement, c'est ce qui constitue notre éducation, notre perfectionnement intellectuel et moral, mais il faut remarquer que cette perfectibilité, quoique infiniment plus marquée dans la race humaine que dans le reste de l'animalité, n'est cependant point le propre du plus grand nombre ; les lenteurs du

(1) Tout le monde se plaint de sa mémoire et personne de son jugement (La Rochefoucauld).

développement séculaire de la mentalité humaine, les périodes de stagnation où la pensée semble se figer, se cristalliser ; les effets si désastreux et généralement si peu logiques de la routine, les erreurs souvent si inexplicables et leurs irrésistibles entraînements sont autant de preuves du rôle de l'organisation qui transforment la plus grande partie de la vie pyschique, morale et sociale de l'humanité en une sorte de fonction instinctive, où l'automatisme joue un rôle prépondérant, l'humanité continuant sa route comme le boulet dans l'espace par la seule force de sa vitesse acquise. Nous ne réfléchissons pas assez, en général, à la somme d'inconscience, d'automatisme, dont se compose notre vie psychique ; nous oublions trop volontiers que nos jugements, raisonnements et volitions ne se font jamais si bien, si sûrement et si rapidement que lorsque ces opérations se produisent en nous par l'effet de l'habitude, de l'entraînement, de l'adaptation qui résultent de leur répétition fréquente et les font se produire avec les mêmes caractères de facilité, de précision que les actes réflexes dus à nos adaptations organiques. Il est cependant bien certain que nous pensons, raisonnons, jugeons et agissons dans le cours habituel de nos pensées ou occupations intellectuelles sans avoir besoin d'examiner, de comparer, nos diverses idées, raisons ou états de conscience qui deviennent le point de départ, la cause déterminante de nos pensées ultérieures ou de nos actes. Nous savons si bien que chacun de nous a une façon habituelle de penser et de juger que nous n'hésitons pas à en inférer d'avance son opinion dans tel ou tel cas déterminé. Il est vrai que ceci n'a rien d'absolu et prête à de nombreuses désillusions, mais cela tient surtout à l'impossibilité où nous sommes de pouvoir tenir compte de toutes les conditions, de tous les mobiles, de tous les états de conscience qui entrent en jeu pour la détermination d'un jugement chez un de nos semblables. Il suffit de rentrer en soi-même pour se reconnaître une certaine tendance à juger, en moyenne, à peu près toujours de la même façon. D'ailleurs, s'il n'en était pas ainsi le jugement n'aurait plus aucunement la signification personnelle qu'implique l'idée de « faculté essentielle » qu'on s'en fait ordinairement ; c'est précisément parce que chaque homme offre une certaine constance dans sa faculté de juger, c'est parce que tous les hommes, envisagés dans leur ensemble, présentent une moyenne analogue dans la façon de juger, que l'on a eu l'idée de considérer le jugement comme une faculté gouvernée par une loi supérieure aux choses contingentes de notre monde physique et qu'on a voulu en faire une expression, une preuve de l' « essentialité de l'âme ». Or, tandis qu'avec cette façon « orthodoxe » d'envisager le jugement, nous ne pouvons comprendre, en somme, ni la variabilité individuelle, ni les erreurs séculaires, ni l'incertitude de notre faculté de juger, nous avons, au contraire, avec notre conception de la nature « sensible » et du développement expérimental du jugement, la plus grande facilité de nous expliquer toutes ces particularités, variabilités et défaillances, et surtout nous y découvrons la raison des différentes espèces de jugements analytiques, synthétiques, nécessaires ou contingents, absolus ou relatifs.

Le jugement, en effet, n'étant pour nous qu'une manifestation de notre sensibilité par laquelle nous sentons, percevons et comparons les rapports ou relations des choses et des idées, se trouve nécessairement soumis aux mêmes lois que la sensibilité : loi de différenciation qui nous fait sentir et juger les différences des choses aussi bien que les éléments qui les composent, soit séparément (jugement analytique), soit dans leur ensemble ou totalisation (jugement synthétique) ; loi d'accoutumance ou d'organisation qui, nous faisant percevoir les rapports, relations, différences ou analogies toujours de la même façon, nous donne l'impression de nécessité, d'absolu des choses directement proportionnelle à la somme de leurs répétitions dans notre conscience, sous le nom d'expérience ou de connaissance. Voilà pourquoi, à propos de jugement comme à propos des idées, nous retrouvons le même caractère d'universalité, de généralité et d'innéité pour tout ce qui a trait à tout ce qui s'offre toujours à tous les hommes avec les mêmes caractères, dans les mêmes conditions ; c'est ce qu'on a traduit sous le nom d'idées et de jugement de *sens commun*. Voilà pourquoi nous croyons si fermement à l'existence du monde objectif, de la « matière » parce que « notre affirmation » vise notre sensation, notre état de conscience résultant du rapport des corps extérieurs avec nous-mêmes. C'est précisément ce rapport, cette relation constante entre les corps physiques et notre organisme qui constitue la vérité expérimentale ; nous sentons bien que ce rapport est constant et ne dépend nullement de la valeur que nous attribuons à ce mot « matière » (1). Nous savons et nous comprenons que les rapports proportionnels de distances ou de nombres qui relient les objets et les phénomènes sont constants, quelle que soit la valeur de la mesure prise comme terme de comparaison : aussi, dans ce cas, notre jugement est-il absolu. Quand, au contraire, nous sentons notre impossibilité d'envisager toutes les relations et conditions d'un phénomène, nous ne portons et ne devons porter qu'un jugement relatif : c'est la différence entre les sciences abstraites et les sciences expérimentales. On a voulu opposer le caractère absolu des données premières de la conscience, du sens intime, à la relativité, à l'incertitude des données de nos sens ; mais il y a là une erreur ou une insuffisance d'interprétation. Dire, en effet, que nos sens nous trompent, quand, par exemple, une tour carrée, vue de loin, nous paraît ronde, ou quand un bâton plongé dans l'eau nous semble brisé, c'est méconnaître que l'erreur ne provient point de nos sens à proprement parler, mais bien de l'interprétation, du jugement que nous portons : l'erreur n'est ni dans la tour, ni dans le bâton, ni même dans notre œil où la tour se profile ronde, et le bâton brisé, mais elle est dans notre jugement ou mieux dans l'insuffisance de notre perception, attendu qu'il nous suffit de compléter l'analyse, c'est-à-dire la différenciation de pareils faits de sensibilité pour corriger notre erreur. Il serait facile de faire la même démonstration pour les divers exemples qu'on a l'habitude de citer à ce sujet. Il n'est plus besoin d'insister aujourd'hui pour établir que non seulement les prétendues erreurs de nos sens sont des erreurs de notre sens intime, mais encore pour rappeler les innombrables preuves des erreurs de toute espèce dont nous sommes susceptibles dans le domaine intellectuel aussi bien que dans le moral. Nous avons déjà trop insisté sur ces constatations devenues banales pour nous y attarder davantage ici. Par conséquent il nous faut bien reconnaître que le jugement humain est d'origine sensible, est

(1) *Le Monde physique*, p. 13.

perfectible par l'expérience et n'acquiert son caractère d'innéité, de nécessité, d'absolu, que par l'adaptation organisée des faits de sensibilité qui lui donne son innéité analogue à l'innéité de nos diverses fonctions et son caractère de nécessité et d'absolu, précisément parce que, étant adaptés organiquement pour sentir et réagir, percevoir et juger, de telle ou telle façon, nous ne pouvons ni sentir, ni percevoir, ni juger autrement. Il n'est personne pour soutenir que ce n'est pas de l'expérience que nous vient la conviction que 2 et 2 font 4, car il est amplement prouvé que l'enfant doit l'apprendre et que des sauvages se montrent incapables, sinon d'apprendre que 2 et 2 font 4, du moins de comprendre que 4 et 4 font 8. Quant à nos jugements de raison pure dans le domaine de l'abstrait, nous avons les mêmes raisons de les faire procéder de l'expérience, puisqu'ils ne sont que l'expression de nos sens supérieurs ou psychiques que nous appelons le sens intellectuel ou raison, le sens esthétique et le sens moral, et qu'ils ne sont que la manifestation de l'idéation supérieure consciente que nous appelons pensée, de sorte qu' « il n'y a pas une opération de l'esprit qui ne soit un jugement ou qui ne soit accompagnée d'un jugement. » (V. Cousin.) « Le raisonnement se compose de jugements, le jugement d'idées, l'idée, à son tour, implique le jugement, et le jugement le raisonnement. » (E. Alaux.)

CHAPITRE XIII

DE LA VOLONTÉ

Si l'on voulait appliquer à la Volonté, la même idée absolue que Kant a attachée au Devoir, on serait forcé, à moins de ne pas tenir compte de la réalité des faits, de reconnaître qu'aucun acte humain ne peut jamais, dans toute la rigueur du terme, être considéré comme absolument volontaire, c'est-à-dire comme absolument libre. Il n'est, du reste, plus personne pour considérer la volonté comme une chose simple, absolue : tout le monde reconnaît qu'elle suppose la conception d'une action à faire, des moyens de l'exécuter, du but à atteindre, des motifs qu'on peut avoir de la faire ou de ne pas la faire, sans oublier les mobiles qui nous poussent dans un sens ou dans l'autre.

Nous retrouvons encore ici le même rôle de l'exclusivisme qui entraine les uns à ne considérer la volonté qu'au point de vue physiologique, et les autres au point de vue moral. Pour qui veut se cantonner dans le domaine intransigeant de la raison pure, de la morale métaphysique, il est bien impossible, en effet, de descendre à reconnaître dans l'activité organique, automatique, réflexe, de l'animalité inférieure, l'origine première de l'orgueilleuse volonté humaine. Mais, en procédant ainsi, on se trouve dans l'inévitable nécessité de rejeter dans l'animalité pure la plus grande somme des actions des hommes même les plus supérieurement développés, et la vie tout entière du plus grand nombre des êtres humains, sans pouvoir, d'ailleurs, arriver à se mettre hors d'atteinte de la critique.

Puisque tout le monde savant s'accorde sur le mécanisme de l'acte réflexe, universellement considéré comme le type de l'action nerveuse, puisque, de cette façon, le réflexe nous apparait comme la réaction, c'est-à-dire comme la résultante de l'excitation qui le provoque, ne pouvons-nous pas en conclure avec les physiologistes que le réflexe doit nécessairement tendre, et tend, en effet, à devenir la résultante de composantes de plus en plus complexes au fur et à mesure que les excitations et répercussions intra-organiques se multiplient et se compliquent davantage. C'est là un point trop bien établi scientifiquement pour qu'il soit besoin d'insister.

D'autre part, nous avons vu que l'excitation externe, transmise par les filets nerveux, sous forme vibratoire, ne peut se concevoir transformée en sensation, autrement que grâce à une modification dynamique, d'une nature quelconque, vibratoire pour nous, dans l'élément nerveux qui joue le rôle d'un appareil récepteur. Nous avons dit, encore, que les sensations par leur jeu mutuel d'action et de réaction provoquent leurs propres différenciations, leurs coordinations et leurs individualisations entre elles qui constituent l'idéation et la pensée. Or, dans tous ces cas, il est impossible de méconnaître la nécessité de supposer des différenciations ou modifications nerveuses, dynamiques, vibratoires ou autres. Par conséquent, nous pouvons donc dire que toute l'activité psychique implique toujours une intervention, c'est-à-dire une modification nerveuse, au fond, parfaitement analogue à l'excitation première, d'origine externe, puisque c'est à elle que nous font remonter, en dernière analyse, toutes nos idées et actions concernant notre vie objective. Par conséquent, nous devons considérer toutes les manifestations de notre activité interne, que nous appelons plus spécialement imagination, intelligence, volonté, comme la réaction, comme la résultante de composantes de plus en plus complexes à mesure que la somme de nos sensations, perceptions, états de conscience, se multiplie dans la vie, sous le nom d'Expérience. Remarquons encore une fois que cette théorie de la matérialisation nerveuse de toute notre activité psychique est nécessaire à la compréhension de la mémoire, de l'imagination, du rêve, de l'hallucination et se trouve corroborée par tous les travaux les plus récents qui établissent le rôle du système nerveux et de la circulation cérébrale dans les fonctions psychiques les plus élevées, ainsi que par la pathologie qui fait, pour ainsi dire, l'anatomie de l'organisme psychique en nous montrant les différentes façons dont chacune de nos prétendues facultés peut se décomposer, s'altérer partiellement, et se trouve soumise à la loi de régression (Ribot), d'autant plus curieuse, qu'elle déroule devant nos yeux, dans l'ordre inverse à leur organisation, la succession des étapes par où est passé leur développement.

Enfin, si nous avons soin de bien nous pénétrer du caractère tout mécanique du réflexe et de l'envisager comme une simple résultante, nous comprendrons facilement que cette résultante doit se modifier en raison directe de ses composantes. C'est là ce que nous pouvons appeler la loi fondamentale de la volonté, mais il importe de l'expliquer pour éviter toute confusion et toute interprétation erronée. Auparavant, voyons d'abord si cette conception de la volonté, envisagée comme la résultante des états de conscience, peut s'accorder avec les idées les plus généralement admises. Il est bien indiscutable que tout le monde implique un élément de conscience dans la volonté, puisque, supprimer cette intervention de la conscience, ce serait enlever ce qui différencie l'acte volontaire du réflexe, de l'automatisme. Or, quelle que soit la conception qu'on se fasse de la volonté et du libre arbitre, il faut toujours bien en revenir à admettre que le rôle de la conscience dans l'acte volontaire consiste exclusivement à avoir conscience de cet acte, et non à le faire : ce n'est pas la conscience qui exécute, ce n'est même pas elle qui veut, à proprement parler. D'ailleurs vouloir n'est pas pouvoir, pas plus que vouloir n'est agir. Cela revient toujours à dire que dans la volonté, ou plutôt dans la manifestation de la volonté, il y a au moins deux choses (Ribot) :

1° Un état de conscience qui sent, juge une situation ;

2° Un acte qui exécute ou suspend.

Il est bien évident qu'il ne peut y avoir acte volontaire que là où il y a d'abord conscience de la nature et des moyens : par conséquent, ce qu'on appelle l'activité volontaire n'est pas un commencement mais une fin, une résultante : l'acte volontaire est un réflexe devenu conscient, comme la conscience est une impression devenue sentie par le seul effet de la complexité des répercussions intra-organiques qui se solidarisent ainsi nécessairement et s'individualisent dans le sujet. On oublie trop, en effet, quand on envisage la volonté, qu'elle consiste essentiellement dans la perception consciente soit du vouloir, soit de l'acte, soit de l'arrêt : c'est ce qu'exprime très bien l'habitude que nous avons de dire que nous sommes libres de faire telle ou telle action puisque nous sentons que nous pouvons la faire ou ne pas la faire suivant que nous le voulons ou ne le voulons pas. Mais il suffit d'analyser un peu plus profondément ce qui se passe au fond de nous-même en présence d'une volition pour comprendre que l'essence même de la volonté se réduit toujours à sentir que nous allons faire, que nous avons fait, que nous désirons ou que nous sommes entraînés à faire tel ou tel acte parce que nous le voulons, c'est-à-dire parce que nous sentons, au moins, que cet acte est nôtre, est une mise en activité d'une partie de nous-mêmes, alors que nous sentons fort bien que nous pourrions ne pas la laisser agir ou en faire agir une autre. Tout est là, et toute la difficulté de la volonté et du libre arbitre provient de cette réduction ultime de la volonté à la conscience. On a souvent invoqué comme caractère distinctif de la conscience qu'elle implique une durée plus grande dans les actions nerveuses où elle se manifeste que dans celles où elle n'apparaît pas ou n'apparaît plus par suite de la transformation automatique d'une réaction primitivement consciente. On dit de même que l'acte volontaire exige plus de temps, demande un temps nécessaire à la réflexion, implique un effort : cela est toujours vrai si on compare les actes vraiment volontaires, délibérés, aux actes devenus plus ou moins automatiques par suite d'une adaptation habituelle. Cela encore nous est d'un grand secours pour justifier notre façon d'interpréter la volonté comme un effet, comme une manifestation de la conscience qui ne peut intervenir pour prendre connaissance de ses différents états résultant des conditions et causes diverses d'une action à faire, d'une résolution à prendre : c'est là un travail interne de répercussion d'une complexité dont nous pouvons à peine nous douter, qui doit exiger d'autant plus de temps qu'il est plus complexe et moins préparé ; c'est en effet ce que nous pouvons constater dans la plupart de nos volitions qui sont d'autant plus longues et pénibles à se développer qu'elles se présentent dans des conditions plus nouvelles, plus imprévues. Au contraire, la répétition, le renouvellement des mêmes états de conscience entraînent une facilité, une absence d'hésitation croissantes jusqu'à ce que, par l'effet d'une véritable habitude, les actes qui en découlent s'exécutent avec la régularité, la promptitude des automatismes, des réflexes; c'est ce qui nous arrive pour toutes nos contractions musculaires, dites volontaires, qui constituent la marche, que nous exécutons dans toutes les professions manuelles avec une dextérité que nous n'atteignons précisément que lorsqu'un exercice suffisamment répété nous a mis en état de les faire sans l'intervention de la volonté, ni de la conscience. Il suffit de rappeler tous les jeux d'adresse, les exercices des équilibristes, des pianistes, des escrimeurs, de l'écriture, du dessin, etc., tout le monde sait que, dans tous ces cas, un retour de l'attention, c'est-à-dire de la conscience, de la volonté, entraîne à peu près fatalement une faute, un retard, une infériorité.

Tout cela, en réalité, est facile à comprendre si on veut bien prendre la peine de réfléchir au mécanisme des répercussions nerveuses intra-organiques qui engendrent les faits de sensibilité, de conscience et de volonté.

Quand un enfant nouveau-né, encore tout « spinal » (Virchow) au point de vue de ses actions nerveuses, sent dans sa bouche le bout du sein de sa mère, on peut certainement dire qu'il tète par instinct, c'est-à-dire par le seul effet mécanique d'une adaptation organique transmise héréditairement. Si on lui présente une tétine en caoutchouc, on peut encore invoquer la similitude de sensation comme capable de tromper son instinct ou mieux de provoquer la même action de téter; mais si on lui présente un morceau de sel, il fermera et détournera la bouche et criera : est ce volontairement ou bien par un simple effet réflexe ? On peut discuter sur ce point : peu importe, du reste, la solution qu'on adopte, car ceci ne peut être considéré comme une transition, un stade entre les manifestations purement organiques, instinctives du nouveau-né et l'apparition de la volonté chez l'enfant plus âgé. Lorsqu'au bout de huit à neuf mois, et même avant, l'enfant a pris l'habitude du sein de sa mère ou de sa nourrice, lorsqu'il a appris à la connaître et qu'il indique sa connaissance consciente en lui témoignant de la préférence de diverses façons, dira-t-on encore que c'est un pur effet de l'habitude, un simple réflexe qui le fait refuser tout autre sein avec une opiniâtreté parfois inquiétante ? Et si on nous refuse encore de voir là une première ébauche de la volonté qui consiste précisément dans ce cas à ne pas vouloir ce que demande l'instinct, on nous accordera, au moins, que plus tard, vers trois ou quatre ans, dix ans même, ce sera bien un effet de la volonté qui fera que cet enfant demandera certains aliments, en refusera d'autres, caressera sa maman et refusera de se laisser embrasser par une étrangère. Toujours, il est vrai, on pourra nous dire que, dans tous ces cas, il y a une foule de causes ou de circonstances qui peuvent nous aider à expliquer les caprices de cet enfant : nous le reconnaissons volontiers, seulement nous demandons de soumettre à la même analyse ceux de nos actes considérés comme les meilleurs exemples de notre volonté et de notre libre arbitre pour voir si nous ne trouverons pas aussi des conditions, circonstances et causes capables de nous expliquer la détermination voulue. Au fond, quand on prétend soutenir une différence « essentielle » entre la volonté et une simple action nerveuse, on a surtout en vue le pouvoir d'arrêt, la faculté que nous possédons de suspendre l'exécution d'un mouvement, de nous abstenir d'une action que nous nous sentions plus ou moins impérieusement entraînés à faire. Or, là encore, l'analyse nous montre le mécanisme du phénomène dans l'effet de la complexité croissante des actions, réactions et répercussions nerveuses. Sans nous arrêter aux théories des physiologistes qui nous décrivent des nerfs d'arrêt, des centres d'arrêt dans le cerveau (Goltz) (1), des centres modérateurs dans les lobes frontaux (2), un pouvoir d'inhibition (Brown-Séquard), nous croyons qu'il suffit de remarquer que la résultante d'une action nerveuse, nécessairement modifiable en raison des composantes, doit nécessairement tendre à se manifester en raison composée des influences en jeu. Il en est évidemment ici comme ailleurs,

(1) Voir *Physiologie de Hermann* : expériences de Setschenow, Goltz, Schiff, Herzen, Cyon, etc.

(2) Ferrier, *Les Fonctions du cerveau*, Wundt, *Méchanic der Nerven*, Lewes, *Physical Basis of mind.*

deux influences diamétralement opposées doivent se faire équilibre, se neutraliser. Or nous savons que toute excitation entraîne une réaction soit effective, que nous appelons réflexe, soit virtuelle, à l'état de tension. qui constitue une réserve, une tendance (idée, désir, volition); par conséquent deux ou plusieurs excitations doivent semblablement produire des réactions soit effectives, soit virtuelles, mais aussi ces actions et réactions peuvent agir et réagir les unes sur les autres et entraîner des effets variables analogues à ce que nous appelons l'interférence en physique, l'inhibition en physiologie, la combinaison en chimie, l'association en psychologie ; peu importe la théorie, le fait constant, réel, c'est la mutuelle corrélation des actions nerveuses d'où résulte une série infinie de combinaisons ou résultantes possibles. Nous ne pouvons pas admettre une seule action nerveuse sans sa propre adaptation, solidarisation avec les autres : par conséquent, aucune action nerveuse ne peut être envisagée isolément, puisque ce serait la considérer en dehors des conditions où elle est possible. Ceci s'applique aussi bien aux faits de volitions qu'à ceux de conscience et de simples réflexes. Un vouloir, un acte volontaire ne peut donc jamais être que la résultante d'un nombre et d'une complexité de composantes d'autant plus considérables que ce vouloir, que cet acte volontaire implique une plus grande complexité d'états de conscience. Nous pouvons donc dire que les manifestations de notre volonté impliquent des conditions déterminantes d'autant plus complexes que nous multiplions davantage nos états de conscience, notre expérience. Ce qui revient à dire que nous étendons le domaine de notre volonté, que nous en multiplions les possibilités de manifestation à mesure que nous enrichissons la représentativité de notre conscience, puisque nous multiplions ainsi les chances que nous pouvons avoir de connaître le pour et le contre de nos décisions.

Pour vouloir quelque chose, il faut d'abord savoir ce qu'est ce quelque chose, juger de sa convenance avec telle ou telle autre chose, c'est-à-dire que vouloir c'est choisir. Mais choisir est un effet d'un jugement, d'une connaissance dans la sphère intellectuelle, tandis que, dans la sphère animale, ce n'est plus qu'un besoin.

Rapprochons le besoin organique, physiologique de l'instinct dans l'animal et même chez l'homme, de l'appétence, du désir, de l'habitude intellectuelle et morale, et nous comprendrons la vraie genèse et le véritable mécanisme des grandes manifestations de notre volonté que nous qualifions de Raison et de Moralité.

Pour nous faire une juste conception de la volonté, il ne faut point seulement nous arrêter à un exemple particulier de volition, d'abord parce que nous ne pouvons avoir la certitude de connaître toutes les conditions de sa détermination, et, ensuite, parce que l'interprétation que nous pouvons nous faire d'un cas isolé ne doit pas et ne peut pas être confondue avec le fait lui-même. C'est là une règle fondamentale en science expérimentale qui est presque toujours négligée en pratique. Nous avons naturellement de la tendance à considérer comme la loi, comme la cause d'un phénomène la raison que nous lui attribuons dans notre esprit. Il n'est assurément aucune circonstance où nous soyons plus portés à juger ainsi que dans tout ce qui concerne notre volonté, notre sens intime. Que de fois ne croyons-nous pas très sincèrement agir d'après tel mobile avoué, déclaré, accepté, alors que, si nous nous interrogeons bien au fond de nous-mêmes, nous sommes obligés de reconnaître notre illusion. Nous n'en finirions pas si nous voulions énumérer les preuves à ce sujet. Personne ne peut nier l'influence prépondérante de la passion, de l'habitude, de la manie, de l'état de santé ou de maladie, tout le monde connaît des exemples typiques de maladies de la volonté (1). En réalité, il est clair pour qui veut se donner la peine de voir les choses telles qu'elles se manifestent à nous, que la volonté est essentiellement caractérisée par la façon dont chacun réagit en présence de ses états de conscience. La volonté, de l'avis de tout le monde, est la plus haute manifestation de la personnalité humaine ; mais elle ne peut l'être qu'à la condition d'être l'expression de tout ce qui caractérise, personnifie la façon de sentir, de comprendre, de juger et d'agir de chaque individu· ce qui veut dire que la volonté n'est, et ne peut être que la

(1) Les *Maladies de la volonté*, par Th. Ribot. Alcan.

résultante de la constitution physiologique et psychologique de l'individu. Cela nous ramène à concevoir la volonté comme la façon particulière dont chacun se trouve adapté, ajusté, accordé, pour vibrer, réagir, en présence des excitations, absolument comme nous l'avons vu pour la sensibilité, l'instinct et la mentalité.

Il n'y a point une volonté humaine, mais il y a des volontés humaines (1); il n'y a point une volonté de Pierre ou de Jean, mais il y a des volontés chez Pierre et chez Jean, variables suivant l'âge, l'état de santé, les circonstances et les conditions de vie ; enfin il n'y a point une volonté dans le sens d'unité, d'entité, mais il y a des volitions.

Maintenant, il n'est pas nécessaire d'insister pour montrer que la volonté nous paraît soumise aux mêmes lois que la sensibilité :

Loi de différenciation nécessaire à la perception consciente qui constitue le fait volontaire ;

Loi de coordination qui combine, solidarise, et hiérarchise les actions, réactions et corrélations nerveuses, depuis le simple réflexe jusqu'à l'acte conscient (2). C'est la coordination qui unifie, individualise les actes : « la coordination la plus parfaite est celle des plus hautes volontés, des grands actifs, quel que soit l'ordre de leur activité : César ou Michel-Ange, ou saint Vincent de Paul. Elle se résume en quelques mots : unité, stabilité, puissance. L'unité extérieure de leur vie est dans l'unité de leur but, toujours poursuivi, créant au gré des circonstances des coordinations et des adaptations nouvelles. Mais cette unité extérieure n'est elle-même que l'expression d'une unité intérieure, celle du caractère. C'est parce qu'ils restent les mêmes que leur but reste le même. Leur fond est une passion puissante, inextinguible, qui met les idées à son service. Cette

(1) Il est bien entendu qu'il s'agit ici de la volonté de l'homme considéré comme individu, car nous verrons qu'il y a une volonté collective dans la vie sociale.

(2) Ribot fait remarquer que les impulsions irrésistibles qui, à elles seules, représentent la pathologie de la volonté presque toute entière, se réduisent à cette formule : absence de coordination hiérarchique, action indépendante, irrégulière, isolée, anarchique.

passion, c'est eux, c'est l'expression psychique de leur constitution telle que la nature l'a faite. Aussi comme tout ce qui sort de cette coordination reste dans l'ombre, inefficace, stérile, oublié, semblable à une végétation parasite. Ils offrent le type d'une vie toujours d'accord avec elle-même, parce que chez eux tout conspire, converge, consent. Même dans la vie ordinaire, ces caractères se rencontrent sans faire parler d'eux, parce que l'élévation du but, les circonstances et surtout la puissance de la passion leur ont manqué ; ils n'en ont gardé que la stabilité. — Sous une autre forme, les grands stoïciens historiques, Epictète, Thraséas, ont réalisé ce type supérieur de volonté sous sa forme négative, — l'arrêt, — conformément à la maxime de l'école : « supporte et abstiens-toi. (1) »

A l'extrême opposé nous trouvons le règne du caprice, l'incoordination des hystériques et des névropathes si justement dénommés vulgairement des détraqués.

La preuve que la coordination est bien la loi de la volonté, c'est « qu'on peut prédire *a priori* qu'elle se produira beaucoup plus rarement que les formes plus simples d'activité, parce qu'un état complexe a beaucoup moins de chances de se produire et de durer qu'un état simple. Ainsi vont les choses en réalité. Si l'on compte dans chaque vie humaine ce qui doit être inscrit au compte de l'automatisme, de l'habitude, des passions et surtout de l'imitation (2), on verra que le nombre des actes purement volontaires, au sens strict du mot, est bien petit. Pour la plupart des hommes, l'imitation suffit; ils se contentent de ce qui *a été* de la volonté chez d'autres, et, comme ils pensent avec les idées de tout le monde, ils agissent avec la volonté de tout le monde. Prise entre les habitudes qui la rendent inutile et les maladies qui la mutilent ou la détruisent, la volonté est, en somme, un accident heureux.

« Est-il enfin nécessaire de faire remarquer combien cette coordination à complexité croissante des tendances, qui forme les étages de la volonté, est semblable à la coordination à com-

(1) Ribot, *Les Maladies de la volonté*, Conclusion, p. 173. Alcan.

(2) Consulter à ce point de vue *Les Lois de l'Imitation*, par G. Tarde. Alcan.

plexité croissante des perceptions et des images, qui constitue les divers degrés de l'intelligence, l'une ayant pour base et condition fondamentale le caractère, l'autre pour base et condition fondamentale les « formes de la pensée » ; toutes deux étant une adaptation plus ou moins complète de l'être à son milieu, dans l'ordre de l'action et dans l'ordre de la connaissance (1) », conformément à la loi d'accoutumance qui entraîne une adaptation de plus en plus parfaite et une tendance à la répétition de plus en plus automatique jusqu'à ce que, par la loi d'organisation, l'enchaînement des actions et de leurs réactions arrive à en fixer le mécanisme et à en rendre la production tout à fait machinale, tout à fait fonctionnelle, comme le prouve irréfutablement toutes nos notions de pathologie mentale ?

(1) Ribot, *loc. cit.*

CHAPITRE XIV

DE LA PENSÉE

Il en est de la Pensée comme de la Vie : il nous est impossible de marquer la limite absolue où elle commence et nous ne pouvons pas davantage la faire consister en telle ou telle opération de l'Intelligence ou de la Conscience. Sans doute, nous réservons plus spécialement l'expression de « penser » pour traduire l'introspection par laquelle nous considérons nos idées en tant qu'idées, mais il est impossible de méconnaitre aussi que le travail de la pensée embrasse l'ensemble de nos fonctions psychiques, comme la vie embrasse l'ensemble de nos fonctions physiologiques, ce qui a été traduit par la distinction de la vie du corps et de la vie de l'âme. C'est bien dans ce sens que l'entendent les partisans de l' « essentialité » de la Pensée humaine, et c'est bien l'idée la plus complète et la plus traditionnelle que l'on puisse s'en faire. Ainsi envisagée, la Pensée nous apparait dès lors comme la résultante de l'ensemble des fonctions supérieures de sensibilité, de conscience et d'intelligence.

De tous les arguments invoqués pour conserver à l'homme sa place « à part » dans la création, pour établir la « substantialité immatérielle » de son « âme », il n'en est point de plus difficile à combattre que celui qu'on tire de la « faculté » de penser. On concédera à la Science que la vie pourrait n'être que la résultante des actions physico-chimiques de la matière vivante ; on accordera que les animaux paraissent capables de sentir, de discerner et même d'avoir des idées rudimentaires, mais jamais un esprit métaphysicien ne pourra concevoir que la Pensée humaine puisse ne consister que dans un degré plus élevé de ce même travail de l'idéation physique telle que les observations incessantes des naturalistes finissent par obliger à la reconnaître chez la « brute ».

Les documents et les analyses peuvent montrer qu'il faut renoncer à trouver dans la Pensée humaine proprement dite une caractéristique quelconque, comme la « faculté d'abstraire », de « faire et d'employer des signes », le « sens du divin », la « religiosité » ; la science a beau établir l'inexactitude de toutes ces prétendues preuves d' « essentialité », toujours un esprit métaphysicien continue à « sentir dans son for intérieur » qu'il ne peut pas en être ainsi et à planer dans les sphères transcendantes des « universaux, des catégories, de l'Etre et de la substance » qui ne sauraient être le produit d'une idéation physique, attendu que jamais on ne pourra faire sortir le « conscient de l'inconscient ».

Il suffit d'avoir eu l'occasion de suivre quelques-unes de ces discussions où chaque interlocuteur continue sa propre argumentation sans se préoccuper de comprendre son adversaire, il suffit de lire quelques-unes des critiques des idées nouvelles en psychologie faites par des métaphysiciens professionnels, pour sentir toute l'invulnérabilité d'une pareille conviction. La loi d'organisation des faits de conscience, le caractère organisé de la mentalité, nous donnent la raison de cette immutabilité et de cette résistance insurmontable, mais il faut bien reconnaître aussi que cela tient beaucoup à la méthode à rebours que l'on emploie généralement pour l'examen critique de pareilles questions.

En effet, quand on aborde la discussion sur la « nature » de la Pensée ou de l'Intelligence humaine, on commence presque toujours par envisager cette « faculté » dans ce qu'elle a de plus élevé, de plus transcendant chez les natures bien douées, chez les penseurs les plus illustres. Il est clair que la pensée d'un Aristote ou d'un Platon, d'un Pascal ou d'un Newton, ne constitue point précisément un spécimen dans lequel il soit facile de ne voir qu'une question de degré avec ce qu'on observe chez le singe le plus intelligent, l'abeille la plus diligente, la fourmi la plus industrieuse. C'est à peu près comme si on voulait comparer l'alimentation toute physico-chimique d'un polype aux dépens des matériaux en suspension ou en solution dans l'eau qui le baigne de toutes parts et pénètre dans son utricule alimentaire, avec tout ce que comporte l'alimentation raffinée d'un prince de la finance qui met à contribution la quintessence de l'art culinaire et les produits des quatre coins du globe, sans oublier les diverses mesures et précautions qui ont pour but de préparer, exciter et maintenir l'appétit, de faciliter la digestion et de remédier aux inconvénients d'une trop riche absorption.

Il parait bien indiscutable cependant que l'homme n'a point paru subitement sur notre globe, armé et paré de cette intelligence supérieure qui fait notre orgueil. Sans même compter les innombrables preuves que la science récolte chaque jour de l'ancienneté de l'homme sur la terre et de l'état rudimentaire de l'intelligence de l'homme des cavernes, de l'âge de pierre, il est impossible de méconnaître l'état singulièrement inférieur dans lequel croupit encore la sœur arriérée de cette belle intelligence chez les peuplades sauvages comme les Tasmaniens, les Fuégiens et autres. Dès lors, de deux choses l'une : ou bien il faut admettre que la Pensée humaine a suivi une évolution graduelle depuis ses degrés les plus inférieurs dont nous retrouvons encore l'exemple chez les peuplades sauvages, chez nos crétins, nos idiots, nos dégénérés et nos simples des campagnes isolées ou des montagnes peu fréquentées, ou bien il faut supposer deux intelligences humaines, l'une inférieure, l'autre supérieure, de « nature différente », et il reste la difficulté d'expliquer le passage de l'une à l'autre, sinon dans le même individu, au moins dans la même famille, dans la même tribu, dans la même race.

Quand on veut raisonner sur la Pensée humaine, et chercher à en comprendre le développement par évolution, on néglige trop souvent aussi, il faut bien le reconnaître, de tenir compte de l'extrême complexité du problème : trop souvent, on prétend tout expliquer avec un mot, alors qu'il est indispensable de commencer par se bien pénétrer tout d'abord de l'idée que la pensée humaine est la manifestation de notre mentalité, laquelle est la résultante et l'expression de l'évolution sociale tout entière. Il ne suffit point, en effet, pour saisir la façon dont l'idéation rudimentaire, dite physique, prépare la voie à l'idéation consciente, dite Pensée, de suivre la formation des Idées aux dépens des sensations et celles-ci aux moyens des excitations externes, il faut encore bien se pénétrer que l'idéation, rudimentaire et pour ainsi dire inconsciente, telle que nous la constatons chez nos enfants et chez nos ignorants, diffère déjà profondément de la même idéation d'un sauvage ou d'un homme primitif par suite de l'intervention de l'hérédité dans l'aptitude à penser que nous apportons en naissant et de l'influence indéniable du milieu social sur le développement pour ainsi dire instinctif de notre mentalité. La preuve en est, du reste, dans la différence d'aptitude facile à constater chez la plupart des enfants suivant leurs différences d'origine et d'influence héréditaire : tel père tel fils, familles d'artistes, de mathématiciens. Il est, en effet, de la plus haute importance de remarquer que chaque découverte faite par les premiers hommes dans les arts et l'industrie, a constitué autant de stades différents dans le développement de la Pensée de nos aïeux. La taille de la pierre, la découverte du feu, le travail du fer, l'emploi des armes de chasse et de guerre, des instruments de pêche et de culture, furent autant d'élargissements apportés à l'intelligence primitive, et contribuèrent par ricochet à multiplier les adaptations nouvelles. Il suffit d'appliquer cette remarque à tout ce que nous savons de l'histoire des civilisations primitives anciennes et modernes, et de chercher à suivre le développement graduel de la Pensée humaine à travers ce dédale infini de découvertes et d'adaptations greffées les unes sur les autres, pour se rendre compte de la difficulté, sinon de l'impossibilité où nous sommes, de nous représenter l'état d'esprit de nos ancêtres préhistoriques, en même temps que cela nous explique la survivance dans les masses d'une foule de conceptions bizarres, enfantines, dont le mysticisme grossier de nos populations rurales est encore un des exemples les plus curieux.

Enfin, pour répondre à la fameuse théorie des idées innées, premières, absolues, pour juger la valeur de notre « faculté » de concevoir l'Absolu, l'Infini, pour savoir ce qu'il en est du « Sens Intime », de l' « Unité du moi », il nous semble qu'il suffit à chacun de procéder à un petit examen de conscience et de chercher à se rappeler ce qu'était dans son enfance, sa « faculté » d'abstraction, sa notion des « universaux », de l' « Absolu », de l' « Infini », de son « Moi » et de son « Ame ». Notons, de plus, qu'il ne suffit même pas de répondre que nous avons acquis cette quintessence de notre idéation, devenant consciente des plus hautes spéculations, par l'éducation et le milieu dans lequel nous avons vécu, car nous pouvons constater tous les jours des différences énormes entre des hommes soumis aux mêmes conditions d'éducation, de milieux et d'occupations professionnelles, les uns restant « terre-à-terre », les autres prenant leur essor dans les sphères les plus élevées de l'abstraction et de la conception inabordables aux intelligences moyennes. Tandis que la mystérieuse union de l' « Ame et du corps » ne peut en rien expliquer cette différence, n'est-il pas plus simple et plus conforme à tout ce que nous savons et constatons de conclure qu'il en est de l'Intelligence comme des aptitudes physiologiques et que sa différenciation, son développement, son perfectionnement résultent des adaptations incessantes de nos états de conscience, aux conditions sociales de notre vie psychique, absolument comme notre évolution organique nous apparaît comme la résultante des adaptations incessantes de notre organisme à nos conditions de vie physiologique.

Les vibrations extrinsèques qui excitent notre organisme, sont reçues par nos divers appareils de sensibilité sous le nom de sensations ; celles ci, par l'effet de leur répercussion subjective qui constitue leur perception, forment les idées. Le jeu d'action et de réaction, d'association ou de différenciation des idées entre elles constitue le travail intellectuel de l'Idéation ou de la Pensée suivant que ce travail se fait à l'état latent, plus ou moins inconscient, ou à l'état conscient, réfléchi, voulu, raisonné, absolument comme nous avons vu, pour la Conscience, le même travail d'action et de réaction des excitations se faire organiquement, à l'état latent, plus ou moins inconscient, ou psychiquement à l'état conscient.

La pensée n'est donc qu'un degré supérieur de la conscience, puisqu'elle est la perception consciente des idées en tant qu'idées : elle implique un degré supérieur de différenciation puisqu'elle est une perception de perceptions (idées). Percevoir une idée, la connaître, l'analyser, la juger, l'approuver ou la condamner sont autant de façons de penser qui ont reçu des noms différents; mais toutes ces opérations de la pensée se supposent entre elles et se ramènent toujours à une liaison de rapports entre les idées; c'est ce qui fait le jeu de l'idéation, la continuité de la pensée, c'est le circulus psychique (1) analogue au circulus ou mouvement de la vie. La pensée, en effet, si nous lui adjoignons l'idéation latente, constitue un enchaînement, sans fin des idées les unes aux autres. C'est cette dépendance entre les idées qui se provoquent, se réveillent, s'associent les unes les autres, qui, remarquée déjà par Aristote (2), a été systématisée par les Philosophes associationistes et considérée comme la loi même de la Conscience et de la Pensée.

On a beaucoup disserté sur le rôle de l'association, de la coordination dans le mécanisme du fait intellectuel : nous croyons que les Associationistes (3) n'ont vu qu'une partie du problème et ont eu le tort de vouloir tout expliquer et tout rapporter au principe de l'association des sensations et des idées; d'autant plus que l'association elle-même ne peut être envisagée que comme la résultante, comme l'effet d'une cause, d'un principe plus général, qui nous semble être très bien rendu ici, par ce que nous appelons le solidarisme organique qui n'est que l'application au monde organique de la loi universelle de solidarité. Il est impossible, en effet, de nier aujourd'hui l'origine sensorielle de nos états primitifs, rudimentaires de conscience; nous ne pouvons mieux nous expliquer le développement de notre conscience que par la répercussion intérieure des vibrations d'origine extérieure, d'où résulte une série infinie de répercussions de nos états de conscience des uns aux autres, entre lesquels nous ne pouvons méconnaître qu'il y a nécessairement une sorte de groupement qui résulte du mode de succession de ces phénomènes, en même temps qu'une dépendance réciproque qui est due à leur enchainement continu, d'où

(1) *Discursus mentalis*, de Hobbes.

(2) *De la Mémoire et de la Réminiscence.*

(3) Louis Ferri. *La psychologie de l'Association depuis Hobbes jusqu'à nos jours.* Germer-Baillière, Paris, 1883.

découle une tendance à se solidariser en systèmes plus ou moins complexes, qui forment les individualisations psychiques que nous appelons nos idées concrètes, abstraites et générales. En un mot, le principe de l'association ne peut qu'exprimer le phénomène du groupement de nos états de conscience, il ne peut nous expliquer le comment ni le pourquoi de la coordination que nous constatons dans notre idéation. Au contraire, notre principe du solidarisme organique nous permet de saisir de suite toute la série des modes de cette association dont on a voulu faire autant de lois spéciales (1). Nous retrouvons donc. à propos de nos faits intellectuels et de nos états de conscience, les mêmes lois mécaniques pour nous expliquer toutes les particularités de notre conscience et de notre pensée, aussi bien que la différenciation à l'infini des Phénomènes dans l'univers et l'individualisation de tout ce qui existe (2).

Nous avons vu que la sensation ne peut se comprendre que comme une synthèse, une unification de tous ses éléments composants par leur solidarisation réciproque. Mais une sensation ne peut être perçue sans être, tout à la fois, différenciée des autres sensations et solidarisée avec ces autres sensations en ce qui la rapproche ou l'éloigne d'elles, puisqu'une sensation unique ne saurait être perçue, faute de pouvoir être distinguée, différenciée. Nous savons, en effet, qu'une sensation n'a de signification, ne devient une perception qu'autant qu'elle est associée, comparée à une ou plusieurs autres sensations et constitue ainsi une idée. Par conséquent, le fait intellectuel qui consiste à choisir, à sélectionner, à adapter nos sensations, perceptions ou états de conscience, implique nécessairement une véritable dépendance, une véritable solidarisation de nos

(1) Paulhan (*L'Activité mentale et les éléments de l'esprit*) distingue quatre lois principales :

1° La loi d'association systématique ;

2° La loi d'inhibition systématique ;

3° La loi de l'association par contraste simultané ou successif ;

4° La loi de l'association par contiguité et ressemblance.

L. Ferri, dans sa *Psychologie de l'Association*, expose, discute et montre le côté faible de toutes ces théories systématiques de l'Associationnisme.

(2) *Le Monde physique et supra.*

sensations, perceptions et états de conscience et comprend le double travail de synthèse et d'analyse. C'est précisément parce que nos sensations, perceptions ou états de conscience se trouvent enregistrés organiquement les uns avec les autres, que leurs actions et réactions réciproques provoquent des différenciations subjectives ou idées qui constituent nos états de conscience, nos connaissances et nos volitions.

Il résulte de là que la Pensée comme la sensibilité et la conscience, n'est en réalité que le jeu d'actions et de réactions des idées par une division de plus en plus grande du travail de répercussion intrinsèque, subjective, qui constitue leur perception consciente en tant qu'idées, puisque, d'après la propriété qu'a la sensibilité de *situer* l'excitation et par conséquent de différencier l'excitation extrinsèque, objective ou sensorielle (sensation) et l'excitation interne, subjective, psychique (idée), nous ne pouvons pas concevoir l'excitation interne produite par l'idéation consciente ou pensée sans impliquer sa perception consciente en tant qu'idée, ce qui constitue l'essence même de l'introspection subjective que nous appelons Pensée, Jugement, Raisonnement, Conception.

La pensée implique donc un degré de différenciation supérieur à la sensibilité proprement dite ou sensation : c'est l'aperception de l'idée en tant qu'idée, c'est le sujet prenant conscience du jeu de ses idées; mais il est évident qu'une idée ne peut être perçue en tant qu'idée sans être différenciée de toute autre idée. Par conséquent, l'idée la plus générale comme la plus particulière, la plus extensive comme la plus réduite que nous puissions nous faire de la Pensée, c'est encore une différenciation entre nos idées comme entre nos états de conscience. De même, en effet, que nous avons vu les excitations ne devenir sensations qu'à la condition d'être différenciées, perçues séparément, de même nous admettons que les idées ne deviennent pensées qu'autant qu'elles sont différenciées les unes des autres, perçues en tant qu'idées par la conscience psychique. C'est, en effet, le sens déterminé, limité que tout le monde s'accorde à attribuer à la Pensée, réservant les expressions d'idéation, de rêve, de délire, aux différents jeux d'action et de réaction, de combinaison et d'association de nos idées en dehors de l'intervention de la conscience.

Mais de même que nous avons vu l'excitation pouvoir se produire sans la production de la sensibilité proprement dite ou consciente, de même l'idéation peut se faire sans qu'il y ait pensée. Nous pouvons même dire que la plus grande partie du travail de l'idéation se passe en nous, d'une façon latente, sans que nous en ayons connaissance : c'est la conséquence du caractère organique de la sensibilité dont la pensée n'est qu'une manifestation supérieure ; c'est l'effet de la sélection, de l'adaptation spontanée de nos idées comme de nos excitations, nécessaire à la production même de la pensée, puisque, sans cela, notre pensée ne pourrait être que chaos et confusion. Or ce travail latent de l'idéation qui prépare et rend possible le travail de la Pensée consciente, nous semble avoir été singulièrement négligé par les psychologues, malgré son importance fondamentale pour nous permettre de comprendre toutes les particularités que nous offre la Pensée humaine. C'est une véritable incubation, bien connue de tous les penseurs qui savent, par leur propre expérience, combien ce travail latent de la pensée est important pour la maturation et l'éclosion de leurs meilleures conceptions. Ce n'est point toujours par bonds ou par jets continus que jaillissent les idées, les explications et les concepts, comme les étincelles au contact des électrodes ; souvent il arrive au cerveau le mieux doué, le mieux préparé, de subir des moments d'arrêt, de torpeur, de léthargie intellectuelle pendant lesquels le travail intellectuel se continue, se fait plus ou moins inconsciemment : les idées se cherchent, se tâtent, pour ainsi dire, par l'effet de rapprochements, de rencontre, ce qui constitue une sorte d'expérimentation interne, latente, d'où apparaît tout d'un coup un nouvel aspect des choses, un enchaînement différent d'idées ou de relations anciennes, une représentation différente des mêmes choses, d'où découle une nouvelle conception, une nouvelle orientation de l'incursion intellectuelle, véritable jalon pour l'Expérience à venir. Voilà pourquoi nos idées changent suivant les moments et notre état d'esprit ; voilà pourquoi notre conception des choses se modifie, s'élargit au fur et à mesure que nous agrandissons le champ de notre expérience, que nous multiplions les contacts et les associations de nos perceptions, de nos idées et de nos connaissances nouvelles. Or ce travail latent de la pensée, impossible à méconnaître, ne saurait être considéré comme voulu, conscient, à proprement parler, puisqu'il s'exécute à l'état de veille au milieu de nos autres préoccupations d'esprit, puisqu'il se poursuit pendant le sommeil; il constitue néanmoins une phase très importante du développement de notre pensée et de notre intelligence, puisque nous savons que nous lui devons presque toutes les grandes découvertes de l'humanité. Nous devons reconnaître que l'idéation supérieure, abstraite, peut se faire inconsciemment tout comme l'idéation inférieure ou physique : nous sommes même obligés de reconnaître que la pensée proprement dite, la réflexion, la méditation, ne constituent que la mise en pratique volontairement de ce qui se passe en nous involontairement, puisque « penser » une chose consiste essentiellement à envisager cette chose sous ses divers aspects et dans ses divers rapports avec les autres choses. Il y a donc dans la pensée un côté passif, automatique, et un côté actif, voulu; il en est de la Pensée comme de la sensibilité sensorielle : les excitations diverses provenant du monde extérieur engendrent les actions et réactions qui constituent la sensation (Condillac), comme les sensations engendrent l'idéation; mais, de même que la sensation, en s'inscrivant dans l'organisme par sa répercussion interne, provoque la conscience physiologique, de même, l'idéation, par sa répercussion analogue, provoque la conscience psychique ou Pensée. Il résulte de là que la Pensée proprement dite ne peut apparaître que secondairement dans l'évolution psychique : c'est en effet ce qu'il est facile de constater, d'abord dans la série animale, où nous pouvons à peine supposer un rudiment de cette forme supérieure de l'idéation, et ensuite dans l'humanité où nous voyons les races inférieures ne pouvoir l'atteindre non plus, et nos enfants commencer par ne manifester qu'une idéation réflexe, purement sensible, jusqu'à ce que leur intelligence devienne capable « du travail d'analyse et de synthèse qui élève la connaissance à une forme vraiment intellectuelle » (1).

(1) Ferri, *Psychologie de l'Association*, p. 203.

La pensée est si bien la manifestation du développement de l'idéation qui devient consciente, qu'elle demeure purement sensorielle, objective chez l'enfant jusqu'à ce que celui-ci ait acquis, vers la troisième année, la notion de son « moi » (1), et chez les sourds-muets, qui ne peuvent atteindre les idées générales d'être, de faire, de temps, mais les expriment en successions d'actes et en relations. Il en est de même d'un Indien qui dit : « Je rocher frappe » en suivant l'ordre chronologique de la sensation et en reproduisant les mêmes phases qu'un artiste pour peindre le fait (2). « Les sourds-muets pensent toujours sous les formes les plus concrètes, car ils disent (après qu'ils ont été dressés) qu'ils pensaient toujours par image avant d'avoir reçu leur éducation (3). C'est ainsi que Tylor rapporte qu'un sourd-muet dressé disait qu'avant son éducation, ses doigts lui avaient appris les nombres, et que, quand le chiffre dépassait dix, il faisait des encoches dans un morceau de bois. Nous voyons ici l'union de l'aptitude héréditaire à la numération avec la forme la plus élémentaire de la notation et du symbolisme numérique. Il en est de même chaque fois que l'on considère les sourds-muets avant leur éducation. Ils possèdent une aptitude héréditaire à l'idéation abstraite, et pourtant leur langage ne leur sert guère à développer cette aptitude. Il est trop essentiellement graphique pour aller beaucoup au delà de la région de la perception sensitive. »

« En somme, il paraît très douteux qu'en l'absence de la parole, le langage gesticulé eût pu se perfectionner beaucoup et il est peu vraisemblable qu'en l'absence de l'articulation l'espèce humaine l'eût emporté au point de vue psychologique sur les sujets anthropoïdes. Il nous faut, en effet, ne jamais oublier que la pensée est aussi bien l'effet que la cause du langage, qu'il s'agisse de la parole ou des gestes ; et étant donné combien le geste est inférieur au langage, surtout en ce qui concerne la précision et l'abstraction, il ne paraît pas probable qu'en l'absence de la parole, le geste eût suffi à fournir les conditions

(1) Preyer, *L'âme de l'enfant.*

(2) Romanes, *Evolution mentale chez l'homme*, p. 120.

(3) Romanes, p. 150.

exactes et délicates qui sont essentielles au développement de toute idéation perfectionnée » (1).

Il résulte de là que la pensée ne semble pas pouvoir se développer sans le secours de l'annotation que constitue le langage parlé ou gesticulé. Bien qu'il soit excessif de dire avec Max Muller, que « non seulement à un degré considérable, mais toujours et totalement, nous pensons au moyen des noms) (2), puisque nous voyons les aphasiques continuer à penser malgré la perte de l'usage de la parole, il n'en est pas moins frappant que la pensée ne paraît se développer que parallèlement à la faculté de faire et de communiquer des signes. Cela tient à ce que la pensée est un Tout dont l'idéation, l'intelligence ou perception consciente et la représentation (geste, parole et écriture ou tout autre symbole) sont les composantes. Ce n'est ni l'idéation, ni l'intelligence ni la représentation qui constituent la pensée, c'est leur ensemble : aussi, les voyons-nous toujours dans une étroite dépendance et ne saurions-nous les séparer sans supprimer la pensée elle-même. Le développement. le perfectionnement de cette dernière se fait toujours par une répercussion constante de l'idéation à l'intelligence, de celle-ci à la faculté de représentation ou au pouvoir de faire des signes et réciproquement : la pensée, en un mot, n'a pas d'existence, par elle-même, « en elle-même », c'est un phénomène qui est conditionné comme tous les autres phénomènes. Nous croyons, il est vrai, pouvoir penser sans le secours du langage ; nous n'avons point conscience que notre pensée ultérieure implique nécessairement l'antériorité de notre perception sensorielle ; la pensée ne nous semble point un produit de l'idéation toute physique, telle que nous la retrouvons chez les animaux, chez nos frères arriérés ou dégénérés, et chez nos enfants en bas âge. Mais cela tient simplement à ce que notre fonction psychique de la pensée s'exécute comme toutes nos autres fonctions organiques par suite d'une adaptation antérieure, par l'effet d'une véritable organisation qui nous en dissimule le mécanisme et la complexité énorme derrière une spontanéité apparente que nous prenons pour une marque

(1) Romanes, *loc. cit.*
(2) *Science of thought.*

d' « essentialité ». Nous apportons en naissant l'aptitude à penser comme à manger, à marcher ou à sentir. Cela est tellement vrai que tout le monde reconnaît la diversité des aptitudes intellectuelles suivant les individus et les influences héréditaires (1) ; tous les auteurs s'accordent sur l'impuissance des sauvages à atteindre l'abstraction, et la philologie nous montre, à l'origine de toutes les langues primitives, une absence d'autant plus complète d'expressions abstraites que l'on remonte davantage à une époque de civilisation plus rudimentaire. L'anatomie, elle-même, avec les données qu'elle a pu ramasser sur la conformation des hommes préhistoriques, nous montre un développement parallèle du système nerveux cérébral et de l'intelligence (2). C'est que la pensée est tout à la fois le produit et la cause de l'organisation cérébrale, comme de l'organisation sociale : nous ne pouvons pas plus concevoir la possibilité de notre idéation supérieure d'hommes civilisés et instruits sans notre organisation cérébrale, organiquement et fondamentalement héréditaire, que nous ne pouvons nous imaginer notre état social autrement que comme l'expression, le reflet de notre état mental, et réciproquement.

L'idéation est incontestablement le produit directe de la sensibilité sensorielle, puisque nous entendons par idée, le symbole, le signe, l'image (εἶδος) et qu'un symbole, un signe, une image ne peut se concevoir autrement que comme le substitut (Taine), la représentation, l'effet de quelque objet : l'idée est à son objet ce que le cliché photographique est à la personne photographiée. De même qu'avec ce cliché nous pouvons reproduire à volonté l'image de la personne photographiée ; de même que cette image devient pour nous un signe, un réactif qui réveille en nous tout ou partie des autres souvenirs attachés à cette personne ; de même que nous pouvons n'envisager qu'une partie de ce cliché, la tête, les yeux, la bouche, les mains, ou simplement la ligne des traits et des contours soit ponr fixer une partie de nos souvenirs, soit pour le comparer à d'autres

(1) Voir Ribot, *Hérédité psychologique*.

(2) Broca a démontré une augmentation progressive de la capacité crânienne des Parisiens depuis les deux derniers siècles.

clichés ; de même enfin que nous pouvons superposer un certain nombre de clichés, suivant la méthode de Galton pour obtenir le cliché de famille, de race, de même nous pouvons nous servir de tout ou partie de l'ensemble toujours fort complexe qui constitue une idée, soit pour nous en rappeler d'autres, soit pour établir des comparaisons, soit pour passer d'une idée concrète à une idée commune, générale, universelle, c'est-à-dire pour passer de l'idéation concrète à l'idéation abstraite. Mais, comme nous ne pouvons faire ces différentes opérations sur les parties composantes d'une idée ou sur un ensemble d'idées différentes, sans être obligés de les différencier par autant de signes, c'est-à-dire par autant de nouveaux clichés partiels ou communs, puisque sans cela l'opération ne serait pas possible, il s'en suit que l'idéation ne peut réellement se concevoir sans son corollaire nécessaire la notation ou dénomination. Dans les sphères inférieures de l'idéation, nous voyons, en effet, l'impression ou sensation physique s'accompagner toujours de son réflexe sensible, moteur ou trophique ; à un degré plus élevé, la sensation entraîne la perception qui n'est autre chose que la conséquence ou répercussion perçue subjectivement sous la forme d'une idée, c'est-à-dire d'une image qui se trouve organiquement liée à son objet par l'effet de l'adaptation vibratoire qu'elle implique nécessairement. A son tour, cette image ne peut se répercuter subjectivement sans être perçue différente de tout ce qui n'est pas elle et elle ne peut l'être autrement que par un signe qui la représente et la remplace en se substituant à elle, absolument comme un cliché se substitue, dans notre esprit, à la personne photographiée. sans ce signe, en effet, notre idéation ne pourrait consister qu'en une succession d'idées ou d'images sans généralisation possible, puisque nous ne pourrions faire qu'accumuler nos idées sans pouvoir en abstraire les caractères communs, généraux, abstraits, pas plus qu'un photographe ne saurait obtenir un cliché de famille, ou de race, en entassant les clichés les uns sur les autres, sans recourir au procédé de Galton qui, seul, permet de ne prendre que les caractères communs à tout un groupe de clichés. Par conséquent, l'idéation à son degré supérieur qui constitue la Pensée, implique nécessairement la représentation mentale à l'aide de signes; mais un signe, un symbole, ne peut avoir d'importance ni devenir un point d'appui pour la pensée qu'à la condition d'être perçu comme tel et transmis comme tel à nos semblables, puisque, sans cela, la pensée ne pourrait ni se développer dans un individu, ni devenir un moyen de communication entre les hommes. Voilà pourquoi, de tous les signes, le langage articulé est le plus important parce qu'il est le plus apte à la communication entre les hommes.

Il n'y a pas lieu, du reste, de s'arrêter à l'idée de considérer le langage articulé comme une marque de l' « essentialité » de la pensée humaine. Ce serait d'ailleurs méconnaître que la parole n'est qu'un mouvement organique, une fonction physiologique, réflexe ou volontaire, ni plus ni moins que le geste, que le mouvement de locomotion, d'attaque ou défense. Il ne faut pas oublier, en effet, que le langage, à son origine, offre le même caractère d'un cri réflexe aussi bien chez l'homme que chez les animaux. On a même constaté une similitude constante pour chaque espèce animale, dans la façon de traduire par le même cri, par le même genre d'intonation, par les mêmes sortes d'impressions élémentaires, dans les conditions analogues, la douleur ou le plaisir, la crainte ou le désir. C'est ainsi, par exemple, que dans les races humaines on a reconnu le même cri chez l'enfant nouveau-né jusqu'au moment où il est en état d'apprendre la langue de sa race. En réalité l'enfant apprend à associer les noms à leurs objets comme il apprend à associer les qualités perçues aux corps qui les lui présentent (1). C'est tellement cela que nous finissons par ne plus pouvoir ni voir un objet, ni percevoir une propriété, ni penser une chose sans lui associer mentalement sa dénomination habituelle. C'est ce qui a fait dire à Max Muller (2) que « non seulement à un degré considérable, mais toujours et totalement nous pensons au moyen des noms ». A ce point de vue, mais à ce point de vue seulement, c'est-à-dire en tant que partie composante, en tant que résultante d'une adaptation organisée, le langage articulé peut être considéré comme établissant une distinction entre l'homme

(1) *Nihil in oratione quod non prius in sensu.* Garnett, Essays, p. 89.
(2) *Science of thought.*

et la brute. Il est, en effet, démontré que chez les animaux comme chez les hommes, le degré d'idéation est intimement lié à la faculté d'employer des signes. Tandis que chez les animaux le signe ne paraît guère s'élever au-dessus d'une correspondance sensorielle quelconque entre la chose signifiée et le signe, ce qui implique que l'idéation reste chez eux purement physique, objective, nous voyons, au contraire, dans l'humanité, le signe devenir de plus en plus conventionnel au fur et à mesure qu'il devient l'expression de l'idéation de plus en plus abstraite. Ce qui est d'autant plus suggestif que, si on réfléchit bien, on s'aperçoit qu'il ne pourrait pas en être autrement. En effet, nous pouvons concevoir la possibilité de représenter de façon ou d'autre tout ce qui peut marquer son empreinte en nous, d'où l'expression d'idée qui signifie étymologiquement image, puisque nous n'avons qu'à reproduire plus ou moins fidèlement l'impression que nous donne la chose que nous voulons signifier : le mouvement d'un projectile, le contour dessinant la forme d'un objet, le son, etc., ou montrer un objet analogue ; la preuve de ces divers procédés d'expression se retrouve non seulement chez les peuples primitifs, qui emploient toujours les gestes appropriés à la parole, au point, par exemple, que les Arapahos ne peuvent se comprendre dans l'obscurité, mais encore chez les peuples civilisés où l'on a remarqué que le geste tient d'autant plus de place dans le langage articulé que le développement intellectuel est moins élevé. Tout le monde connaît d'ailleurs l'importance du geste, de l'attitude et de la physionomie pour traduire et communiquer les émotions. Ne savons-nous pas aussi que, entre gens intelligents, le jeu de physionomie est plus significatif que les mots : les nuances, les finesses sont exprimées par des gestes ou des intonations, non par des mots. Enfin l'étude de la philologie nous apprend qu'une des sources les plus fécondes de la formation des mots originels, primitifs, a été l'onomatopée, c'est-à-dire l'imitation de la chose dénommée. En revanche, les abstractions, les généralisations, c'est-à-dire les opérations les plus élevées de la pensée humaine proprement dite ne peuvent s'exprimer que par des mots, des formules ou des symboles absolument conventionnels, lesquels s'apprennent et se transmettent par l'instruction, se créent conventionnellement, tandis que les gestes proprement dits sont sensiblement les mêmes dans toute l'humanité(1). Cela tient aux conditions mêmes de l'idéation et de la pensée. Tant que l'idée n'est que la représentation d'un objet sensible, déterminé, on peut toujours la communiquer, la représenter par un mode sensible ; mais dès que l'idéation devient abstraite, elle cesse de pouvoir être reproduite approximativement par une « image » quelconque, et il devient nécessaire de lui donner une représentation conventionnelle : de là l' « invention » des signes conventionnels qui naquirent d'abord par de légères différenciations imprimées à des signes déjà existants, soit par une association nouvelle, soit par une différence dans leur ordre d'emploi, soit par la création d'un mot. Il est facile de comprendre, par exemple, qu'il n'est pas besoin de supposer une bien grande puissance de pensée chez les premiers hommes pour exprimer leur perception du soleil par un signe ou par un mot. Il en est de même pour tous les noms. Aussi les philologues s'accordent-ils pour reconnaître que les langues primitives sont exclusivement composées de noms. Mais pour désigner une qualité, une propriété communes à un grand nombre d'objets, il faut d'abord supposer que la perception de cette qualité, ou de cette propriété s'est répétée un assez grand nombre de fois pour s'être différenciée, individualisée, imprimée dans l'organisme en tant qu'associée constamment au même ensemble d'objets: alors seulement le signe qualificatif commun peut être créé et associé organiquement à l'idée de ces divers objets : c'est ainsi que « les habitants des îles de la Société ont des noms différents pour la queue du mouton, la queue du chien, la queue de l'oiseau, etc., mais ils

(1) « Le langage par gestes est, en substance, le même sur toute la terre. » (Tylor, *Early history of Mankind.*)

« Il est, pour une même idée, un nombre étonnant de signes qui sont, en substance, identiques non seulement parmi les tribus sauvages, mais parmi tous les peuples qui se servent des gestes avec quelque fréquence. » Mallery, *Sign-Langage among the North american Indians.*

Lire à ce sujet tout le chapitre VI de Romanes, *Evolution mentale chez l'homme.*

Voir Darwin : *Expression des Émotions.*

n'ont point de nom pour la queue même, c'est-à-dire pour la queue en général. Les Mohicans ont des mots correspondant aux différentes manières de couper, mais ils ne possèdent point de verbes désignant l'acte de couper ; ils ont des mots pour « je l'aime », « je vous aime », etc., mais le verbe aimer n'existe pas ; et les Choctaws ont des noms pour les différentes espèces de chênes, mais ils n'en ont point pour le genre chêne » (1).

« De même les Australiens n'ont point de mot pour *arbre*, ou même pour *poisson*, *oiseau*, etc. (2) et l'Esquimau, bien qu'il possède des verbes signifiant « pêcher la baleine », « pêcher le phoque » n'a point de verbe *pêcher*, Dans le Cherokee, il y a treize verbes différents signifiant différentes façons de laver, mais il n'y en a pas un signifiant l'acte lui-même de « laver. »

De tout ceci, « nous pouvons être assurés que ce ne furent pas les *idées de première importance* que l'homme primitif s'efforçait de représenter, mais les objets individuels qui lui étaient connus par ses sens. » Et sans multiplier encore les témoignages, nous sommes préparés à accepter cet énoncé général que « sur toute la surface du monde, partout où nous rencontrons une race sauvage ou un individu qui n'a point subi l'influence de la civilisation qui l'entoure, nous trouvons cette inaptitude essentielle à la séparation du particulier de l'universel par l'isolation du mot individuel, par la séparation, pour ainsi dire, des idées qui lui sont habituellement associées » (3).

Les opinions peuvent différer sur la façon d'expliquer et d'interpréter la formation des dénominations de plus en plus abstraites à travers les âges et les civilisations, les auteurs peuvent disserter sur l'origine et le rôle de la copule, tout le monde, en somme, s'accorde pour reconnaitre qu'à l'idéation toute concrète des peuples primitifs correspondait un langage aussi rudimentaire, aussi concret. Ce qu'il importe, en effet, de bien comprendre c'est qu'il en est de l'idéation et du langage

(1) Latham, *Races of man*, p. 376.
Romanes, *loc. cit.*
(2) Quatrefages, *Revue des deux Mondes*, 15 déc. 1860.
Maury, *La Terre et l'Homme*, p. 433. — Romanes, *loc. cit.*
(3) Sayce, *Introduction to the Science of langage*, II, 6.
Romanes. *Évolution mentale chez l'homme*, p. 347.

comme d'une fonction et de son organe, les deux sont étroitement unis dans leur évolution, l'un formant l'autre et réciproquement, par une série continue de répercussions réciproques. Nous pouvons même remarquer que plus l'idéation se perfectionne par sa propre différenciation, plus nous voyons corrélativement et réciproquement le langage se préciser, se différencier, de sorte que, à propos du phénomène mental de la pensée, comme à propos du fait biologique ou vital de l'organisation, nous retrouvons toujours la même loi de solidarisation de plus en plus marquée au fur et à mesure que les phénomènes s'avancent vers une individualisation de plus en plus nettement différenciée, de plus en plus complètement constituée.

Là est la véritable compréhension du phénomène de la Pensée. Sans cette organisation progressive, différentielle des faits de sensibilité, analogue et parallèle à l'organisation des faits physiologiques, nous ne pouvons, en effet, ni comprendre, ni suivre l'évolution intellectuelle de l'humanité, puisque nous ne trouvons plus ni les causes, ni l'explication de la formation de la mentalité qui nous apparaît exclusivement physique, objective, automatique, à son origine, dans la série animale comme dans l'humanité, chez nos enfants et nos faibles d'esprit comme chez nos frères arriérés, sauvages ou dégénérés. Il ne suffit point d'invoquer les lois de l'association, car il reste encore à expliquer la raison du mode d'association : invoquer la ressemblance ou dissemblance, la reviviscence, l'inhibition, le contraste, la contiguïté, ne saurait nous satisfaire si nous n'ajoutons que ces jeux divers des idées les unes sur les autres résultent, non pas d'une sorte d'activité propre de ces idées, mais de leur nature vibratoire d'une part, ce qui implique que leurs actions et réactions sont gouvernées par les lois mécaniques du mouvement, c'est-à-dire par la loi de l'Equilibration, et, d'autre part, par leur substratum organique, ce qui nous montre pourquoi l'idéation se trouve présenter les mêmes lois que la sensibilité : loi de différenciation sans laquelle aucune idée ne pourrait exister ; loi de coordination sans laquelle notre idéation ne serait que chaos et confusion puisqu'elle embrasserait la série infinie de nos excitations, tandis que, combinée avec la loi de différenciation, elle entraîne une véritable sélection d'où résulte l'idéation proprement dite et prépare la pensée consciente ; loi de solidarisation, de totalisation ou d'unification qui constitue l'idée commune, générale, qui est la résultante des idées simples, concrètes, ses composantes ; loi d'organisation qui fixe certains modes d'idéation et leur donne la régularité automatique des réflexes organiques. Il est impossible, en effet, de méconnaître le rôle capital du réflexe dans l'idéation : il en est de la pensée comme de la conscience : les origines se perdent dans les faits de sensibilité organique et il nous est impossible d'en marquer la limite d'une façon nette, absolue ; le fond de la pensée, comme le fond de la conscience, ne nous offre un caractère de constance, de régularité, de certitude, qu'à cause de son organisation qui en a fait une adaptation antérieurement établie, une sorte de filière par où passent nos faits nouveaux de pensée et de conscience et qui leur sert de guide, de point d'appui et de point de repère. Enfin, nos pensées, c'est-à-dire nos faits de pensée, en se répétant de la même façon ou dans les mêmes conditions, nous offrent la même tendance à devenir automatiques que nos faits de conscience.

Si, en effet, nous essayons de comprendre la genèse de l'idéation dans un cerveau d'homme primitif, nous ne pouvons le supposer comme absolument vide de sensations ni en faire un simple instrument passif d'un principe supérieur, l'âme, car dans le premier cas, le système nerveux central n'a pu se développer que parallèlement à sa fonction suivant la loi générale en biologie, et, dans le second, nous ne pourrions plus comprendre, ni le rôle de cette âme « immatérielle » sur ce corps supposé inerte au point de vue mental, ni le développement mental, exclusivement proportionné à l'acquisition et à l'organisation des faits de sensibilité, d'idéation qui engendrent l'expérience, puisqu'il y aurait contradiction à admettre, d'une part, l'activité dans cette âme et, d'autre part, à la considérer comme ne se développant elle-même dans ses facultés qu'au fur et à mesure du développement du système nerveux.

D'ailleurs, il resterait encore à expliquer l'idéation indéniable que nous constatons chez une foule d'animaux.

Il est donc bien plus simple de nous rapporter à ce que nous constatons et d'admettre que, chez l'homme comme chez la brute, les excitations, en se répétant et en se répercutant dans l'organisme, déterminent des différenciations et des corrélations qui constituent la conscience, et finissent par engendrer ce que nous appelons une *idée*, c'est-à-dire une représentation subjective, mentale, du rapport, de la relation, du phénomène qui les provoquent. Ainsi quand nos papilles nerveuses sont excitées par le choc d'un corps dur, l'excitation, transmise aux centres nerveux, est enregistrée dans ses rapports, dans ses connexions de temps et d'espace avec les autres sensations précédentes ou concomitantes, et l'impression intraorganique subjective, qui en résulte, et qui comprend sa solidarisation avec ces autres sensations et avec le sujet impressionné, constitue précisément la perception consciente, l'idée du choc et du corps qui le cause.

A la conception toute expérimentale du développement de la pensée aux dépens des éléments de sensibilité, on oppose l'impossibilité de comprendre la genèse mécanique du travail de synthèse qui établit l'union de la pensée et la coordination de nos volitions. C'est l'éternelle objection qui consiste à invoquer l'activité psychique, la conscience, le jugement, la volonté, considérés d'abord comme autant de postulats, pour montrer l'impossibilité de faire sortir l'activité de l'inertie, le conscient de l'inconscient, la raison du chaos, la liberté du déterminé. Mais c'est oublier que nous sommes obligés de reconnaître et d'admettre à chaque instant le passage de l'un à l'autre de ces états que les philosophes ont déclaré des antinomies, attendu que nos mêmes états de conscience, nos idées, nos volitions se font tantôt d'une façon consciente, raisonnée, voulue, tantôt d'une façon latente plus ou moins inconsciente, irréfléchie, involontaire ! Par conséquent, nous ne pouvons déjà pas maintenir la prétendue différence de « nature » entre de simples phases ou mieux de simples aspects subjectifs des mêmes faits internes, psychiques. D'autre part, il est impossible de refuser de reconnaître que pour le même individu, le travail de l'idéation offre précisément la transition de la phase inférieure, rudimentaire, dite idéation physique, sensorielle, considérée comme passive et analogue à ce qui se passe chez les animaux, à la phase supérieure, dite active, consciente, réfléchie, voulue, sous le nom de Pensée, et considérée comme d'une « nature différente » de la première, ou du moins supposant l'intervention d'un « principe actif, d'une énergie propre » qui ne saurait découler du jeu mécanique des produits de la sensibilité. Mais alors il faut aboutir à prétendre qu'aucun fait de sensibilité consciente ne peut se produire sans l'intervention de ce principe actif, de cette énergie propre et, par conséquent, il faut, ou refuser toute sensibilité vraie aux animaux, ou leur attribuer, au moins en germe, un principe actif analogue. Et alors ce principe actif, nécessaire, est-il de même « nature » ou de nature différente chez l'homme et chez les animaux ? Si oui, n'est-on point allé à l'encontre de ce qu'on cherchait ; si non, n'a-t-on point compliqué inutilement la difficulté ?

Enfin, si on veut quand même persister à supposer ce principe actif, que l'on proclame nécessaire à la compréhension de la conscience, de la raison et de la volonté, a-t-on réfléchi à la façon de comprendre le rôle de ce principe lui-même ? Comment, en effet, expliquera-t-on qu'un choc mécanique puisse être supposé agir sur un principe actif ? Dira-t-on que ce choc est transmis au « principe » qui le reçoit et le transforme avec sa propre énergie ? Mais alors, quelle différence réelle y a-t-il entre ce choc que nous prétendons agir par ses répercussions successives pour développer les différentes réactions que nous nommons réflexe, sensation, idée, conscience, jugement, volition, et ce principe qui, malgré son activité, son énergie présupposée, n'entre cependant en fonction qu'après qu'il a été excité par un choc extérieur et dont tout le travail se réduit à une transformation du mouvement que lui a transmis le choc ? Cela ne revient-il pas tout simplement à dire que le choc mécanique prend des noms différents suivant les transformations successives qu'il revêt, c'est-à-dire nous apparaît, se détermine, se conditionne en nous sous des aspects différents, revêt des formes différentes, est perçu différemment suivant les effets qu'il produit en nous, suivant que notre sensibilité situe ses effets soit à leur origine extérieure sous la forme de perception sensorielle, soit à leur répercussion interne, subjective, sous la forme de sensation consciente, d'idée, de jugement ?

Il résulte de là que les véritables lois de la Pensée sont de deux ordres : les unes visent les rapports de nos idées et états de conscience ; les autres les conditions du phénomène de la pensée.

Les premières, ne visant que les rapports envisagés au point de vue abstrait, constituent ce qu'on appelle la logique, et sont au domaine psychique ce que les sciences mathématiques sont au monde physique. On a malheureusement confondu la logique avec la Pensée ; de là les abus et les illusions de la dialectique, de là les erreurs de l'ontologie qui créa le monde des entités métaphysiques qui furent considérées comme les véritables réalités (l'Etre, το ον d'Aristote, l'Idée, l'Archétype de Platon, la Substance des scolastiques, l'Idée d'Hegel, la Volonté de Schopenhauër).

Quant aux conditions mêmes du phénomène de la Pensée, on ne pensa même pas à s'en enquérir ; lapen sée fut décrétée d'essence psychique, faculté de l'âme. Dès lors à quoi bon chercher des lois à un phénomène qui avait sa seule explication possible dans ce motfatidique de « faculté », qu'on n'avait même pas besoin de songer à expliquer, puisque, l'âme étant d'essence surnaturelle, divine, il n'y avait pas lieu de lui supposer des conditions ni dépendances. Aussi les essais de conception et d'explication naturelles, expérimentales, de la Pensée, furent-ils toujours accueillis des orthodoxes avec un dédain profond et un défaut de compréhension que nous retrouvons encore de nos jours dans la plupart des esprits étrangers aux méditations scientifiques. Cependant, il est impossible aujourd'hui à qui est capable de réfléchir sur les données scientifiques de toutes sortes, de ne pas sentir la nécessité d'examiner, sans idée préconçue, si le phénomène de la pensée constitue vraiment un phénomène « à part » dans notre univers, c'est-à-dire est un phénomène « essentiel », ayant sa raison d'être « en soi » et n'ayant aucun rapport de dépendance, aucun lien de solidarité avec le reste de notre organisme. Il suffit évidemment de poser ainsi la question pour que chacun sente de suite l'impossibilité de refuser à la pensée un lien quelconque, un trait d'union, un mode de transition entre elle et la sensibilité sensorielle dont elle tire manifestement la plupart de ses éléments. Mais cela n'est pas assez, et nous n'avons qu'à soumettre à l'analyse le phénomène même de la pensée, pour reconnaître qu'il en est de la Pensée comme de tous les phénomènes, c'est-à-dire que ce phénomène est conditionné, déterminé par tous les éléments qui le constituent.

C'est ainsi que nous avons déjà été amenés à conclure que la pensée est nécessairement conditionnée par la solidarisation de l'idée, de la conscience et de la représentation ou annotation par un signe ou un souvenir. Par conséquent, la pensée ne peut pas être considérée comme un phénomène simple, irréductible, un phénomène ayant sa raison « en soi ». Or, nous avons vu que le même raisonnement aboutit au même résultat pour l'ideation, la conscience, la représentation dans la mémoire ou par le langage.

Il reste bien la question de l'activité propre du « moi », invoquée comme une suprême et dernière objection aux envahissements incessants de l'analyse physique dans le domaine physiologique, mais nous avons déjà eu à montrer à quoi se réduit cette activité quand on prend la peine de l'examiner et de la voir telle qu'elle est. Au fond, c'est toujours la même erreur fondamentale de l'esprit métaphysique qui continue, malgré toutes les démonstrations scientifiques, malgré l'anéantissement progressif de toutes les fameuses « substances, principes et essences » des choses, à s'obstiner à toujours vouloir supposer à un phénomène une cause autre que le rapport ou la relation qui constitue ce phénomène dans notre perception et connaissance. A une semblable façon de raisonner, la science n'a rien à répondre, parce qu'elle ne peut s'occuper de l'inconnaissable ni s'attarder dans les transcendances métaphysiques qui prétendent pénétrer l'impénétrable, déterminer l'indéterminable, et faire que ce que nous appelons ici la pensée ne soit pas la pensée.

IIe PARTIE

SYNTHÈSE ORGANIQUE

CHAPITRE PREMIER

ORIGINE DE LA VIE. CRÉATION. GENÈSE. PANSPERMIE

Nous avons vu, dans le *Monde physique*, l'impossibilité de supposer une seule molécule indépendante dans l'Univers, où tous les phénomènes évoluent dans un état de mutuelle dépendance et de perpétuel enchaînement par suite de la tendance universelle des actions et réactions à se compenser, à s'équilibrer, à se grouper en se solidarisant pour constituer les individualisations des corps et des phénomènes.

Il ne viendra évidemment à l'idée de personne de supposer qu'il puisse en être autrement pour les organismes vivants. Tout le monde admet volontiers une dépendance analogue entre les corps vivants et leurs milieux ; seulement, tandis que les esprits scientifiques étendent cette assimilation de dépendance aussi bien aux actions internes qu'aux externes, et considèrent la vie comme la résultante de ces actions internes et externes et en font un phénomène rentrant dans les lois générales de l'Univers, les esprits mystiques et métaphysiques continuent à soutenir que cette dépendance ne doit s'entendre que pour ce qui concerne le corps, c'est-à-dire la partie physique de la vie, attendu que le principe même de la vie leur semble devoir être considéré comme « à part » et ne pas rentrer dans le déterminisme de la « Matière ».

Nous avons essayé de démontrer l'inutilité et l'illégitimité de cette distinction, nous avons dit que cette erreur est une survivance, dans la mentalité contemporaine, d'une conception mystique de la vie, qui n'a plus sa raison d'être en présence des connaissances scientifiques, et constitue un véritable anachronisme intellectuel.

La loi d'organisation que nous avons reconnue aux faits de sensibilité et de conscience qui engendrent l'instinct, la mentalité et la moralité, nous est en même temps une explication et une confirmation curieuses de la persistance de ces vieilles idées sur la vie et de la résistance de bonne foi des meilleurs esprits à des idées nouvelles qu'ils ne peuvent comprendre. Nous avons encore tellement l'habitude d'attacher aux mots vie, génération, une signification d'« essentialité » qu'il est difficile de les analyser comme de simples phénomènes sans avoir l'air de forcer et de changer la signification des choses les mieux admises. Or, c'est précisément là qu'est le nœud de la question. Prétendre que ces mots expriment les choses les mieux admises, c'est-à-dire considérées comme des vérités, c'est commencer par affirmer ce qu'il faut vérifier par les faits, c'est simplement déclarer d'avance ce que l'analyse doit répondre, c'est imposer une réponse et non la demander. Au lieu d'envisager la vie avec nos idées toutes faites, il faut savoir l'étudier avec nos moyens actuels d'investigation et la comparer à tout ce que nous voyons dans le reste de l'Univers ; au lieu de commencer par affirmer que la vie ne peut sortir par évolution des autres phénomènes, il faut chercher les points de contact, les traits d'union, les transitions entre ce qui vit et ce qui ne vit pas ; il faut, en un mot, chercher les rapports de la vie avec ce que nous savons et pouvons savoir, non avec ce que nous croyons et avons cru jusqu'ici ; sans cela, il n'y a ni science, ni connaissance possible.

De cette façon nous arriverons facilement à comprendre que ce qui fait l'obscurité de la question de l'origine de la vie, c'est avant tout la manière défectueuse de poser le problème et d'en chercher la solution.

Il n'y a pas plus à nous objecter l'impossibilité où nous sommes d'établir un seul fait de génération spontanée que nous ne devons nous contenter de nier la création de la vie uniquement parce que nous ne pouvons la constater. De sorte que nous

nous trouvons en présence de deux hypothèses, celle de la création spéciale de la vie et celle de la genèse naturelle ou par évolution, et nous n'avons qu'à examiner ces deux hypothèses en les mettant en face de nos connaissances actuelles et en les confrontant avec les données scientifiques qui ont rapport au monde organique, à la vie. Autrefois, l'absence de connaissances suffisantes de l'évolution de notre univers, et surtout la prédominance des conceptions métaphysiques ou mystiques, rendaient admissible et plausible l'idée de la création spéciale de la vie qui n'a plus pour elle que des mots et des dissertations célèbres dans l'histoire de la pensée humaine, tandis que l'hypothèse de la genèse spontanée par évolution, qu'il ne faut pas confondre avec la génération spontanée comme nous le verrons plus loin, nous est imposé par tous les faits connus relatifs à l'histoire de l'évolution de notre univers, de notre globe, par toutes les données de la géologie, de la paléontologie et par tous les résultats des sciences physiques et chimiques, qui nous montrent la transformation incessante de la matière à la surface de notre globe, et enfin par les dernières découvertes des astronomes avec l'analyse spectrale qui nous dévoile la constitution chimique des nébuleuses composées de corps simples et nous les montre comme formant autant de mondes analogues au nôtre, mais à l'état naissant; tandis que nous apprenons que les planètes de notre système solaire, sorties également de notre nébuleuse primitive, sont des mondes vieillis ainsi que notre globe terrestre, primitivement incandescent, qui s'est progressivement refroidi à sa surface, en formant sa croûte dont l'évolution à travers les siècles a amené la formation successive des divers états des corps et engendré par des réactions incessantes les innombrables composés de plus en plus complexes que nous constatons maintenant, depuis les corps simples jusqu'aux composés les plus compliqués de la chimie organique et enfin de la chimie biologique. C'est au point que si on veut conserver l'hypothèse de la création spéciale de la vie, on se trouve dans le plus grand embarras pour savoir où la placer. Faut-il l'attribuer à la matière organisée ou vivante, ce qui oblige à réduire le rôle de la création spéciale de la vie à la création d'un grumeau d'albumine pour former une monère, ou bien faut-il n'accorder le « principe vital » créé qu'aux organismes plus ou moins compliqués, et rester perplexe, dans ce cas, pour savoir à quel organisme commencer? Nous verrons plus loin qu'on a essayé de tourner cette difficulté avec la doctrine du Panspermisme.

En réalité, ce qu'on a toujours voulu entendre par la doctrine de la création spéciale de la vie, c'est la création spéciale de l'homme, parce que, avec la conception ontologique non seulement de la vie, mais surtout de l'âme humaine, on ne pouvait vraiment pas comprendre autrement son existence. Il y avait bien la difficulté d'expliquer la multiplication des âmes parallèlement à celle des corps, le moment de prise de possession ou d'incarnation, la variabilité des « facultés », l'action du « physique » sur le « moral » etc. etc. Mais les grands dialecticiens s'en tiraient à force de logomachie et l'homme conservait son rang de Roi de la création. Nous avons montré l'erreur de toutes ces conceptions ontologiques de notre vie psychique et exposé la genèse par évolution graduelle de la sensibilité, de la conscience, de l'instinct, de la mentalité, de l'intelligence, de la raison et de la pensée. Toutes les données des sciences naturelles convergent ainsi vers le même résultat qui est de rendre de plus en plus indéniable les analogies frappantes entre l'animalité et l'humanité et de nous amener à la nécessité de reconnaître que l'homme n'est qu'un animal supérieur, et non un être « à part », d' «essence » différente.

Ainsi ramenée à son point, la solution de la question de la genèse de la vie se trouve singulièrement facilitée : Il ne s'agit point, en effet, de savoir si nous pouvons faire naître des organismes dans nos laboratoires, mais seulement de saisir, de comprendre la possibilité de la transformation de la matière organique non vivante en matière organisée vivante, en nous appuyant sur tout ce que nous savons de l'évolution de notre globe, et en nous appuyant sur les découvertes en chimie organique avec la synthèse d'un certain nombre de produits organiques qui nous semblent rapprocher singulièrement les distances.

L'origine de la vie n'est point une question dont on peut espérer trouver la solution dans une réaction chimique, il ne faut pas oublier que la vie n'est pas un corps chimique, pas plus qu'un élément anatomique. La vie, nous ne saurions trop le répéter, est un état dynamique spécial de la matière organisée, dite vivante, qui ne peut avoir sa source que dans un mode spécial d'équilibration de ses atomes et molécules, absolument comme nous avons vu le changement de propriétés dans la combinaison chimique, ne pouvoir s'expliquer autrement que par une différence dans le nombre ou dans l'agencement des atomes (1). Quand nous voyons, en chimie, les différences s'accentuer, les propriétés se multiplier, l'instabilité et la mobilité moléculaires augmenter proportionnellement à la complexité croissante de la composition en nombre, en qualité et en disposition des atomes, quand, précisément, la chimie biologique nous enseigne que les composés vivants sont les plus complexes de tous et que cette complexité augmente encore avec la différenciation organique, c'est-à-dire avec le perfectionnement ou avec la supériorité de l'organisme, n'y a-t-il pas lieu de remarquer ce parallélisme dans l'évolution chimique et organique et la spécification de plus en plus grande des propriétés ? Quand nous nous rappelons que les fameuses propriétés « vitales » se réduisent à des actions physico-chimiques, à des transformations et corrélations de mouvements, quand nous réfléchissons que les forces physiques, lumière, chaleur, électricité, magnétisme, aussi bien dans le monde organique que dans le monde physique, se réduisent toutes également à des transformations et corrélations de mouvements, quand nous pensons au nombre incalculable de mouvements de toutes sortes que suppose nécessairement la plus simple molécule d'albumine composée de 882 atomes équilibrés ensemble dans un état moyen d'oscillations ou de girations réciproques avec une instabilité énorme qui les rend susceptibles de trouble et de réaction sous les influences extrinsèques les plus minimes, n'avons-nous pas là un champ immense ouvert à nos méditations sur la possibilité de production et d'apparition de phénomènes aussi spéciaux et aussi insaisissables au premier abord que les faits d'ordre biologique que nous nommons mouvement nutritif ou trophique, mouvement

(1) Voir Synthèse chimique, dans *Le Monde physique*.

contractile ou musculaire, vibration nerveuse ou sensibilité, et, si ces phénomènes nous semblent pouvoir se produire dans un organisme vivant comme la résultante des actions et réactions de cet organisme, ne pouvons-nous pas tout aussi bien admettre que les premiers modes d'organisation sont résultés eux-mêmes des actions et réactions d'états voisins, plus analogues, de la matière organique, à laquelle nous ne pouvons cependant pas reconnaître un degré de différenciation suffisante pour la proclamer vivante? Pourquoi, en un mot, négligeons-nous de nous demander la raison de la Pesanteur, de l'Attraction, de l'action chimique, et nous obstinons-nous à chercher une cause créatrice au phénomène de la nutrition, de la vie? Pourquoi ne pas nous incliner devant la science et reconnaître que, si elle ne peut créer expérimentalement la vie, elle nous en montre au moins la genèse en nous révélant la transition insensible du monde, inorganique au monde organique, en nous faisant saisir dans le jeu constant d'action et de réaction des éléments les uns sur les autres, l'éternel et gigantesque enfantement du grand Tout et son éternel devenir ?

On a voulu pendant longtemps établir une différence capitale entre les corps inorganiques et les organiques, en ce que les premiers se présentent à nous sous trois états, qu'ils peuvent revêtir successivement suivant la température ou la pression, tandis que les corps composés organisés vivants, ne se présentent qu'à un état qui n'est ni la solidité de la pierre, ni la liquidité de l'eau, mais constitue un état intermédiaire semi-fluide et semi-solide. Cette distinction n'a, en réalité, aucune importance : d'une part, nous connaissons un certain nombre de corps organiques qui revêtent cet état spécial, dit colloïde, en particulier l'oxyde ferrique, l'acide salycilique : et d'autre part, nous voyons des corps vivants qui deviennent de véritables corps solides, les coralliaires, par exemple. De plus, ne sommes-nous pas obligés de reconnaître comme vivants de véritables liquides dans le sens ordinaire du mot ? L'état colloïde ne peut donc constituer qu'une variante des états sous lesquels s'offre à nous ce que nous appelons la « matière » dans notre monde objectif.

Nous n'en sommes plus, du reste, à l'embarras d'autrefois

pour expliquer et comprendre la diversité de ces états des corps. Autrefois, on se trouvait arrêté dès qu'on se demandait pourquoi ou comment le cuivre et l'or cristallisent en octaèdres pyramidaux, tandis que le bismuth et l'antimoine dessinent des hexaèdres, l'iode et le soufre des rhomboïdes ; nous savons que la loi de l'équilibre est la raison de la forme des cristaux ; nous avons vu qu'une différence dans l'agencement, c'est-à dire dans le mode d'équilibration d'un même nombre d'atomes, suffit pour produire une différence de cristallisation ou l'état amorphe.

Remarquons de suite que les organismes rudimentaires comme les monères représentent précisément un état amorphe de la matière vivante et constituent une sorte d'intermédiaire entre les composés organiques non vivants, amorphes, colloïdes, et les composés vivants figurés. Quand nous voyons nos savants réussir à former par synthèse une foule de composés organiques considérés jusqu'alors comme exclusivement propres aux tissus vivants, quand nous réfléchissons à la diversité incalculable de causes et de conditions qui peuvent se produire dans l'évolution universelle, susceptibles de produire des effets que nous ignorons, quand nous pensons aux différences de milieu, qui ont pu se produire à travers les siècles et favoriser la première combinaison d'hydrogène, d'azote, d'oxygène et de carbone d'où a pu sortir la première molécule d'albumine pour constituer une monère quelconque. comment pouvons-nous encore chercher un pourquoi inutile et incompréhensible ?

Autrefois, on pouvait aussi invoquer la différence de structure toujours complexe dans les organismes, surtout alors que l'on ne connaissait que des organismes très compliqués, tandis que les corps inorganiques semblaient relativement simples et homogènes. Mais là encore l'objection a perdu de sa valeur, au fur et à mesure que l'on a découvert des organismes de plus en plus simples, jusqu'aux amorphes, sans traces d'organisation comme les monères de Hœckel. D'autre part, les découvertes chimiques nous ont dévoilé les structures très complexes des substances organiques, en particulier celle des albumines, des glycoses et des peptones, et ont établi un nouveau rapprochement entre les corps inorganiques et les organiques, entre les organiques et les organisés.

On a encore invoqué une différence essentielle entre le mode d'accroissement qui se fait par intussusception, de dedans en dehors, dans les organismes vivants, tandis qu'il se fait de dehors en dedans, par simple addition, ou juxtaposition de molécules dans le monde inorganique. Mais cette différence n'est qu'apparente et tient à ce que l'on considérait l'organisme dans son ensemble et qu'on négligeait le mode réel dont se fait l'accroissement de molécule à molécule par addition et juxtaposition ou substitution, aussi bien dans le règne organique que dans l'inorganique.

Nous avons déjà insisté pour faire remarquer que les propriétés « vitales » de corps vivants, comme les monères de Hœckel, se réduisent à de simples propriétés de colloïdes en général. Pour ces organismes, complètement dépourvus d'organes, réduits à un simple amas amorphe d'albumine, la vitalité se réduit à naître, croître et disparaître ou se reproduire en se divisant, c'est-à-dire à se reproduire par fissiparité. Or, il faut bien prendre note que ces mots : naître, croître et se reproduire n'ont aucune signification autre que se former, augmenter et se dissocier, par simple juxtaposition de molécules d'albumine, ni plus ni moins que dans la formation chimique d'une quantité quelconque d'albumine.

Remarquons bien d'ailleurs que cette genèse toute chimique n'est point spéciale aux monères : tout le phénomène de la nutrition se réduit à l'assimilation, c'est-à-dire à la transformation des matériaux nutritifs, inorganiques, en molécules de matière organisée vivante : les liquides organiques ou blastèmes ne sauraient se comprendre si on n'admettait pas leur renouvellement incessant, c'est-à-dire leur genèse aux dépens des matériaux nutritifs inorganiques, de même qu'il n'y a pas moyen de ne pas admettre la genèse des éléments figurés ou anatomiques, granulations, noyaux, leucocythes (globules blancs), globules rouges, par une sorte de condensation des blastèmes. C'est ce qu'avait bien observé et constaté Claude Bernard, adversaire cependant de la doctrine de la génération spontanée des éléments des organismes vivants : « J'ai observé, dit-il, que dans le sérum sucré, il se developpe, sous l'influence d'une douce température, des productions amylacées tout à fait analogues aux globules blancs..... Dans une goutte de sérum sucré, parfaitement transparente, et où on ne voit rien au microscope, il se forme bientôt des leucocythes ou des globules de levure de bière (1) » Ce qui semble résulter de là, c'est que la matière vivante ne s'organise pas d'emblée dans la matière inorganique, mais demande un milieu déjà préparé, un milieu organique, qui lui fournit précisément la matière organique dont la décomposition, ou mieux, dont la réaction, en présence de substances cosmiques, donne naissance à des combinaisons nouvelles, essentiellement instables, *dynamiques*, qui constituent la *matière vivante*. C'est en effet ce qui semble résulter des expériences de Pouchet et de ses partisans.

« Suivant Pouchet, on observe d'abord dans les macérations une population éphémère de vibrions et de monades. Ces proto-organismes meurent. Leurs débris et leurs cadavres montent à la surface, s'y dissocient, s'y dissolvent plus ou moins et tous ces débris forment une sorte de membrane, qui s'organise à nouveau en engendrant des ovules d'infusoires supérieurs, de microzoaires à cils vibratiles. En certains points de cette pellicule, que Pouget appelle *membrane proligère*, on voit des granulations s'accumuler, s'amasser en sorte de *nébuleuses sphéroïdales*. Puis chaque nébuleuse devient une vraie cellule ovulaire, s'entourant d'une membrane translucide, d'une zone claire. Enfin cet ovule évolue. On y observe la *gyration* du contenu ou vitellus, la formation de l'embryon, et le cinquième jour, il en sort une paramécie.

« Si l'on place la moitié d'un liquide donné dans un vase à surface resserrée et l'autre moitié dans un vase à large surface, la pellicule proligère du vase étroit est beaucoup plus épaisse que celle du vase large ; car, dans l'un et dans l'autre, il s'est produit une génération équivalente de vibrions et de monades, mais, dans le vase large, les résidus de cette génération ont dû s'étaler sur une plus large surface ; ils n'ont pu, pour cette raison, former une membrane proligère assez compacte et il ne s'y crée aucun infusoire cilié. »

Cette membrane proligère constitue une sorte de blastème dans lequel les éléments cellulaires prennent naissance comme

(1) Rapport sur le *Progrès de la Physiologie*.

on le voit dans du sérum sucré : « On versa dans une cuvette de porcelaine à fond plat, de la colle de farine bouillante, d'une épaisseur d'un centimètre environ. Puis, quand cette colle commença à se figer, on écrivit sur sa surface, avec un pinceau imbibé d'une forte macération de poudre de noix de Galles, préalablement examinée au microscope et filtrée, ces deux mots : *Genèratio spontanea.* On recouvrit ensuite la cuvette avec une lame de verre et on l'abandonna à elle-même pendant quatre jours. Le température fut de 24 degrés en moyenne et la pression de 0,76 pendant ce laps de temps, au bout duquel on vit les mots *Generatio spontanea* se dessiner en noir. Ces caractères étaient formés par des touffes serrées d'un champignon microscopique *absolument inconnu*, à tigelles simples, cylindriques, non articulés, à capitules d'un beau noir. (*Aspergillus primigenius*, Pennetier, *Origine de la Vie.*)

« Une cuvette de cristal de 0,30 de diamètre est lavée avec de l'acide sulfurique et remplie d'eau distillée bouillante. Puis on y plonge dix grammes de filaments de lin chauffés à 150 degrés pendant deux heures; on la recouvre ensuite d'une cloche et on la place au centre d'une grande cuvette de 0,50 de diamètre remplie d'eau distillée. On la maintient à une température de 28 degrés, et, au bout de quatre jours, la macération est encombrée de paramécies, tandis qu'on ne trouve pas un seul de ces animaux, pas un seul de leurs œufs dans la grande cuvette (1).

« Dans les liquides fermentescibles on voit d'abord se former une très mince pellicule à la surface. Puis tout à coup apparaissent dans cette pellicule quantité de petites lignes pâles, immobiles, rangées à côté les unes des autres dans un certain désordre. Ces lignes ont la forme et la longueur des *bactérium*, et, en effet, au bout de quelques heures, on les voit s'animer et devenir les *bactérium* vivants, se mouvant rapidement en ligne droite. »

Il est bien évident que si on observe ces faits sans idée préconçue, si on s'en tient à la pure observation, on ne peut s'empêcher tout d'abord de reconnaître une analogie frappante entre la formation de cette couche à la surface d'une macération

(1) Pouchet, *loc. cit.*, p. 122.

et la couche qui se forme dans des solutions salines, dans l'eau de chaux par exemple, ou dans une solution saturée d'un sel qui se précipite par cristallisation. Il ne suffit pas, en effet, d'invoquer d'une part la « nature » du liquide, la macération, et d'autre part l'évolution ultérieure de cette pellicule, en organismes vivants, pour établir une différence essentielle, une différence de « nature » dans le mécanisme de production de ces deux phénomènes. Il est plus simple, plus scientifique de rechercher ici les analogies perceptibles que de vouloir les nier sous le fallacieux prétexte des conséquences qui en découlent. Nous savons qu'une solution saline peut donner lieu à un produit amorphe ou à un produit cristallin; nous savons que la cristallisation est une question d'équilibration moléculaire; bien plus, nous savons que dans les deux cas, le produit amorphe ou cristallin est une individualisation physique d'agrégats de molécules maintenues ensemble dans un état d'oscillations moyennes réciproques d'équilibre mobile, tandis que ces molécules sont elles-mêmes des individualisations analogues d'atomes. Enfin, ces corps physiques, non vivants, sont doués de propriétés chimiques électives, attractives ou répulsives, d'où peut naître toute une série de phénomènes dont quelques-uns nous offrent encore les plus grandes analogies avec les corps vivants, surtout précisément avec les proto-organismes dont il est ici question. Nous avons déjà vu la différence énorme qui existe entre les produits dits inorganiques et les organiques; nous savons avec quelle complexité peuvent se faire les combinaisons chimiques de ces corps organiques; tous les jours les chimistes découvrent des résultats nouveaux, c'est-à-dire des produits jusque-là inconnus; parmi ces produits, nous voyons naître spontanément sous nos yeux de simples petits bâtonnets : nous en ferions volontiers de nouveaux corps chimiques; mais voilà qu'au bout de quelques heures, ces bâtonnets manifestent des mouvements et aussitôt nous nous croyons obligés de les proclamer vivants et de déclarer qu'ils ne peuvent être formés qu'aux dépens d'un germe, parce que la vie ne peut naître spontanément, parce que partout l'Expérimentation nous montre que la vie procède d'un germe, parce que, en un mot, ce fait renverse nos chères théories et nos idées toutes faites.

Mais alors, en quoi différons-nous de nos aïeux préhistoriques et de nos frères arriérés qui croient la mer vivante parce qu'elle remue, le vent animé parce qu'il souffle (*anima*, souffle), etc. Car il ne s'agit pas du fait scientifique de la constatation de la vie chez ces micro-organismes, mais seulement de l'affirmation antiscientifique que ces mystérieux enfants de la nature ne peuvent être nés spontanément comme comme de simples précipités chimiques; non, il faut à ces êtres inconnus jusque-là une généalogie en règle, derrière laquelle on cherche à sauvegarder la foi en la nécessité de la création spéciale des êtres vivants. Il ne s'agit point, bien entendu, de nier les faits d'expérimentation sur lesquels s'appuient les Panspermistes, nous n'entendons point mettre en discussion l'utilité de cette conception qui a fait réaliser de si merveilleux progrès; mais nous ne pouvons l'accepter comme un dogme, comme un article de foi scientifique.

Si tout organisme vivant provient d'un germe, pouvons-nous affirmer que tout germe est un être vivant et provient aussi d'un être vivant ? Affirmer qu'un germe est lui-même un être vivant, oblige à admettre la vie là où nous ne pouvons réellement pas la constater. Refuser la vie au germe, ce serait admettre que la vie peut provenir de ce qui n'est pas vivant. Prétendre que tout être vivant provient d'un germe, c'est impliquer que la création de la vie consiste dans la création du germe, ce qui est rabaisser le rôle de la création spéciale de la vie à un point où, à moins de juger d'après ce que nous croyons, et non d'après ce que nous constatons, nous ne pouvons réellement voir aucune différence de « nature » entre ce modeste représentant du monde organique et un autre corps quelconque à composition chimique complexe comme sont les corps dits organiques. Aussi est-il bien plus simple de considérer le germe comme un stade, comme une phase d'évolution entre la matière organique proprement dite et la matière organisée ou vivante. C'est en même temps se conformer aux faits et à toutes les notions que nous donne l'Expérience. C'est, en effet, une observation constante que la matière organique (chimiquement) a pour caractère son instabilité, sa décomposition spontanée sous la seule influence du milieu cosmique, et que cette décomposition est le point de départ de formations nouvelles les unes purement chimiques (produits divers de putréfaction), les autres organisées (proto-organismes). Pour les partisans de la genèse spontanée, cette décomposition de la matière organique est tout à fait analogue à la « mort » de la graine qui se décompose, meurt pour nourrir de ses débris le nouvel organisme auquel elle a donné naissance, absolument comme nous voyons un certain nombre d'espèces animales mourir en se reproduisant. Pour les Panspermistes, cette décomposition de la matière organique ne fait que préparer un terrain d'ensemencement pour la germination des germes étrangers disséminés un peu partout.

Suivant eux, en effet, les proto-organismes végétaux et animaux qui peuplent, par myriades, les macérations organiques abandonnées à elles-mêmes, proviennent de germes flottant dans l'air.

Or, si à l'aide de l'aéroscope de Pouchet, on examine microscopiquement un décimètre cube d'air, en le faisant passer à travers un orifice d'un quart de millimètre de section, c'est-à-dire en l'étirant sur une longueur de 4.000 mètres, on n'y trouve que fort exceptionnellement un œuf de microzoaire cilié ou une spore de mucédinée.

Si, à l'aide d'un moteur de la force de huit chevaux, on projette sur diverses macérations de plantes, 6 millions de litres de cet air atmosphérique soi-disant plein de germes, on voit que les macérations exposées à ce torrent d'ovules ne deviennent pas plus riches en infusoires que celles qui sont emprisonnées dans un seul décimètre cube d'air (1). Si on rapproche ces observations des expériences citées plus haut, si on les examine sans aucune préoccupation de doctrine, il semble bien que les germes, si germe il y a, ne paraissent se montrer que dans certaines conditions de milieu, qui semblent surtout résulter de la décomposition ou du voisinage de matières organiques : En comparant la désagrégation physique à la décomposition organique, nous voyons que la première n'est qu'une simple division d'un corps en un grand nombre de corps semblables chimiquement, tandis que la décomposition organique est une

(1) Letourneau, *Biologie*.

transformation, une véritable genèse de corps nouveaux, différents chimiquement du corps générateur. Si maintenant nous comparons, sans idée préconçue, le fait de la germination d'un germe organique, d'une graine quelconque au fait de la décomposition d'une matière organisée dans laquelle nous voyons apparaître des proto-organismes (1), nous sommes bien obligés de reconnaître que la *germination* nous offre la plus grande analogie avec la décomposition d'une substance organique. Tous les savants, en effet, sont d'accord pour proclamer que la germination n'est possible que dans des conditions physico-chimiques déterminées, lesquelles amènent des transformations ou mieux des déséquilibrations et rééquilibrations moléculaires suivant un double courant d'intégration et de désintégration, c'est-à-dire d'organisation (germe) et de désorganisation (alimentation du germe). Telle nous voyons dans certaines décompositions organiques la formation ou la mise en liberté de ce que les chimistes appellent un « radical » lequel devient le centre d'attraction ou mieux d'équilibration de molécules diverses et donne naissance à un corps nouveau qui peut continuer son évolution en formant des combinaisons de plus en plus compliquées jusqu'à ce qu'il soit lui-même détruit ou se décompose par l'excès même de sa propre instabilité. C'est là, remarquons-le bien, le meilleur moyen pour nous de nous expliquer actuellement la formation des innombrables composés que nous montre tous les jours la chimie organique. Notons de même que, si nous voulons bien nous en tenir au fait même de la germination d'une graine, nous ne pouvons pas y voir autre chose, au moins au début, puisque nous ne pouvons scientifiquement constater dans la germination autre chose qu'une transformation chimique des hydrocarbures de la graine en dextrine ou sucre avec formation d'un centre d'équilibration moléculaire d'intégration qui constitue le germe ou la pousse, absolument comme dans une décomposition chimique organique, nous voyons le radical redevenir le centre d'une nouvelle équilibration moléculaire, c'est-à-dire le germe de la formation d'un corps nouveau. Tout ce que nous pouvons dire, c'est que dans la simple décomposi-

(1) Voir plus haut les expériences de Pouchet.

tion chimique nous voyons naître des corps à évolution limitée, que nous appelons chimique, tandis que dans la germination nous constatons la naissance de corps à évolution croissante, que nous appelons germe, pousse, vie. Mais il y a des faits de germination ou de génération qui présentent pendant une première période les caractères d'une vie rudimentaire et finissent par prendre tout à fait les caractères des corps inorganiques : les coralliaires, par exemple ; il suffit de rappeler que nous pouvons ainsi voir se former des îles entières, comme les Madrépores, pour nous édifier sur ce point. D'ailleurs la question de durée ou de complexité de l'évolution ultérieure, qui constitue la vie d'un organisme né d'un germe, ne nous semble si « spéciale » que parce que nous comparons la totalité d'un organisme à un élément chimique. Il suffit, pour voir s'atténuer cette différence réputée « essentielle » de rapprocher l'évolution d'un composé chimique vivant et celle d'un composé chimique non vivant, l'évolution d'un organisme entier et celle d'une masse organique non vivante. Toujours, en effet, dans ces considérations sur l'évolution organique, nous oublions trop l'excessive complexité des phénomènes et le degré d'organisation déjà si différencié d'un simple élément anatomique comme une cellule munie de son noyau et de ses molécules. Nous avons vu que les produits de l'assimilation forment d'abord des liquides organiques ou blastèmes d'où naissent des colloïdes amorphes ou globules aux dépens desquels se forment les éléments anatomiques par simple différenciation ; de sorte qu'un élément anatomique nous offre, en abrégé, le tableau du développement de l'Univers et de la formation du Règne organique. Si maintenant au lieu de nous localiser sur le phénomène physico-chimique de la décomposition d'une substance organique morte, nous comparons la décomposition d'une graine en germination à la nutrition, nous voyons de suite que cette dernière comprend un double mouvement d'intégration ou assimilation et de désintégration ou désassimilation : la prédominance du premier courant constitue l'accroissement, la prédominance du second entraîne l'atrophie d'abord et la mort ensuite. Mais ne savons-nous pas que l'accroissement devient lui-même un mode de reproduction soit par accroissement de totalité amenant la division ou reproduction par fissiparité, soit par accroissement partiel constituant la reproduction par gemmiparité, ou par endogenèse dont toutes les variétés de reproduction par oviparité ou viviparité ne sont en somme que de simples variétés ? Si donc nous comparons la génération dans un animal qui meurt en se reproduisant, ne trouverons-nous pas la plus grande analogie entre la décomposition de cet animal donnant naissance à un autre animal et la décomposition d'une substance organisée donnant naissance à d'autres organismes : dans le premier cas, on n'invoque aucun germe parce que nous disons que l'animal se reproduit lui-même, dans le second, les Panspermistes affirment qu'il y a toujours intervention d'un germe étranger. Pour le moment nous ne voulons nous occuper que de l'analogie des deux faits considérés sans aucune idée préconçue. Il faut bien remarquer, en effet, que toute cette question est dominée dans les esprits par l'idée préconçue de la nature spéciale, de la vertu particulière, essentiellement vitale du « Germe ». Or, il est impossible dans l'état actuel de la science.

1° De refuser le caractère d'êtres vivants à tous les zoophytes ;

2° De ne pas admettre comme un mode de génération la reproduction par fissiparité, scissiparité, gemmiparité, etc. ;

3° De ne pas considérer comme un simple mode d'accroissement nutritif ces divers modes de reproduction, ce qui constitue bien une génération par multiplication, sans germe dans le sens où on l'entend ;

4° De voir dans le fait le plus simple de la nutrition de ces proto-organismes autre chose qu'un phénomène physico-chimique ;

5° Par conséquent, de ne pas vouloir reconnaitre l'enchainement de tous ces phénomènes qui constituent un véritable enchainement ou mieux une évolution progressive par division graduelle et successive du travail.

CHAPITRE II

ATMOSPHÈRE ORGANIQUE

C'est un fait reconnu et admis par tout le monde que chaque corps exerce une série d'actions ou influences diverses sur tout ce qui l'entoure : cela constitue une sorte de zone d'activité dynamique, une atmosphère variable pour chaque corps, qui est la résultante de toutes ses propriétés physiques, chimiques, électriques, magnétiques, etc. C'est ainsi que les propriétés particulières du sol et de l'atmosphère varient suivant les plantes et les animaux qui y vivent. C'est là une constatation qui a une importance considérable en culture, en élevage et en hygiène. Comme en dernière analyse toutes ces actions ou influences sont d'ordre mécanique (1), il est facile de prévoir que cette zone d'action est d'autant plus marquée que la mobilité moléculaire est plus considérable, c'est-à-dire que les faits de l'équilibration mobile moléculaire du corps offrent la possibilité d'un plus grand nombre de combinaisons ou modifications de mouvements susceptibles d'engendrer des manifestations plus variées de toutes les forces physico-chimiques. Cela implique une zone d'action d'autant plus grande que la complexité de composition ou d'organisation est plus accentuée. C'est ainsi que nous constatons une augmentation graduellement croissante dans les corps physiques, chimiques et organiques des plus simples aux plus composés : tandis, en effet, que les corps physiques n'exercent entre eux qu'une action extrinsèque, purement mécanique, les corps chimiques nous offrent non seulement la propriété de se combiner entre eux, intrinsèquement,

(1) Voir dans *le Monde physique*, la théorie et la nature mécanique des forces physiques.

mais paraissent encore susceptibles d'exercer une sorte d'action de présence, nommée catalyse, qui semble consister en une sorte de préparation, de formation d'un milieu propice à la combinaison d'autres corps. Quant aux corps organisés, on peut dire, d'une façon générale, que l'évolution entière du règne organique semble une série graduée de préparations de la matière et du milieu d'une espèce à l'autre, depuis les proto-organismes naissant dans leurs milieux organiques à la façon des précipités chimiques dans les solutions salines sursaturées, jusqu'aux organismes supérieurs qui ne pourraient manifestement vivre dans un milieu qui ne serait pas préparé pour leur offrir les conditions cosmiques, physiques, chimiques et organiques indispensables à leur existence. Il en résulte ainsi un immense courant de transformation par intégration et désintégration de la matière cosmique à la matière terrestre, de la matière physique à la matière chimique, de la matière chimique à la matière organique, de la matière organique à la matière organisée ou vivante, de la matière vivante aux divers produits de la vie physiologique et nerveuse. Cet immense travail d'élaboration de l'univers se divise à l'infini dans les espèces animales et végétales, dans les sociétés, colonies ou groupes quelconques organiques, dans les individus, dans les organes, dans les éléments anatomiques : c'est ainsi que se forment, se superposent, s'emboîtent et s'enchaînent des séries infinies de zones ou atmosphères organiques, que nous dénommons plus spécialement dans les organismes animaux, le milieu nutritif dont nous retrouverons l'analogie dans l'évolution du règne social.

Nous comprenons facilement la série infinie de transformations physiques et chimiques résultant des actions et réactions physico-chimiques, électriques et magnétiques des corps les uns sur les autres ; nous savons que ce travail de transformation continuelle est d'autant plus considérable que les matériaux en présence sont des composés moins stables ; tout le monde admet l'excessive facilité des décompositions des substances organiques, l'influence du milieu de la température, etc., sur ces décompositions, et leur réaction sur l'atmosphère ambiante qu'elles modifient si profondément, mais on semble trop oublier la signification de ce travail même de la décomposition organique au point de vue de ses relations avec le phénomène de la genèse de la vie (1). En même temps que tout corps exerce une série d'actions ou influences diverses sur son voisinage, il subit lui-même la réaction de ce milieu. C'est là une notion d'importance capitale pour saisir dans son ensemble l'immense travail d'évolution de la nature, où chaque stade ne peut apparaître ni se comprendre s'il n'est préparé par le stade qui le précède : c'est le célèbre *natura non facit saltum;* partout nous ne trouvons que transitions et gradations insensibles, impossibles à limiter d'une façon absolue entre les phénomènes qui ne nous paraissent si distincts que parce que nous en négligeons habituellement ou en ignorons la filiation naturelle, n'accordant notre attention qu'aux classifications exprimées par des mots, lesquels, nous ne pouvons trop le répéter, n'expriment et ne peuvent exprimer que la façon différente dont chaque chose ou phénomène se détermine en nous et nous est perceptible, connaissable.

C'est ainsi que la substance organique ne peut se transformer en matière organisée que par une série de déséquilibrations et de rééquilibrations moléculaires dans son milieu organique. C'est, en effet, à la conception de ce milieu organique qu'il nous faut nous arrêter pour comprendre les phénomènes de la vie. Nous avons vu que la naissance de la matière organisée ne peut se comprendre qu'aux dépens de la matière organique : celle-ci forme donc une sorte d'atmosphère, une espèce de solution mère dans laquelle la matière organisée va pour ainsi dire se *précipiter* par un phénomène analogue à ce que nous voyons en chimie dans la formation des combinaisons des sels et des précipités ; de même aussi que dans ce phénomène de naissance d'un corps chimique, nous voyons la première molécule constituer immédiatement un centre d'attraction ou mieux d'équilibration, un pôle autour duquel les autres molécules viennent se grouper, s'équilibrer, pour apparaître à nos yeux en masse, soit sous la forme d'un simple précipité, soit sous celle de cristaux ; de même nous comprenons que la naissance par synthèse d'une molécule organisée devient un centre

(1) Voir ci-dessus.

organique autour duquel viennent se grouper d'autres molécules qui forment d'abord le plasma cellulaire aux dépens duquel se forment le noyau, les granulations et l'enveloppe. De même encore que la substance organique nous semble la préparation toute naturelle de la substance organisée, de même aussi nous sentons que la substance organisée élémentaire devient la préparation des organismes plus complets. Il faut bien remarquer, en effet, que toute molécule organisée qui subit une influence interne ou externe capable de modifier son équilibration atomique ne peut revenir à son état d'équilibration primitive : elle se décompose, c'est-à-dire se désassimile ou meurt, si l'équilibration ne peut résister à sa cause perturbatrice ; elle se modifie si elle peut résister en prenant un nouvel état d'équilibration, lequel peut comporter l'adjonction d'un élément étranger : cela devient une combinaison organique, que nous appelons organisation, accroissement, développement, c'est-à-dire l'évolution organique ou le perfectionnement organique : c'est la loi d'*organisation* par adaptation de chaque organisme à ses conditions d'existence, c'est-à-dire la *loi de la vie.*

CHAPITRE III

LOI DE LA VITALITÉ. LOI DE L'ORGANISATION. HÉRÉDITÉ

Nous ne pouvons concevoir que notre corps reste impassible, insensible, à tout ce qui se passe autour de lui : nous sommes bien obligés, au contraire, d'admettre que notre individualité, notre personnalité physique et morale ne peut subsister dans le milieu cosmique où nous vivons sans un certain équilibre entre notre individu et son milieu, de même que nous ne pouvons comprendre notre unité, notre moi physiologique et psychique autrement que par une étroite unification, solidarisation de toutes ses parties composantes. Il ne suffit point d'invoquer la fameuse dualité de notre corps et de notre âme pour éviter cette conception de notre personnalité, car la difficulté de concevoir cette corrélation entre deux principes « essentiellement différents » subsisterait toujours et ne saurait s'expliquer sans une certaine solidarité entre eux.

Le fait universellement établi que les mêmes causes produisent les mêmes effets dans des conditions identiques sous tous rapports, trouve sa vérification dans notre conception de la vitalité, puisque nous voyons partout la vie se reproduire semblable à elle-même tant qu'elle reste soumise aux mêmes conditions, et varier au contraire, dès que ses conditions vitales sont modifiées. On ne saurait du reste comprendre qu'il puisse en être autrement, puisque nous ne pouvons concevoir qu'une résultante ne soit pas modifiée par un changement dans ses composantes.

Par conséquent, nous sommes bien obligés de considérer les phénomènes biologiques comme les résultantes des actions internes et externes d'un organisme, et nous ne pouvons plus, dès lors, trouver où placer l'intervention d'un principe quelconque, âme ou esprit, dans l'évolution de cet être. C'est ainsi que nous avons dû successivement reconnaitre le même déterminisme, le même caractère de résultante, dans les phénomènes de nutrition, de reproduction et de sensibilité. Partout nous avons retrouvé la même tendance universelle à l'équilibration dans le monde organique aussi bien que dans le monde physique ; partout nous avons dû reconnaitre que la condition nécessaire de toute individualisation est la mutuelle dépendance, la solidarité des parties composantes. Nulle part, du reste, cette loi de solidarité ne nous apparait avec plus d'évidence comme la condition indispensable de toute individualité que dans les organismes vivants où nous sentons l'inéluctable nécessité de la corrélation, de la correspondance et de la suppléance des fonctions comme la conséquence de la division du travail si incalculablement compliquée dans les animaux supérieurs.

C'est l'intuition de cette loi de solidarité organique qui, mal exprimée, a été de tout temps décrite et invoquée sous le nom de loi de Finalité. C'est cette conception de la solidarité fonctionnelle qui a inspiré et guidé les merveilleuses recherches de Cuvier. C'est cette corrélation entre un organisme et ses conditions de vie qui a inspiré le transformisme de Lamarck, la sélection de Darwin, l'évolution d'Herbert Spencer. Seulement, au lieu de chercher avec Cuvier la cause de l'existence d'un organe dans son utilité, nous sommes portés à le considérer comme la résultante des conditions d'équilibrations fonctionnelles qui ont presidé à sa formation. Quand nous envisageons l'organisation de la fonction nutritive à travers la série organique, dans sa croissante complexité, dans sa curieuse gradation, dans son unité totale, elle ne nous apparaît plus comme ayant été créée pour nourrir l'organisme, chaque appareil digestif ne nous semble plus avoir été créé pour digérer tels ou tels aliments, mais simplement comme le résultat de la différenciation organique sous l'influence de l'adaptation alimentaire et de la division du travail de l'assimilation. C'est là un des modes de la loi d'organisation par adaptation que nous retrouvons à chaque instant dans nos études du développement organique et qui a été merveilleusement mise en lumière, par les travaux de Darwin et de ses successeurs.

De même, nous ne pensons plus que les ruisseaux, les rivières et les fleuves ont été créés pour collecter les eaux dans les mers, mais nous comprenons que ces cours d'eau sont résultés tout naturellement des différences de niveau, et de l'action de la pesanteur. Ici la division du travail et la répartition en bassins, due aux inégalités de niveau des terrains, a été amenée par les différences de densité et de solidification des éléments minéraux à la surface de notre globe. Il est facile de retrouver le même jeu d'équilibration et de répartition des courants dans un organisme quelconque, depuis l'utricule alimentaire des polypiers jusqu'aux canaux divers (digestif, sanguins et lymphatiques) des animaux supérieurs, comme nous l'avons montré à propos du mécanisme de la nutrition et du développement organique.

Par conséquent nous sommes amenés à conclure que notre corps subit nécessairement l'influence de son milieu extérieur suivant les modes divers que nous pouvons constater dans le monde objectif. Bien plus, comme nous ne pouvons supposer que notre corps physique ait pu se former autrement qu'aux dépens des éléments de notre milieu cosmique, nous voilà obligés d'admettre que notre corps lui-même ne peut être que la résultante d'une combinaison spéciale de la matière qui nous entoure, et aux dépens de laquelle nous le voyons se développer et s'entretenir par le phénomène de la nutrition. Par conséquent, nous ne sommes nous-mêmes qu'un phénomène qui a, comme les autres, sa source, sa cause dans tous ceux qui l'ont précédé, dont il dépend, et dont il n'est que la résultante. Voilà pourquoi notre vie est si étroitement dépendante des conditions physiques, cosmiques et sociales, voilà pourquoi nous vivons à l'état d'équilibre instable, sans cesse oscillant entre la santé et la maladie, entre la mort et la vie, entre l'idée d'aujourd'hui et l'idée de demain, entre le devoir d'hier et le devoir d'aujourd'hui. La diversité des influences qui peuvent agir sur un organisme devient la source de sa propre différenciation. Aussi voyons-nous la vie s'organiser différemment, revêtir des formes et acquérir des aptitudes diverses suivant la prédominance de tel ou tel genre d'influences générales et constantes. Cette différenciation de la vie entraîne nécessairement une différenciation de la sensibilité organique ou aptitude à s'équilibrer, à s'adapter aux circonstances et conditions d'existence (1). Bien plus, à mesure que la vie se différencie dans un organisme par l'apparition d'organes et la multiplication des fonctions, nous voyons la sensibilité se différencier elle-même par la différenciation du système nerveux en système nerveux trophique, moteur et sensitif. Il est évident qu'il ne faut voir dans cette différenciation qu'une simple division du travail de la réaction organique aux forces incidentes, car l'étude de la physiologie nous montre que la fonction trophique n'est qu'une résultante et une manifestation de la sensibilité générale organique (cénesthésie), adaptée, organisée, fonctionnant silencieusement, inconsciemment, tant que l'équilibre fonctionnel est maintenu, mais se révélant par une sensation de malaise, de souffrance, de douleur, dès que cet équilibre est troublé par la maladie; de même la fonction motrice du système nerveux n'est qu'une face de la sensibilité puisqu'elle constitue la réaction sous forme de mouvement (réflexe ou volontaire) de défense, de protection ou d'attaque. Enfin, nous savons que la sensibilité proprement dite, la sensibilité sensorielle, n'est manifestement que la division du travail de réception et de réaction de l'organisme devant les divers modes dont il est susceptible d'être excité. Il suffit de réfléchir pour comprendre que, en raison de l'instabilité et de la mobilité moléculaire extrême des composés vivants, nous ne pouvons pas supposer que les excitations ou influences externes ne produisent pas des effets différents sur l'organisme qui les reçoit; par conséquent nous sommes bien obligés de reconnaître que chaque action extrinsèque a pour corollaire une réaction intrinsèque : c'est de cette façon que nous avons vu la possibilité de comprendre l'adaptation continuelle d'un organisme à ses conditions de milieu; nous avons été ainsi amenés à admettre deux espèces de réaction de l'organisme, l'une passagère, transitoire, dite dynamique, *sensible*, l'autre équilibrante, dite statique, *organisante*. Qu'il s'agisse, en effet, d'un organisme entier, d'un élément anatomique ou même d'une

(1) Nous avons rappelé à ce sujet le rôle trophique des divers modes de sensibilité.

molécule vivante, nous ne pouvons pas concevoir autrement que suivant ces deux modes l'effet d'une cause extrinsèque quelconque : ou bien elle ne fait subir qu'une modification passagère dans l'équilibration constitutive moleculaire, ou bien elle entraine un changement et provoque une rééquilibration nouvelle c'est à-dire un phénomène d'organisation. Nous arrivons ainsi à conclure que le véritable mécanisme de l'organisation se trouve dans l'équilibration moléculaire que nous appelons l'adaptation et dont le meilleur exemple est l'ac'e réflexe. C'est, en effet, ce qui est admis par tous les physiologistes qui considèrent tous les phénomènes trophiques comme autant de réflexes : telles les sécrétions glandulaires, les actions vaso motrices, etc., etc. Mais ce qu'il importe de bien saisir, c'est que, en réalité, l'action externe, et sa résultante, la réaction intrinsèque, constituent les deux éléments inséparables d'un couple ou les deux plateaux d'une balance : ils s'impliquent l'un et l'autre et ne sauraient se concevoir séparément, ils sont étroitement solidaires. Il n'y a donc pas lieu de s'etonner de la précision du réflexe, ni à chercher l'explication de la faculté coordinatrice du système nerveux : il n'y a là rien d'actif dans le sens où on veut l'entendre, c'est une question mécanique d'équilibre, de solidarité des composantes. Nous retrouvons là, en réalité, la même dépendance mécanique des phénomènes que dans le reste de l'univers; la même cause, dans les mêmes conditions, produit le même effet, c'est-à-dire la même réaction organique. C'est là une loi générale reconnue et admise par tout le monde. C'est cette réciprocité de correspondance qui établit la coordination si merveilleusement réglée des fonctions organiques, des réflexes, des instincts. Ce sont là les effets que nous avons vu résulter d'une adaptation antérieure, organisée, tandis que les actions nouvelles, différentes, avec lesquelles l'organisme n'est pas encore adapté, équilibré, provoquent l'hésitation, le choix, la sélection, auxquels nous avons l'habitude d'attacher la signification de conscience, de volonté et d'intelligence. La preuve en est dans le passage à l'état de réflexe de tous les actes conscients, volontaires et intellectuels qui se renouvellent suffisamment de la même manière pour provoquer une adaptation qui constitue d'abord l'habitude, puis s'organise et se transmet héréditairement sous le nom d'instinct. De sorte que cette organisation nous apparaît en même temps comme la condition dont dépend le phénomène physiologique de la vitalité proprement dite ainsi que l'aboutissant des manifestations vitales supérieures que nous nommons psychiques : nous retrouvons ainsi la même loi commune aux faits physico-chimiques et aux phénomènes psychiques de la vie, et cette loi n'est elle-même que l'expression de l'excessive mobilité, de la grande instabilité, de la merveilleuse plasticité de la matière vivante, et se ramène, en dernière analyse, à la même loi d'équilibration et de solidarisation que nous avons vue seule capable de nous expliquer l'universel et éternel devenir, puisque nous ne pouvons comprendre l'existence d'un seul organisme sans un équilibre moyen entre ses forces internes et les actions externes, et sans une mutuelle dépendance de toutes ses parties dont la solidarisation est nécessaire pour lui constituer son unification, son individualisation au milieu des autres phénomènes. Il est facile de vérifier que, dans l'échelle organique, le degré de l'individualisation est directement proportionnel au degré de solidarisation des parties composantes ; au bas de la série, nous voyons les protoorganismes ne présenter qu'un faible degré de correspondance fonctionnelle ainsi qu'une différenciation anatomique rudimentaire, de sorte que les diverses parties évoluent dans une certaine indépendance, au point que l'on peut séparer ces parties sans entraîner leur mort. Au contraire, à mesure que nous remontons l'échelle organique, nous trouvons que cette correspondance fonctionnelle s'accentue proportionnellement à la différenciation organique anatomique, au point que, chez les animaux supérieurs, nous ne pouvons plus séparer les organes sans détruire l'individu. Par conséquent nous pouvons conclure que la loi de l'Organisation, comme la loi d'Equilibration et de Solidarisation dont elle n'est qu'une expression, offre une tendance générale à équilibrer, à grouper, à solidariser, à individualiser proportionnellement à son développement, c'est-à dire que plus le jeu d'action et de réaction des influences extrinsèques et intrinsèques tend à multiplier et à accentuer les différenciations par le seul effet de sa répétition plus il augmente la tendance à l'organisation et à la solidarisation des parties composantes d'où résulte une correspondance, une corrélation de plus en plus grande entre les organes. De sorte que l'évolution organique, la coordination fonctionnelle n'est pas du tout la preuve d'une finalité vraiment difficile à comprendre dans sa cause, mais résulte simplement de l'effet de la division et de la répartition du travail de la vitalité. C'est là un point très frappant dans l'évolution organique, mais qui gagne peut-être encore à être envisagé dans l'évolution sociale : nous pouvons, en effet, y saisir encore mieux le mécanisme du jeu d'actions et de réactions des parties composantes, individus ou groupes, dans la production et l'organisation des phénomènes de solidarité qui sont décrits sous le nom de sociabilité, de moralité, de pitié, de sympathie, de mutualité, de coopération, de patriotisme et de socialisme. Nous avons dit que la sensibilité animale, réduite chez les protoorganismes à la simple excitabilité, ne peut être conçue autrement que comme la répercussion d'une excitation partielle sur l'ensemble de l'individualité, tandis que chez les organismes plus élevés, elle établit et entretient, par ses répercussions internes, une mutuelle correspondance, une véritable synergie fonctionnelle entre les organes. Il suffit d'envisager le même phénomène de répercussion dans une société, pour voir qu'une modification individuelle a un retentissement sur la collectivité proportionnellement au degré de correspondance et de solidarisation réciproques des membres composant cette société, c'est-à dire au degré d'organisation de ce corps social. Si, en effet, nous envisageons une société rudimentaire formée d'individus vivant tous de la même façon, nous comprenons facilement que chacun des membres de cette agglomération peut naître, souffrir et mourir sans que les autres en éprouvent un contrecoup sensible ; en tout cas la naissance ou la mort d'un individu n'entraîne aucun changement consécutif, ne provoque aucune réadaptation, aucune réorganisation de la collectivité. Si, au contraire, il s'agit d'une société déjà organisée, dans laquelle chaque membre remplit un rôle différent, par exemple celui de pêcheur, de chasseur, de guerrier ou d'agriculteur, la conséquence change : aucun membre ou groupe de membres ne peut plus être dérangé sans un contrecoup sur la collectivité proportionnellement à l'importance du rôle ainsi supprimé. Or, nous avons précisément fait remarquer que c'est ce qui se passe dans la sensibilité organique, en attribuant la production de la douleur à un trouble, à une menace de la vitalité, celle du plaisir à tout ce qui favorise la vitalité, d'où la formation des tendances, des besoins et des désirs. Il est facile de comprendre que le trouble provoqué dans le rôle d'un membre d'une collectivité peut n'être que transitoire, si l'individu peut reprendre sa fonction, ce qui est l'analogue d'un fait de sensibilité, ou bien ce trouble peut tendre à devenir permanent si l'individu meurt ou se trouve dans une incapacité définitive de reprendre son rôle ; dans ce cas, il se trouve un autre individu pour le remplacer; c'est ce que nous voyons dans le renouvellement moléculaire de nos organes. Bien plus, nous voyons ici comment un individu enrôlé dans un groupe professionnel doit être remplacé par un individu ayant déjà les mêmes aptitudes, ayant fait ce que nous appelons son éducation ou son apprentissage; cela est en rapport avec et nous explique le mode de renouvellement anatomique de nos organes, en nous montrant en même temps le mécanisme de la différenciation organique par suite des actions et réactions des conditions et du milieu nutritif, la reproduction, le renouvellement et l'entretien des organes et surtout le phénomène de l'hérédité si singulièrement méconnu, en général, grâce surtout à la fausse conception qu'on se fait encore de tout ce qui a trait à la vie.

Du moment où la vie ne nous apparaît partout que comme la résultante des conditions et des determinations de son milieu organique, il est évident que les organismes doivent tendre à se reproduire semblablement dans leurs descendants en raison directe de la similitude des conditions de développement qui peuvent se renouveler pour ces dernières et à se différencier, c'est-à-dire à varier en raison également directe des changements qui peuvent se présenter dans leurs conditions d'évolution. Aussi, voyons-nous, d'une façon générale, tous les êtres vivants offrir une tendance commune à se renouveler dans leurs descendants, que nous appelons la loi d'hérédité, grâce à la persistance des mêmes conditions de vie des procréateurs aux générés, tandis que les changements dans les conditions de milieu provoquent des adaptations nouvelles et amènent les variations dans les individus et les espèces par suite de la transmission héréditaire de ces nouvelles adaptations. C'est ce qu'avait très bien observé Lamark et ce qui constitue le Transformisme. C'est cette même loi d'adaptation aux conditions de vie propre à tous les organismes vivants, qui n'est, au fond, qu'une forme de la loi universelle d'equilibration, que Darwin a appelée la sélection naturelle, en lui prêtant ainsi un caractère finaliste qu'elle n'a pas en réalité. Nous avons vu que toutes les adaptations des corps vivants aux conditions et circonstances tendent, par le seul effet de leur répétition, à se fixer, à *s'organiser*, jusqu'à ce qu'elles deviennent *parties intégrantes* de l'organisme, jusqu'à ce qu'elles fassent partie de sa structure et se transmettent dès lors par hérédité, comme le reste de l'organisme.

Si maintenant nous remarquons combien nous sommes peu avancés dans la connaissance morphologique spéciale à chaque fonction en opposition avec la connaissance plus facile de la fonction elle-même, nous sommes bien obligés de reconnaître que nous admettons un caractère anatomique organique, à une foule de fonctions, malgré l'impossibilité où nous sommes de constater en quoi consiste ce caractère organique. C'est ainsi, par exemple, qu'aucun médecin n'oserait soutenir que les manifestations hystériques n'ont leur cause, leur raison dans aucune modification speciale du système nerveux, bien que la science n'ait pas encore pu établir de visu, le caractère anatomique de cette modification. Au fond, il n'y a rien là de plus étonnant que la nécessité où sont les physiciens et les chimistes d'admettre de simples modifications d'equilibre moleculaire dans une foule de phénomènes sans pouvoir non plus constater matériellement cette modification moléculaire. Les découvertes bactériologiques, et surtout la constatation des effets si puissants de doses infinitésimales d'alcaloïdes, les investigations sur les phénomènes de la nutrition et la conception des auto-intoxications, nous ouvrent des horizons nouveaux et nous semblent appelés à modifier profondément les théories grossièrement matérialistes de la vie qui ont fait longtemps l'orgueil de l'Ecole de Médecine de Paris. Aussi, la tendance générale est-elle à admettre que tout phénomène biologique (physiologique ou pathologique) est corrélatif d'une modification moléculaire de l'organisme, d'un organe ou au moins d'un élément anatomique. Il suit de là que nous sommes dans l'impossibilité de constater toutes les modifications subies ou manifestées par un organisme, à plus forte raison, de reconnaître toutes les aptitudes héréditaires que nous tenons de la double série d'influences héréditaires du côté paternel et maternel, de même que nous ne pouvons supposer la possibilité de la mise en jeu de toutes ces aptitudes par suite de l'impossibilité où nous sommes de nous retrouver soumis identiquement aux mêmes influences et conditions de vie et d'évolution que nos ascendants : d'où certaines ressemblances et dissemblances déterminées précisément par ces différences inévitables dans les conditions de développement de nos aptitudes, ce qui assure en même temps la différence individuelle et la persistance du type familial, spécifique, ethnique.

Ainsi donc, en dehors des caractères de race, de tribu, de famille, ce que nous apportons en naissant, ce sont des aptitudes. Ces aptitudes sont d'autant plus marquées qu'elles proviennent d'adaptations plus anciennes, plus organisées chez nos ascendants. Mais comme ces aptitudes ne peuvent se développer en nous qu'à la condition de se trouver soumises à leurs causes spéciales d'adaptation et d'organisation, il en résulte que ce qui domine et règle notre évolution héréditaire, ce sont nos propres conditions de vie : (milieu, éducation, hygiène), de là cette conséquence paradoxale en apparence que nous pouvons voir se développer beaucoup une aptitude très peu marquée ou même ignorée chez nos ascendants, si elle rencontre en nous ces conditions favorables de développement, tandis que nous verrons une aptitude ancienne, beaucoup plus marquée chez les ascendants, rester à l'état latent dans une ou plusieurs générations pour reparaître plus tard si l'occasion la favorise (atavisme) ou disparaître définitivement dans le cas contraire. Ceci a beaucoup obscurci les phénomènes de l'hérédité, c'est ce qui va nous servir précisément à en expliquer, à en saisir une foule d'exemples caractéristiques : enfin, c'est aussi ce qui nous enseigne le meilleur moyen de combattre l'hérédité dans ce qu'elle a de mauvais, comme c'est le meilleur guide dans tout ce qui a trait à l'élevage, au dressage, à l'éducation et à l'hygiène de nos enfants.

Jusqu'ici, on s'est occupé beaucoup plus de constater, de classer, de décrire les faits d'hérédité, que de chercher leur véritable filiation organique, que de leur demander leur liaison réciproque, leur solidarité : c'est cependant là une question importante si on veut tirer de la connaissance des lois de l'hérédité tous les enseignements pratiques qu'elle comporte. C'est dans l'étude des maladies nerveuses que l'hérédité a surtout été reconnue et proclamée comme une loi dominant toute la pathologie nerveuse :

« Aujourd'hui plus que jamais, il importe d'étudier, à côté de la maladie, le terrain sur lequel elle évolue, ce dernier ayant, en effet, suivant chaque individu, une façon de réagir éminemment variable, vis-à-vis d'une cause morbide semblable : c'est dans des dispositions, le plus souvent héréditaires, quelquefois acquises, que l'on trouve la cause, la raison d'être de ces différences.

« Certes, la notion du milieu dans lequel vit l'individu, joue un rôle important dans la façon dont se comporte et réagit son organisme, vis-à-vis des influences extérieures, mais dans la grande majorité des cas, le facteur du milieu est subordonné à un autre plus important, à celui de l'hérédité.

« Rien n'est plus frappant pour la démonstration de cette proposition que l'étude des maladies du système nerveux; à chaque pas, on y voit éclater, pour ainsi dire, l'importance de l'influence héréditaire, et on le verra d'autant plus à l'avenir que l'attention aura été davantage attirée de ce côté, et que la recherche des antécédents aura été faite avec plus de soin. Le groupe des affections nerveuses, acquises de toutes pièces, ira toujours en dominant, du moins pour la grande majorité d'entre elles, les relations qui les unissent, les métamorphoses qu'elles subissent par le fait de la descendance, seront de plus en plus manifestes aux yeux des cliniciens.

« On peut admettre que la plupart des maladies nerveuses, avec ou sans lésions accessibles à nos moyens d'investigation, ont un fond commun d'origine, font partie d'une même famille, et sont unies entre elles par un facteur commun qui est l'hérédité » (1).

Depuis que les travaux des Morel (2), des Lucas (3), des Moreau de Tours (4), ont tracé la voie, les faits d'hérédité nerveuse pullulent dans la science ; les progrès de la physiologie du système nerveux ont permis de saisir le lien généalogique de manifestations aussi disparates que les dystrophies ou déviations du type nutritif général ou local, les troubles de sensibilité générale ou locale (anesthésie, analgésie, hyperesthésie, hémianesthésie, zone d'anesthésie), les troubles psychiques (psychoses, vésanies) les troubles de motilité (paralysie et contracture).

Tout le monde connaît des familles de nerveux : chacun a remarqué la fréquence des maladies nerveuses dans telle ou telle famille ; mais ce qu'on ne sait pas encore assez, c'est que dans ces familles neuropathologiques, il n'est pas un seul membre chez qui on ne puisse trouver, en cherchant bien, la trace plus ou moins manifeste de la tare de famille. Plus nous irons, plus ces faits frapperont les esprits ; plus nous comprendrons l'importance révélatrice d'un de ces petits riens que nous nous contentons encore de qualifier négligemment de tic, d'originalité, de bizarrerie de caractère, de manie. Déjà, du reste, nous commençons à nous familiariser avec ces notions, et nous apprenons à reconnaître qu'il y a des familles pathologiques, de dégénérés, d'hystériques, de névropathes ou de neurasthéniques (5), d'arthritiques ou herpétiques (6), de diabétiques, de syphilitiques (7), d'artério-scléreux (8), etc., etc.

(1) *L'Hérédité dans les maladies nerveuses*, par J. Déjerine, professeur agrégé. Paris 1886.

(2) Morel, *Traité des Dégénérescences*, 1857, 2 vol.

(3) P. Lucas, *Traité philosophique et psychologique de l'hérédité naturelle*, 1850, 2 vol.

(4) Moreau (de Tours), *La Psychologie morbide dans ses rapports avec l'histoire*, 1859.

(5) Ch. Féré, *La famille névropathique.* — Archives de Neurologie, 1884, n°s 19 et 20.

Ribot, *L'Hérédité psychologique*, F. Alcan.

(6) Lancereaux, *Traité de l'herpétisme*, Paris 1883.

Bouchard, *Des Maladies par ralentissement de la nutrition.*

(7) Fournier, *De l'Hérédo-syphilis.*

(8) Huchard, *Traité des maladies du cœur et des artères.*

Dorénavant, guidé par une notion plus éclairée de l'hérédité, on retrouvera à chaque instant cette origine commune héréditaire dans les diverses manifestations que l'on pourra constater dans une même famille : en un mot, au lieu de classer simplement les nerveux dans la classe des ataxiques — des vésaniques ou des névrosés, nous les classerons d'après la dominante du type héréditaire de la famille à laquelle ils appartiennent : famille de névrosés — famille de dégénérés, famille de cérébraux, famille de médullaires. Il en sera de même pour les aptitudes ou particularités mentales qui constituent la diversité des personnalités, sous les noms divers de tempéraments ou de caractères (1) : c'est ainsi qu'on a remarqué et décrit des familles d'artistes, de musiciens, de peintres, d'orateurs, etc. (2).

Toutefois, il importe de remarquer de suite que ce serait une grande erreur de croire que les faits d'hérédité nous apparaîtront désormais avec cette simplicité que peut sembler promettre notre nouvelle classification : ce n'est nullement ce que nous voulons faire entendre : nous avons déjà dit que l'hérédité ne nous donne que des aptitudes, des tendances qui ont besoin, pour se développer de trouver leurs conditions spéciales de développement, ce que nous pourrions appeler leurs réactifs ; de plus. nous avons rappelé que ces aptitudes héréditaires sont la résultante d'une double série d'influences héréditaires du côté paternel et maternel : il en résulte une complexité d'autant plus grande que cette double série d'influences héréditaires peut se croiser de mille façons différentes et modifier à l'infini la tendance héréditaire qui en résulte (3). Aussi, faut-il savoir se contenter d'envisager l'hérédité comme une loi démontrée dans ses grandes lignes et savoir attendre que des études plus approfondies nous donnent la clef et la filiation d'un certain nombre de phénomènes qui peuvent nous sembler difficiles ou même impossibles à rattacher à l'hérédité. Ce

(1) Voir dans la *Revue Philosophique de* 1892, la remarquable leçon de M. Ribot, sur le caractère.

(2) Ribot, *Hérédité psychologique*.

Galton, *Hereditary Genius*.

(3) Lucas, *Traité philosophique et psychologique de l'hérédité naturelle*, Paris, 2 vol., 1847-1850.

qu'il faut voir, c'est que plus nous allons, plus nous découvrons de preuves de la généalogie des accidents héréditaires depuis le simple tic jusqu'aux désordres les plus graves et les plus invétérés des maladies incurables du système nerveux et de la nutrition. Ce qu'il importe de vulgariser c'est la notion de cette loi de l'hérédité qui établit entre tous les membres de la même famille, une solidarité étroite, fatale: qui montre le danger des mariages entre malades; qui enseigne à tout individu atteint d'une tare pathologique que son devoir, comme son intérêt, lui conseillent d'éviter la propagation de son mal, que là est le vrai remède social à l'hérédité morbide.

L'ignorance complète des lois mêmes de la vie, l'idée surtout qu'elle est la manifestation d'un principe surnaturel a d'abord empêché de voir dans la transmission de la vie par la génération, la première, la plus générale, la plus fondamentale manifestation de l'hérédité et amené ce résultat singulier qu'on n'a reconnu l'hérédité que dans ses manifestations particulières ; nous pourrions même dire que ce qui a d'abord frappé les imaginations comme ce qui les frappe encore aujourd'hui, ce sont les exceptions, les particularités : c'est du reste la loi générale dans la formation de notre connaissance qui va toujours du particulier au général. De là aussi les obscurités et les difficultés d'interprétation de ces phénomènes et la multiplication des hypothèses et des lois particulières : conséquences inévitables de l'insuffisance des connaissances générales et surtout du défaut de méthode dans l'interprétation des faits. Pour comprendre l'hérédité, il faut en effet l'envisager dans ce qu'elle a de plus général, de plus extensif, de plus constant, de plus fondamental, c'est-à-dire dans son caractère organique, biologique ou physiologique qui la rattache à la loi d'adaptation et par là même à la loi même de l'organisation de la vie.

Qu'est-ce en effet que l'hérédité telle qu'on l'entend ordinairement, sinon la transmission, par les ascendants à leurs descendants, de caractères morphologiques ou physiologiques plus ou moins importants ? Or, cette définition n'implique-t-elle pas aussi bien la transmission des caractères les plus fondamentaux que nous appelons les caractères de race, d'espèce ou de famille, que les caractères plus particuliers ?

Ne serait-il pas étrange de vouloir attribuer à l'hérédité la transmission de particularités individuelles et de vouloir nier son analogie ou mieux son identité avec la transmission même de tous les caractères spécifiques ? Et, si on veut n'appeler héréditaires que les caractères particuliers, ne restera-t-il pas l'embarras de fixer la limite de ce caractère d'hérédité ? N'est-il pas plus simple et plus logique de reconnaître que nous attribuons à l'hérédité toute transmission de caractère qui n'est pas encore assez constante, assez régulière pour que nous la désignions sous un autre nom (race, espèce) ou plutôt pour que nous la laissions passer inaperçue et la confondions avec le fait de la reproduction ?

C'est ainsi, par exemple, que nous ne pensons plus guère à voir un résultat de la fixation de l'hérédité, de son organisation dans l'existence de nos diverses races domestiques, en particulier chez nos chiens. Tous les jours cependant nous voyons l'application des lois de l'hérédité à la sélection artificielle nous créer des variétés nouvelles dont la reproduction se continue ensuite indéfiniment dès que l'hérédité du caractère nouveau est suffisamment fixée, organisée.

Tout le monde connaît les résultats obtenus par l'application de ces données dans le règne végétal par la culture, l'amélioration et la multiplication des espèces ; dans le règne animal par la sélection artificielle, l'élevage et le dressage de nos races domestiques ; nous verrons ce qu'on peut en espérer dans le règne social par l'éducation, la sélection socialement dirigée et une meilleure orientation des instincts sociaux et moraux de l'humanité.

Sans insister ici sur les détails et les particularités, nous pouvons conclure de la connaissance générale du classement de tous les faits, cette loi de l'hérédité :

La transmission héréditaire organique est d'autant plus régulière, plus constante, plus adéquate, que le caractère transmis est plus ancien, c'est-à-dire mieux fixé, mieux organisé.

C'est là, en effet, la loi que nous retrouvons partout dans les questions de *croisements*, d'*acclimatements*, dans la *pathologie*, dans la *psychologie*, dans l'*instinct*, dans l'*évolution sociale et morale*.

Inversement, la transmission héréditaire est d'autant plus *aléatoire que la modification organique, que l'adaptation est plus récente, plus incomplètement fixée, moins organisée.*

C'est la loi que nous retrouvons dans l'*habitude*, dans les résultats de l'*éducation*, dans nos *adaptations professionnelles*, etc.

Cette question du *caractère organique* de l'hérédité *physique ou morale* est pour nous la véritable clef de toutes les difficultés inhérentes au mystérieux problème de l'hérédité.

Tout le monde est d'accord pour admettre implicitement ce caractère organique dans la transmission héréditaire de toute ressemblance ou analogie physique : ici l'hérédité nous semble toute simple à force d'être constante, nous finissons même par la confondre avec la transmission même de la vie ou génération.

Le caractère organique de l'hérédité est encore visible, tangible, indiscutable dans les faits d'anomalie ou malformations physiques : l'hérédité de doigts supplémentaires et autres particularités physiques constatées de génération en génération dans une même famille nous frappe déjà beaucoup plus en qualité d'anomalie, de chose non naturelle, que comme manifestation de la même loi de transmission héréditaire de la constitution ou conformation physique de père en fils. Ici, encore, le caractère organique, physique, de l'hérédité est évident, et il suffit d'un peu de réflexion pour comprendre qu'il se rattache directement à l'hérédité physique générale des êtres animés.

Si maintenant nous envisageons l'hérédité des aptitudes physiques résultant d'une conformation physique spéciale, telle que la souplesse et mobilité articulaire si remarquable chez les familles des clowns, ou la force musculaire de nos hercules forains, nous retrouvons encore nettement cette même représentation physique des particularités susceptibles d'être transmises héréditairement et en même temps des aptitudes fonctionnelles correspondantes. Ici la nature de la fonction nous permet de retrouver sa marque physique dans la conformation de ses organes : c'est là une véritable transition entre ces ressemblances physiques anatomiques et fonctionnelles et les ressemblances physiologiques ou fonctionnelles dont nous ne pouvons plus retrouver la marque anatomique et surtout les ressemblances morales où tout contrôle physique nous fait défaut.

L'hérédité tératologique nous amène tout naturellement à considérer l'hérédité pathologique. Or, chose curieuse, c'est précisément l'hérédité nerveuse qui est la plus indiscutablement admise et la mieux établie pour la science, c'est-à-dire celle qui va nous être du plus grand secours pour montrer le même caractère organique ou physique de toute transmission héréditaire. Certainement les savants les plus partisans de l'hérédité nerveuse n'ont pas la prétention d'avoir démontré encore ce caractère physique dans tous les cas; mais, vouloir s'appuyer sur cette impuissance de nos moyens d'investigation anatomique dans des recherches aussi difficiles, aussi nouvelles que les localisations cérébrales, vouloir surtout demander à la science de résoudre d'abord toutes les difficultés c'est méconnaître singulièrement le caractère même de la science et la relativité inévitable de toutes nos connaissances. L'hérédité d'une foule de cas pathologiques des fonctions nerveuses, organiques (dystrophies nerveuses), psychiques (idiotie, crétinisme, épilepsie, surdi-mutité), morales (aberrations des dégénérés, etc.), est parfaitement démontrée aujourd'hui comme ayant son empreinte physique dans le système nerveux.

Bien plus, l'hérédité des maladies nerveuses telles que les dégénérescences diverses de la moelle épinière (ataxie locomotrice), du cerveau (ramollissement cérébral, méningo-encéphalite des paralytiques généraux, etc., hémorrhagies cérébrales dans les familles d'apoplectiques) constituent, en réalité, autant de preuves du même caractère organique, physique, de l'hérédité psychologique particulière à ces cas. On ne peut, en effet, nier que dans toutes ces maladies, ou plutôt que chez tous les individus prédisposés héréditairement à ces maladies, on ne trouve une évolution psychique particulière, et il suffit de nous reporter au temps peu éloigné où ces maladies étaient encore méconnues dans leurs caractères physiques pour voir que les malades étaient considérés comme simplement atteints de troubles fonctionnels moteurs, sensitifs ou psychiques auxquels on donnait le nom de maladies essentielles : c'est encore ainsi que les pathologistes appellent les maladies dont ils n'ont pu réussir à découvrir la lésion anatomique.

Or, si tout le monde admet aujourd'hui que la prédisposition au ramollissement cérébral peut se transmettre par hérédité, ne sommes-nous pas tout aussi autorisés à dire qu'ici la transmission des troubles psychiques qu'il entraine est assurée par le même caractère organique, anatomique ?

Nous ne croyons pas qu'aucun aliéniste refuse de voir un caractère organique, anatomique, démontré ou non démontré, dans tous les cas d'hérédité d'aliénation mentale, quelle qu'en soit la forme. Il y a longtemps que les spiritualistes ont pressenti toutes ces questions et se sont efforçés de les prévenir en essayant d'établir une distinction subtile entre l'Ame, qui peut demeurer intacte, et son instrument, le cerveau, qui peut devenir incapable de lui obéir, mais ce sont là des subtilités qui ne résistent pas au progrès de la science pour tout esprit capable de voir les faits tels qu'ils se présentent.

Nous admettons couramment que la ressemblance morale se transmet héréditairement tout aussi bien que la ressemblance physique, nous constatons tous les jours l'hérédité de particularités morales tout comme de particularités physiques : nous venons de voir la corrélation constante entre l'hérédité pathologique physique et psychique; mais, imbus de nos vieilles idées sur l'essentialité de notre vie psychique, nous répugnons à voir dans ces faits la preuve expérimentale du caractère organique de toute hérédité psychique. Il y a là, il faut bien le reconnaître, une difficulté énorme qui tient surtout à l'insuffisance de nos moyens d'expression. C'est au point qu'en médecine même il n'y a pas d'autre expression que le mot « essentiel » pour désigner les maladies dont les lésions anatomiques ne sont pas encore connues. C'est là, évidemment une lacune, d'autant plus qu'actuellement les doctrines physiologiques ne comportent nullement l'idée de troubles fonctionnels sans une modification quelconque des éléments anatomiques : c'est ce qu'on a essayé de décrire sous le nom de troubles dynamiques. Mais ces modifications dynamiques, au fond, ne peuvent pas être autre chose que des modifications physiques, fussent-elles réduites à ce qu'on appelle, en physique et en chimie, des modifications d'équilibrations moléculaires ; autrement, en effet, l'expression ne signifierait rien, ou impliquerait une contradiction. C'est ainsi qu'aujourd'hui il est impossible d'admettre une seule manifestation psychique sans qu'elle ait sa corrélation dans le fonctionnement de quelque cellule nerveuse. Tous les physiologistes admettent maintenant que l'idéation ne peut se comprendre sans cette mise en jeu de toute une série d'actions et réactions nerveuses; la mémoire ne saurait se comprendre sans ce qu'on a appelé le résidu d'une sensation, l'empreinte organique. Nous avons vu qu'avec notre théorie vibratoire de la sensibilité, toutes ces questions se trouvent expliquées et se comprennent facilement.

Dès lors la fonction nerveuse nous apparaît sous son véritable jour et avec ses analogies avec les autres fonctions ; la loi générale : la fonction fait l'organe, ou la loi d'observation, un acte s'exécute d'autant plus facilement qu'il se répète plus souvent, ou encore, un acte qui se répète sans cesse de la même façon finit par devenir automatique, reflexe, nous expliquent la genèse et l'organisation de l'habitude, de l'instinct et généralement de tout ce qui constitue notre mentalité, comme notre moralité, notre sociabilité.

En établissant que l'hérédité n'est constituée que par une aptitude, nous la renfermons par cela même dans la loi générale de l'organisation du développement et de la différenciation de la vie. Nous avons vu, en effet, à propos de la génération, que le germe mâle ne peut pas être considéré comme la cause suffisante de la formation d'un être nouveau ; il en est de même pour le germe femelle ; la condition nécessaire à la formation d'un être nouveau, c'est la fécondation. Mais l'embryon ne comporte pas « en lui-même », les conditions suffisantes de son propre développement, de son évolution, de sa vitalité : il faut encore qu'il se trouve soumis à un ensemble de conditions favorables de milieu organique sans lesquelles il ne peut vivre. Il en est de même de l'aptitude ou germe héréditaire : ce qui en assure le développement et la manifestation, c'est la réalisation des conditions qui lui sont nécessaires. En sorte que le phénomène de l'hérédité n'est, en dernière analyse, que la résultante d'un ensemble déterminé de conditions (ou causes) intrinsèques et extrinsèques, ni plus ni moins que tous les autres phénomènes.

CHAPITRE IV

SOLIDARISME ORGANIQUE

Indépendamment de toute conception doctrinale, il est constant que tout le monde s'accorde pour comprendre sous le nom d'organisme vivant un ensemble plus ou moins complexe d'éléments anatomiques unifiés dans une action synergique fonctionnelle qui constitue sa vitalité. Peu importe l'opinion qu'on se fait sur le caractère animal ou végétal, et même sur le caractère vivant ou simplement organique (1) de certains états intermédiaires de la matière, toujours on considère la vitalité, la fonction nutritive comme caractérisant essentiellement ce qu'on appelle couramment un individu, un végétal, un animal. C'est tellement le sens traditionnel attaché à l'individualité biologique, qu'on a dû classer séparément certaines formes complexes, incomplètement unifiées, polyzoïstes, sous le nom caractéristique de colonies animales (2). Le polyzoïsme (3) est, du reste, doublement instructif au point de vue de la genèse de l'individualité biologique aux dépens des éléments anatomiques et de l'individualisation par la solidarisation commune de plusieurs individus sur une même souche, autour d'un même centre. Perrier a très justement fait ressortir que l'individualisation est provoquée par l'effet de la juxtaposition, du voisinage forcé, qui entraînent une certaine continuité du tissu, unifient le tube digestif représenté simplement par les surfaces partielles qui plongent en commun dans le milieu nutritif, en constituant une

(1) Dans le sens chimique, par opposition à la matière organisé ou vivante.

(2) Perrier, *Les Colonies animales et la formation des organismes*.

(3) Voir au sujet de la conception polyzoïste de l'homme : *Les origines animales de l'homme*, par Durand (De Gros).

association, une société, un coorganisme plutôt qu'un organisme proprement dit (éponges, polypes hydraires, polypes coralliaires, bryozoaires, ascidies). A moins de supposer un renouvellement perpétuel de conditions absolument identiques en tout, nous sommes bien obligés d'admettre une tendance continuelle à des changements, c'est-à-dire à des différenciations dans les appareils organiques. Or, si nous supposons que le changement provient et se manifeste du côté du tube digestif, nous sentons que l'effet produit par toute modification dans le milieu nutritif doit naturellement se répercuter uniformément dans toutes les parties composant la colonie : cela constitue déjà un consensus, une réaction générale et commune qui nous donne une idée assez exacte de la genèse de la sensibilité générale ou cénesthésie, qu'on appelle encore la conscience, laquelle, ici, est nettement coloniale (Perrier). collective. Si, maintenant, nous remarquons que les éléments anatomiques d'un organisme vrai, offrent tous une surface, un point en contact commun avec le système nerveux, nous pouvons parfaitement comparer celui-ci à un milieu fluide dans lequel plongent, baignent, pour ainsi dire, toutes les parties constituantes, tous les éléments anatomiques d'une individualité biologique ; dès lors, nous comprenons de suite comment une excitation ne peut se produire dans le milieu commun sans une répercussion générale, commune, dans tous les éléments, en raison directe de la similitude de disposition et de composition de ceux-ci, inversement au degré de leur différenciation, proportionnellement à l'adaptation de chacun d'eux pour chaque espèce d'excitation.

De sorte que la sensibilité générale, dite organique ou cénesthésie, est bien l'impression commune, la répercussion sur tous les éléments d'une excitation qui devient elle-même commune, généralisée puisqu'elle est partagée par tous les éléments. C'est la forme inférieure, organique, physiologique de la conscience. Nous n'avons qu'à rappeler le mécanisme de la formation des organes des sens pour saisir aussitôt l'apparition de la conscience sensorielle par le même mécanisme de répercussion. Nous avons montré que l'activité psychique ne pouvait être considérée que comme une différenciation nerveuse supérieure par la formation de sens intellectuels ou moraux, analogues à nos sens physiques et même d'un sens social et d'un sens moral, ce qui nous explique encore la genèse de la conscience psychologique, intellectuelle, morale et sociale, par le même mécanisme de répercussions psychiques ou sociales. De sorte que la conscience, cette chose si mystérieuse sur laquelle s'est exercée la sagacité de tous les penseurs, finit par trouver une explication toute simple par le seul effet des progrès de l'observation et de l'analyse zoologique, c'est-à-dire par l'extension de notre expérience.

Nous voyons ainsi la vie organique d'abord, psychologique ensuite, et enfin sociale, résulter des déterminations ou différenciations que provoquent sur la matière organique, sur les organismes vivants, sur le système nerveux, sur le corps social, les innombrables actions des milieux ambiants et leurs correspondances internes. Nous pouvons donc embrasser d'un seul coup d'œil l'évolution du monde organique qui nous paraît causée, c'est-à-dire provoquée par la tendance des forces internes et des actions externes à se contrebalancer, à s'équilibrer, et conditionnée, déterminée, fixée par les moments ou periodes d'équilibration, c'est-à-dire par leur solidarisation. De sorte que, en définitive, la genèse de la vie, l'organisation et l'évolution du règne végétal et animal, la genèse de la conscience, la différenciation et l'évolution psychiques, la genèse et l'évolution morales et sociales, ne sont que les résultantes de l'enchaînement infini des actions et réactions qui constituent les phénomènes, conformément à la loi commune générale de l'équilibration, c'est-à-dire de la tendance nécessaire des forces et des mouvements à se contrebalancer, à s'équilibrer, d'où résulte un mouvement perpétuel de va et vient, de composition et de recomposition qui constitue l'universel et éternel devenir des choses, des phénomènes, des existences, des consciences et des sociétés, chaque sériation, coordination, groupement, unification résultant d'une équilibration mutuelle, réciproque des parties composantes dans chaque tout, c'est-à-dire de leur solidarisation.

CONCLUSION

ORIGINE EXPÉRIMENTALE, LOIS ORGANIQUES, RELATIVITÉ DE LA CONNAISSANCE

Il résulte de ce que nous avons dit de la sensibilité de la conscience et de la pensée que l'idée est bien la représentation de quelque chose de réel. C'est, du reste, dans ce sens que l'idée a été originellement comprise de tout temps. Nous pouvons même remarquer que nous retrouvons ici la justification et l'explication de la distinction instinctivement établie et admise par tous entre la réalité matérielle, entre la matérialité du monde objectif et la réalité toute subjective, non matérialisée de l'idée, du monde mental. Il y a là une distinction un peu subtile évidemment, puisqu'elle ne repose que sur la différence entre les deux espèces de mouvements dont nous avons déjà parlé à propos de la théorie de la sensibilité ; mais il n'en est pas moins vrai que nous l'admettons couramment puisque nous sentons que nous ne pouvons accorder la même matérialité à un objet et à son image, à un corps quelconque et à son simple reflet dans une glace ; nous ne pouvons évidemment pas prétendre qu'une image qui vient se former dans un miroir est absolument immatérielle puisque nous la percevons par nos sens et que nous avons l'habitude d'appeler matière tout ce qui tombe sous nos sens, sans compter que nous savons aujourd'hui que cette image a une réalité due à sa formation aux dépens des ondes lumineuses réfléchies par la glace.

Nous admettons bien que les objets peuvent refléter leurs images dans les glaces et nous fixons ces images avec la photographie ; nous savons aujourd'hui, par les belles découvertes en chimie, en physique, en électricité, que les corps se reflètent ainsi les uns sur les autres par des actions et réactions incessantes qui entretiennent la nature entière dans un mouvement incessant de changements que nous appelons l'évolution. Nous constatons partout dans le règne organique que l'organisation est la résultante des actions internes et externes au milieu desquelles chaque organisme se trouve évoluer. Quand nous voyons les effets physiologiquement constatés des diverses sortes d'excitations physiques qui assaillent les corps vivants, nous ne pouvons vraiment pas douter que ces excitations ne s'impriment dans l'organisme qui les reçoit différemment suivant les conditions où elles se produisent : de là la diversité d'actions de répercussions, de réflexes ou d'emmagasinements que nous avons décrits à propos de la sensibilité et qui constituent l'origine, le substratum de l'idéation. Mais nous savons que rien ne se perd dans la nature et nous ne pouvons pas comprendre l'anéantissement de quoi que ce soit ; nous ne pouvons donc faire autrement que de supposer la persistance dans l'organisme, à l'état latent de tension, de vibrations, d'origine externe, qui viennent s'emmagasiner dans l'organisme sous le nom *d'idées*. De là, le rôle de ces idées, à leur tour, dans leurs actions et réactions réciproques, dans le domaine subjectif, dit psychique, qui constituent la Pensée. Mais ce jeu de l'idéation ne peut se concevoir sans impliquer une série d'actions et de réactions des idées les unes sur les autres, et cette intervention ne peut se faire sans entraîner une mutuelle dépendance entre les idées qui se trouvent nécessairement soumises à la même loi d'équilibration et de solidarisation que tous les autres phénomènes. Du reste, notre conception mécanique de la nature vibratoire des idées favorise singulièrement la conception de ce jeu de leurs actions et réactions, en même temps qu'elle nous permet d'entrevoir la répercussion sociale des idées et la transmission héréditaire des mentalités.

Nous ne pouvons méconnaître le mouvement incessant de modifications moléculaires d'un organisme en présence de la série infinie des forces incidentes qui peuvent s'exercer sur lui ; nous ne pouvons pas davantage méconnaître que les forces incidentes n'agissent ni de la même façon, ni également sur tous les éléments d'un organisme : de là, par conséquent, la nécessité d'admettre une série de différenciations organiques résultant directement de la diversité d'action, de ces forces incidentes, et, par conséquent, des modes de sensibilité qui se diversifient, qui se spécialisent parallèlement à la différenciation organique. (Loi de l'organisation). C'est ainsi que nous avons vu l'apparition et la formation des appareils sensoriels comme résultant de la diversité d'incidence des forces ou vibrations externes ; c'est de même que nous avons interprété la genèse de la sensation, de la conscience, de la pensée comme résultant du jeu divers des vibrations internes emmagasinées d'abord sous l'influence des excitations externes sous forme d'idées dont les divers modes d'actions et de réactions réciproques constituent le travail de l'idéation et de la pensée.

Or, il est bien évident qu'à moins de ne pas vouloir nous entendre et nous comprendre, nous ne pouvons avoir la prétention d'atteindre par la pensée au-delà de la limite même de ce qui peut être pensé. Voilà pourquoi nous avons trouvé comme limite de toute perception, comme de toute conception, et, par conséquent, de toute connaissance, de toute pensée, la possibilité d'une différenciation, attendu que cette condition est absolument nécessaire à la production du fait le plus simple, le plus réduit de sensibilité, et que nous avons montré que celle-ci est la base, l'origine de la conscience et de l'intelligence, de la raison et de la pensée.

Nous avons été ainsi amené à reconnaître que la seule réalité que nous connaissions, puissions connaître et percevoir, est ce que nous connaissons, concevons et percevons, et tel que nous le connaissons, concevons et percevons, ou tel que nous pouvons le connaître, concevoir ou percevoir. Il est bien entendu que nous prenons ces expressions dans le sens le plus large, le plus extensif. Par conséquent, c'est une erreur ou une illusion de croire que nous pouvons connaître ou concevoir les choses telles qu'elles sont, « en elles-mêmes », suivant la préoccupation chère aux métaphysiciens de tous les temps, et, d'autre part, de nous imaginer que la science, en multipliant nos moyens de Perception et de Connaissance, peut nous faire pénétrer la « nature » des choses. C'est là un point capital trop souvent méconnu par les savants eux-mêmes : c'est l'écueil de la philosophie scientifique. Nous avons ainsi reconnu que la vraie philosophie est la synthèse de la Science expérimentale, c'est-à-dire qu'elle est la Conception que nous pouvons nous faire des choses en la basant uniquement et simplement sur les données générales, communes, de toutes les branches de nos connaissances rectifiées, complétées, confirmées, les unes par les autres, absolument comme nos idées, dites de *sens commun*, ne sont que le résultat et l'expression de l'accord habituel de nos perceptions communes, rectifiées, aidées et confirmées les unes par les autres. Ne l'oublions pas, quand la science nous montre notre erreur à propos d'un bâton, qui, plongé à moitié dans l'eau, nous paraît brisé, elle ne détruit pas notre perception première, elle ne fait que l'étendre, la perfectionner, la compléter et la rectifier en nous expliquant la cause de notre illusion. De même lorsque la science bouleverse notre idée de la Matière et nous en montre la non-substantialité, elle ne détruit pas notre perception toute physique, toute objective de la Matière, elle ne fait qu'en étendre, multiplier, diviser, rectifier et expliquer la perception, la connaissance et la conception. La réalité de notre impression subsiste après comme avant, ce qui a disparu, c'est le fantôme de la substantialité. Or, nulle part dans nos spéculations intellectuelles, nous ne trouvons l'idée de substantialité aussi profondément incrustée dans notre mentalité que pour tout ce qui a trait à la vie et à ses diverses manifestations. Aussi ne saurions-nous trop insister sur la nécessité de se bien pénétrer de l'impossibilité d'atteindre la « substantialité, la chose en soi ». Chaque progrès de l'analyse scientifique recule la substantialité d'un phénomène qui avait pu être considéré jusque-là comme irréductible. Faut-il en conclure, avec les métaphysiciens ontologistes, que nous sommes toujours bien obligés d'admettre qu'il y a quelque chose de réellement substantiel, dans le sens ontologique, au bout de cette évanescence universelle, des corps et des phénomènes, et que ce quelque chose est précisément la substance absolue? C'est là un point qui ne nous semble pas devoir nous arrêter, puisque, logiquement et expérimentalement, nous n'en pouvons rien savoir. Logiquement, en effet, nous ne pouvons admettre la possibilité de connaître ou de concevoir que ce qui peut être distingué, différencié de toute autre chose et du néant; expérimentalement nous ne pouvons pas, d'un côté, constater que tous les phénomènes se trouvent décomposables au fur et à mesure que nous étendons et perfectionnons l'analyse que nous en faisons et la connaissance que nous en acquérons, et, d'autre part, conclure précisément qu'il doit y avoir un degré où les phénomènes ne sont plus décomposables parce qu'ils seraient irréductibles, substantiels, car c'est déplacer la question en attribuant aux choses une limite que nous ne pouvons attribuer qu'à nos moyens de percevoir, de connaître et de concevoir. Nous avons vu, en effet, que la limite de la sensibilité, c'est-à-dire de la perceptibilité et cognoscibilité est une différence absolument nécessaire pour empêcher la confusion. Ce n'est pas cette différence elle-même, « en elle-même », qui constitue la possibilité de la différenciation, attendu qu'une différence ne peut pas être conçue avec une limite absolue, mais c'est la possibilité de sa propre détermination dans notre organisme, ce qui veut dire que ce ne sont pas les choses elles-mêmes qui conditionnent la perception que nous en acquérons, mais les conditions de notre organisme qui sont susceptibles de rendre possible la différenciation des choses en nous-mêmes. Il n'y a donc là ni antinomie, ni double face (Lewes, Taine), mais simplement un caractère propre à la matière vivante qui rend possible la différenciation des choses seulement dans des conditions déterminées ou déterminables, comme cela découle de toutes les découvertes modernes et comme cela se trouve prouvé par les travaux les plus récents des savants les plus autorisés.

TABLE DES MATIÈRES

Pages.

Le Mans. — Association ouvrière, 5, rue du Porc-Epic. — 10-93.

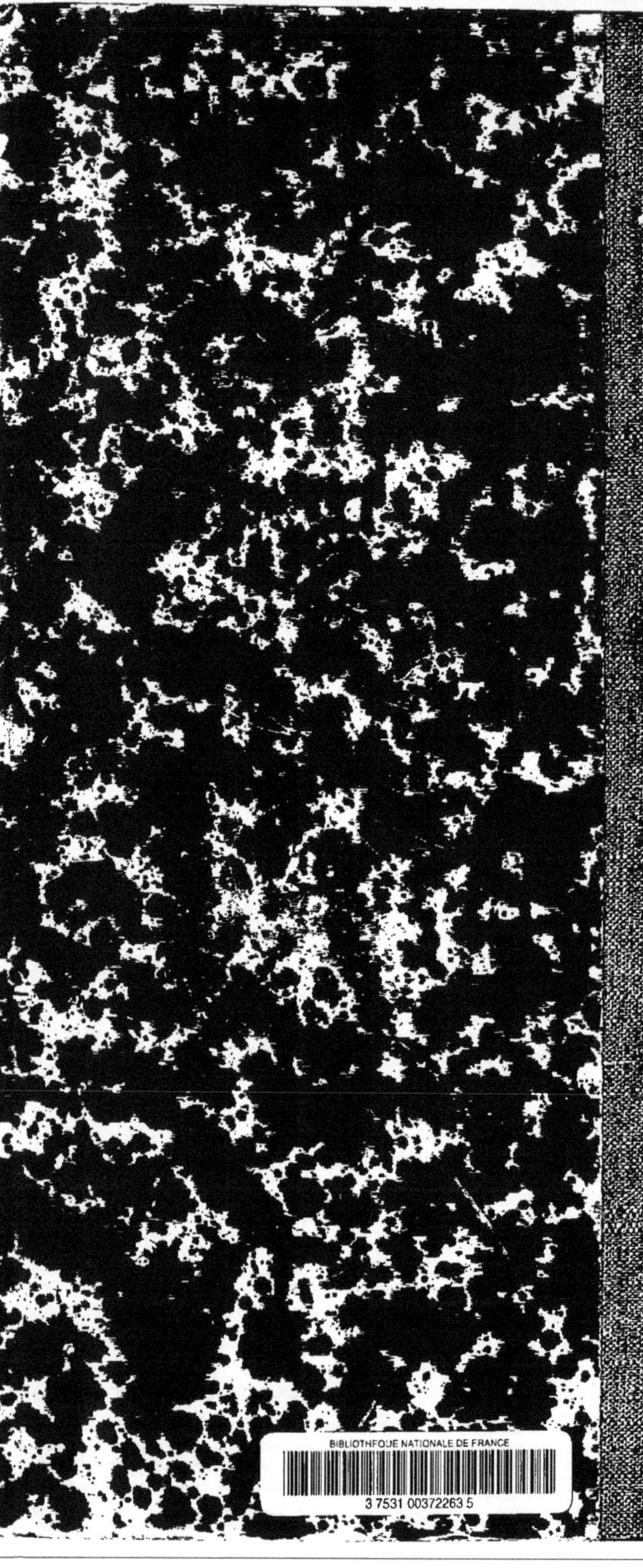

www.ingramcontent.com/pod-product-compliance
Ingram Content Group UK Ltd.
Pitfield, Milton Keynes, MK11 3LW, UK
UKHW020110200726
13856UKWH00002B/479